TI 杯全国大学生电子设计竞赛系列教材

电子系统设计

——测量与控制系统篇

郑 磊 编著

胡仁杰 主审

電子工業出版社

Publishing House of Electronics Industry

北京·BEIJING

内 容 简 介

本书是电子系统设计系列教材中的测量与控制系统分册，从应用的角度介绍测控系统涉及的基本知识、元器件、相关设计理念与技能。全书分为两部分，第一部分为基本知识篇，主要内容包括：测控系统设计方法导论，信号测量，信号调理、转换和处理，测控系统中的处理器，电气执行机构，测控系统中的电源及获取方法，控制系统中的常用算法；第二部分为案例设计篇，主要内容包括：温度测量与控制系统的设计、风力摆控制系统的设计、滚球控制系统的设计、水位控制系统的设计等 4 个案例，以项目为索引，呼应第一部分的知识点，围绕课题分析、技术方案对比与论证、系统电路与程序设计、测试分析等方面，由浅入深、以点带面，对测控类课题进行深入解析。

本书系列教材可作为高等学校电类专业电子系统综合设计相关课程的教材，也可作为电路系统创新、创业及竞赛活动的培训教材，还可供相关领域的工程技术人员学习、参考。

图书在版编目（CIP）数据

电子系统设计. 测量与控制系统篇 / 郑磊编著. —北京：电子工业出版社，2021.5
TI 杯全国大学生电子设计竞赛系列教材

ISBN 978-7-121-36862-2

I. ①电… II. ①郑… III. ①电子系统—系统设计—高等学校—教材②电子测量技术—控制系统—系统设计—高等学校—教材 IV. ①TN02②TM93

中国版本图书馆 CIP 数据核字（2019）第 118179 号

责任编辑：王羽佳　　　　特约编辑：武瑞敏
印　　刷：三河市鑫金马印装有限公司
装　　订：三河市鑫金马印装有限公司
出版发行：电子工业出版社
　　　　　北京市海淀区万寿路 173 信箱　邮编　100036
开　　本：787×1092　1/16　印张：19.5　字数：499.2 千字
版　　次：2021 年 5 月第 1 版
印　　次：2021 年 5 月第 1 次印刷
定　　价：59.90 元

序　一

全国大学生电子设计竞赛是电子信息类在校大学生的重点学科竞赛。美国德州仪器公司（TI）经过与众多竞赛指导教师及任课老师的多次交流，基于提升大学生专业基础课学习质量及理论联系实际的能力为总目的，商定以高校教师为主体推出了《TI 杯全国大学生电子设计竞赛系列教材》。该系列第一期先行出版 4 本教材，书目及关联的重点大学如下：

- 《电子系统设计——基础与测量仪器篇》——华中科技大学
- 《电子系统设计——电源系统篇》——武汉大学
- 《电子系统设计——信号与通信系统篇》——西安电子科技大学
- 《电子系统设计——测量与控制系统篇》——东南大学

在上述 4 本教材出版之际，本人认为教材的定位正确，教材内容实属学生应扎实掌握的知识。同时，教材的出版以及高校的使用也体现了国际高科技公司与国内高校较深层次的合作。德州仪器、各高校以及电子工业出版社之间的合作是一件共赢的善事，其目的在于通过各方的共同努力培养和提升大学生的素质与能力，值得社会的肯定和支持！

在本人提笔书写之际，已阅读了即将出版的 4 本教材的章节目录，本人认为教材内容均属各专业基础学科应掌握的内容且较为全面。在 4 本教材的内容构架中均涉及了近年来的典型电赛题目解析，虽然全国大学生电子设计竞赛绝对不会沿用任何公开或过往的题目，但这部分内容恰恰也说明了该系列教材以结合实际为目的。希望使用教材的老师和同学们能够将更多的精力放在掌握教材中所讲授的基础知识上面，最终以灵活的方式解决实际问题。

最后，也希望《TI 杯全国大学生电子设计竞赛系列教材》的后续工作能够顺利开展和落实，不断以相关的前沿科技补充教材内容，使教材持续地发挥正面作用。

王越谨识

序 二

2021 年是德州仪器（TI）大学计划在中国的第 25 个年头。关于 TI，相信大部分正在阅读这本教材的老师或同学都不会感到陌生。过去的 20 多年中，TI 在中国的 600 多所大学里建立了超过 3000 个数字信号处理、模拟和微控制器实验室，每年都有超过 30 万名学生通过 TI 的实验室及各类活动进行学习和实践。而你可能也曾在教材中、竞赛上或实验室中与 TI 邂逅。

一直以来，教育都是 TI 关注的重点。2016 年，TI 与教育部签署了第三个十年战略合作备忘录，其中包括在未来十年中全面支持由教育部倡导的全国大学生电子设计竞赛，TI 将通过提供资金、软硬件开发工具、实验板卡与样片、技术培训和专业工程师指导等方式帮助大学生参与竞赛，增强创新意识和设计能力。事实上，早在 2008 年，TI 与全国大学生电子设计竞赛便结下了不解之缘，在对省级联赛超过十年的赞助中，TI 通过提供创新的产品和技术，激励了一批又一批的参赛学生，并帮助培养了数万名电子工程领域的专业人才。

为了给参赛学生提供一个拓展国际视野的平台和机会，TI 还邀请了全国大学生电子设计竞赛 TI 杯的获奖队伍前往美国得克萨斯州参观位于达拉斯的 TI 总部。在那里，他们不仅了解了半导体行业的最新技术，还与 TI 的技术专家相互学习交流。此外，TI 还将为部分成绩优异的获奖队伍提供实习机会，帮助他们将学习与实践相结合，为未来的研究和工作打下坚实基础。

教育也许是我们一生中能收到的最好的礼物。希望同学们能够充分利用老师们精心编写的全国电子设计竞赛系列教材，迎接 2021 年的竞赛。同时，也欢迎同学们登录由 TI 和组委会联合设立的全国大学生电子设计竞赛培训网（www.nuedc-training.com.cn），使用更多的学习资源。期待在竞赛中看到同学们将自己掌握的知识加以实践、应用和创新，更期待看到同学们举起 2021 年的 TI 杯，在全国大学生电子设计竞赛平台上绽放光彩。

德州仪器（TI）副总裁兼中国区总裁

前　言

　　"电子系统设计"课程是高等学校面向本科生或研究生的，以理论课教学、课程实验和项目设计等教学环节构成的一门重要的实践性课程，其目的是通过一个以工程实践或社会生活为背景的电子系统的研究、设计与实现，使学生将已学过的模拟电子技术、数字电子技术及单片机等知识综合运用于电子系统的设计中，从而培养学生知识综合应用及电子系统设计的能力。这门课程是在所有实践性课程中最具活力、最能培养学生的自主学习与实践能力和创新思维的课程之一。在教学中，可以根据学生所在的各学科专业的实际要求，选择不同的实践课题。课题方向分为仪器仪表、通信、测控、电力电子等几大类。

　　测控类课题是电子系统设计课程课题群的重要组成部分，主要涉及测量、运动控制、位置控制、过程控制等，可以加强学生对系统观点和控制观点的培养，提高学生的控制理论水平，也是各类电子设计竞赛的热门题型。本书旨在充分发挥学生在课程中的主体地位，让学生亲身经历实验过程和对未知结论的探索，接受科学的研究训练，培养学生的科研意识、基本科研能力和创新能力，提高学生分析问题、解决问题的能力。

　　全书分为两部分，第一部分（第1～7章）为基本知识篇，主要内容包括：测控系统设计方法导论，信号测量，信号调理、转换和处理，测控系统中的处理器，电气执行机构，测控系统中的电源及获取方法，控制系统中的常用算法；第二部分（第8～11章）为案例设计篇，主要内容包括：温度测量与控制系统的设计、风力摆控制系统的设计、滚球控制系统的设计、水位控制系统的设计等4个案例，以项目为索引，呼应第一部分的知识点，开展测控系统方案论证和设计。上述两条主线是一个有机的整体，是相辅相成的，其实质是理论知识与实践应用完美结合的一条综合知识中轴线。

　　本书是电子系统设计系列教材中的测量与控制系统分册，从应用的角度介绍测控系统涉及的基本知识、元器件、相关设计理念与技能。本书共11章，第1章介绍测控系统的设计方法和抗干扰技术；第2章介绍阻抗元件、电压、电流信号的测量，引入传感器技术，测量温度、湿度、位置、位移、速度、加速度、压力、图像、火焰、PM2.5、二氧化碳等；第3章介绍运算放大器信号调理电路、ADC和DAC信号转换电路及非线性校正、数字信号滤波、数字图像处理等数字信号处理技术；第4章介绍测控系统常用的处理器，如MSP430系列、MSP432系列、Tiva系列、DSP和FPGA，为测控系统处理器的选型提供参考；第5章介绍测控系统常见电气执行机构的驱动，如继电器、有刷直流电机、无刷直流电机、舵机、步进电机；第6章介绍测控系统中的电源设计，包括电源指标、线性稳压电源、开关稳压电源、电源模块、基准电压源和电流源，以及常见的系统低功耗设计方法；第7章介绍测控系统控制性能指标和常用的PID、模糊控制算法。第8～11章分别围绕温度控制系统、风力摆控制系统、滚球控制系统和水位控制系统4个案例展开，通过项目分析、技术方案对比与论证、电路与程序设计、系统测试等，由浅入深、以点带面，对测控类课题进行深入解析。

通过学习本书内容，读者可以：

① 了解测控系统中的测量方法和传感器选型。

② 掌握信号调理、转换和处理的方法。

③ 认识测控系统涉及的处理器。

④ 学会继电器、电动机的驱动。

⑤ 了解控制算法的设计。

⑥ 学以致用，学会如何开展一个测控系统的设计过程。

本书语言简明扼要、通俗易懂，具有很强的专业性、技术性和实用性，可作为高等学校电类专业电子系统综合设计相关课程的教材，也可作为电路系统创新、创业及竞赛活动的培训教材，还可供相关领域的工程技术人员学习、参考。

教学中，可以根据教学对象和学时等具体情况对书中的内容进行删减和组合，也可以进行适当扩展，参考学时为 32～64 学时。

东南大学胡仁杰教授指导了本书的结构设计和内容安排，并在寒假期间完成了审阅工作，付出了极大的热情和相当大精力，提出了非常中肯的建议和意见，在此深表敬意并致以衷心感谢。在本书的编写过程中，堵国梁教授和黄慧春教授提出了许多宝贵意见，郑小榕、侯启林、陈雯、项文祥、俞睿智为案例的编写做了辅助工作，电子工业出版社的王羽佳编辑为本书的出版做了大量工作，在此一并表示感谢！

在 TI 公司的支持下，本书获得了教育部"2017 年产学合作专业综合改革项目和国家大学生创新创业训练计划联合基金项目"的支持，在编写过程中 TI 提供了相关技术资料。在本书的撰写及案例设计开发过程中，还得到了 TI 公司王沁工程师、谢胜祥工程师等的大力支持，在此表示感谢。

本书的编写参考了大量书籍、期刊和互联网上的相关资料，引用了一些互联网上的资料和参考文献中的部分内容，吸取了许多专家和同仁的宝贵经验，在此向他们深表谢意。

由于测量与控制技术发展迅速，编者学识有限，书中误漏之处难免，望广大读者批评指正。

郑　磊

2021 年 1 月

目　录

第 1 章

测控系统设计方法导论

电子系统是指由电子元器件或部件组成的能够产生、传输或处理电信号及信息，在功能、结构上具有综合性、层次性和复杂性的客观实体，如通信系统、雷达系统、电子测量系统、自动控制系统等。测量与控制系统是电子系统的重要组成部分。

测量与控制系统简称测控系统，以电子、测量、控制等学科为基础，涉及电子技术、计算机技术、测量技术、自动控制技术、仪器仪表技术、信息处理技术、网络技术等，在工业、农业、国防、航天航空等领域有着广泛的发展和应用，也是电子设计竞赛的常见题型。

测控系统在功能上可以分为测量和控制两部分，测量系统按照一定的测量原理和测量方法，获得反映客观事物或对象的运动属性和特性的各种数据，根据被测信号在系统中的处理方式，可分为模拟测量系统（见图 1-1）和数字测量系统（见图 1-2）。

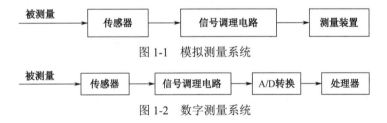

图 1-1　模拟测量系统

图 1-2　数字测量系统

控制系统通过一定的控制算法使被控对象按照一定的规律运行，可分为开环控制系统和闭环控制系统。开环控制系统中，系统的输出对系统的控制过程没有影响，信号传输是单向的，不能自动补偿，如图 1-3 所示。

图 1-3　开环控制系统

闭环控制系统中，系统的输出对系统的控制过程有影响，控制信号通过前向通道和反馈通道循环传递，具有自动补偿的功能，如图 1-4 所示。

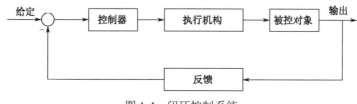

图 1-4　闭环控制系统

　　将测量系统与控制系统相结合就形成了测控系统，测控系统以测量为基础，以控制为目的，实现复杂系统的控制要求，测控系统框图如图 1-5 所示。

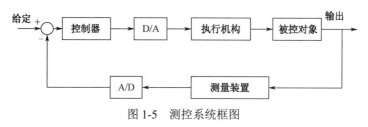

图 1-5　测控系统框图

1.1　测控系统设计方法

　　测控系统是一个复杂的综合性系统，其一般的硬件组成框图如图 1-6 所示。

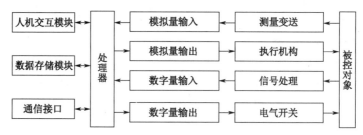

图 1-6　测控系统一般的硬件组成框图

　　系统一般包含处理器、人机交互模块、数据存储模块、通信接口、模拟量输入输出、数字量输入输出、测量变送、执行机构、信号处理、电气开关和被控对象等，处理器处理系统控制和测量任务，通过包含显示器（LED、LCD 等）、按键等人机交互模块实现操作人员与处理器的信息交换，可以实现监测系统工作状态、更改系统运行参数等功能；通信接口可以与其他系统或系统内的其他模块提供信息传送通道；输入输出通道是系统信号传递和变换的通道，包括模拟输入通道、模拟输出通道、数字输入通道和数字输出通道。输入通道的作用是将外部信号转换成处理器能够接受和识别的代码，输出通道的作用是将处理器输出的控制指令和数据进行变换，作为执行机构或电气开关的控制信号。由图 1-6 可知，系统具有很多模块，是一个复杂的综合系统，设计过程可以分步骤进行，以降低系统设计的复杂性和耦合性。

1.1.1　明确系统的任务与要求

　　一般的设计任务都比较笼统，需要通过审题对给定的任务或设计课题进行具体的分析，以明确所要设计系统的功能、性能、技术指标及要求，这是保证所做的设计不偏题、不漏题的先决条件，并在此基础上画出系统简单的示意方框图，标明输入输出信号及必要的指标。

1.1.2　系统方案的比较与选择

明确了系统要求后，就要确定实现系统功能的原理与方法，把系统所需要实现的功能分配给若干单元电路，并将上一步骤的简单框图细化为一个能够表示各单元功能的整机原理框图。

这一步骤要综合运用所学的知识，并同时查阅有关的参考资料，是最能够体现创新性的工作。同一功能可能有不同的实现方案，而方案的好坏关系到系统的功能、性能指标与性价比，因此需要尽可能地提出多种方案，并不断完善所提的方案。然后，对所提的方案进行反复比较与权衡，可以从完成功能的完备程度、性能和技术指标的高低程度、经济性、技术的先进性、时效性等方面进行可行性论证。

1.1.3　单元电路的设计

在方案确定后，对各单元电路的功能、性能指标、与前后级之间的关系应非常明了，下一步就是各个单元电路的设计。

这一步需要扎实的选题背景知识、数字电路、模拟电路、结构工艺等方面的知识支撑，是对所确定方案的细化和呈现。首先要对各个单元可能的组成形式进行分析、比较，单元电路确定好后就是选择器件，选择器件一般从性能、价格、获取渠道、封装等方面来综合考虑。然后，根据所选器件和系统的技术指标来计算元件参数和电路参数。

1.1.4　控制算法的设计

根据系统控制指标和系统结构选择合适的控制算法，PID 算法、模糊控制是常见的较为容易实现的算法。

1.1.5　算法与电路仿真验证

Pspice、Multisim、OrCAD、QuartusII、Vivado、ModelSim、MATLAB 等 EDA 工具的出现，给系统的设计带来了很大的便捷，让测控系统的设计可以采取先"仿真"后"实现"，先"虚拟"再"硬件"的方法。设计者可以先在计算机上设计好电路、算法，通过仿真来验证设计的性能指标，若达不到要求，则可以重新选择方案、元器件、电路结构等，在达到要求后进行后期硬件的实现可以达到事半功倍的效果。

1.1.6　印制电路板的设计

一般来说，一个产品的电路设计的最终表现为印制电路板，印刷线路板是一种用来安装和连接电子线路各元件，并提供各电子元件的安装位置使其按照预定的电路设计功能进行正常工作的载体。在工程中较常用的是单面、双面印刷线路板，当系统有更高的需求时可以采用多层印制的方式来实现。Protel 99SE、Altium Designer、Allcgro、Mentor pads 是常用的印刷线路板设计软件，可实现包括原理图设计、印制电路板设计、混合信号电路仿真、布局前/后信号完整性分析、规则驱动 PCB 布局与编辑、改进型拓扑自动布线及全部计算机辅助制造（CAM）输出能力等功能。

1.1.7　系统的安装与调试

虽然经过严格的 EDA 仿真设计的电路或算法都是正确、合理的，但是电路中真实器件与仿真软件中器件模型精度、迭代算法、运算资源的差异，会使真实电路或算法与仿真有一定的差异。因此，在仿真结果的指导下进行实物电路的安装与调试是测控系统实现的关键步骤。

一般来说，系统是按照系统设计的单元电路分级安装和调试的，顺序也是按照系统信号流的方向进行。按照功能块分别测试其性能是否达到方案总体设计时所分配的指标，若达到，则调试下一个功能块；否则就要查找原因。主要从以下三方面进行排查：硬件方面（电路连接是否正确、电源是否正确、器件是否损坏等）、软件方面（软件程序是否有问题、控制指令是否正确发出、通信是否正常等）、结构方面（系统结构是否合理、控制模型建立是否正确等），如果出现问题就逐一解决。例如，连线有问题，就更改连线；对印制电路板来说，重新制版比较费时费工，而且没有完全排查出所有问题，应该采用"飞线"的方法暂时解决问题以便进入下一个测试环节，所有测试无误后再进行制版；同时，焊接技术的熟练与否也直接影响到安装的质量。

分级调试之后就是系统联调，查看各模块连接起来后工作是否有问题，并且从系统的输入到输出，逐项检查系统指标是否实现，直到系统的所有功能、技术指标、性能要求均达到或超出设计要求为止。

1.1.8　设计与总结报告撰写

设计与总结报告是测控系统设计的最后一步，也是非常重要的一步。设计报告的撰写应贯穿设计、实现与测试的整个流程，每一步都应该详细记录设计过程，并进行汇总和整合。文档整理应包括以下内容：

（1）系统的设计要求与技术指标的确定。

（2）方案选择与可行性论证；单元电路的设计、元器件选择思路与清单、参数计算、重要的理论分析过程。

（3）控制算法推导。

（4）总体方框图、各功能模块电路图、计算机仿真波形或曲线图、完整电路原理图与PCB 图。

（5）软件流程图、执行程序及注释清楚的源代码或关键代码。

（6）调试步骤、问题总结及测试结果。

（7）系统成效与误差分析。

（8）结论与展望。

当然，根据报告的不同应用场合，有些部分可以不用出现在正式的报告中，如问题总结可以留作项目经验总结，不用出现在呈献给系统验收方的报告中。

设计与总结报告涵盖了系统设计的每一步骤并体现系统的硬件设计、仿真、软件设计这一实现过程，全面而系统地展现了测控系统的设计工作。

1.2　测控系统抗干扰技术

测控系统的工作环境一般都比较恶劣，环境温度、湿度、振动、冲击、粉尘、电磁干扰等不利影响时有发生，都会对测控系统的稳定可靠运行产生严重的威胁。即使是实验室环境下的课题任务，工作环境不那么恶劣，也会存在级联串扰、自激、温度、湿度、振动、电磁干扰这些不可避免的问题，因此抗干扰设计是测控系统设计的重要任务。

解决测控系统的干扰问题主要从以下几方面考虑：

（1）尽可能地消除干扰源：在做方案设计时尽量考虑工作环境中的不利影响；组装和调试过程中尽量做到细致、完备；能够从根本上消除的干扰就尽可能消除。一般在干扰源处、传输通道上、耦合通道上考虑采取措施来消除干扰。

（2）并不是所有的干扰源都可以消除，因此可以考虑采取切断干扰耦合通路的途径来解决干扰问题，尽量让系统工作在相对"良好"的环境下。

（3）干扰是不可能全部消除的，也是会随机出现的，因此测量与控制系统自身的鲁棒性就非常重要，只有尽可能地增强系统自身的抗干扰能力，才能适应各种恶劣环境。

在测控系统的设计与调试过程中，抗干扰设计主要从硬件和软件两方面入手。

1.2.1　硬件抗干扰技术

1. 合理选择器件

元器件的合理选用是测控系统可靠性设计的重要一环，选用的元器件是否合理、优质，将直接影响整个系统的性能和可靠性水平，也关系到系统的经济型和维护使用。一般进行元器件选择主要从以下两方面来考虑。

（1）满足性能要求：元器件的各种性能参数要满足性能要求，如电压等级、频率特性、驱动能力、放大系数等。在实际应用中，主要元器件应降额使用，如电阻功率上要比实际需求大一些，电容耐压值要比实际需求高一些，晶体管和集成电路在功率、电流、电压上要比实际需求高一些，继电器和开关则在电流上要比实际需求大一些，降额系数根据实际情况斟酌处理。

（2）满足可靠性需求：主要考虑系统在开路、短路、接触不良、参数漂移等情况下的可靠性，考虑整个系统的工作环境温度、湿度、振动、冲击等不良影响。例如，在接插件的选择要考虑系统搬运中的振动，尽量选取应力小、连接牢固且有方向标识的接插件。

2. 正确分布元器件

元器件的分布主要考虑两方面：PCB 板设计和整机的安装工艺。

1）PCB 板设计

PCB 板设计时应考虑以下因素。

（1）印刷电路板铜箔的厚度、线宽、线长，会影响电阻、电容、电感及电流容量。

（2）导线间距会影响信号的串扰和电容效应。

（3）电源线和地线的布局将影响信号间的公共阻抗干扰。

（4）电路板上数字、模拟分离，干扰源分离，热源分离。

（5）尽量不用 EDA 软件的自动布线功能。

2）整机的安装工艺

测控系统包含大量通过焊点、接插件连接起来的元器件、系统组件、模块等，将它们有效可靠组合起来的安装工艺是系统组装调试过程中的重要环节。该工艺主要从以下几方面考虑。

（1）焊接质量：保持良好的焊接质量，减少虚焊、接触不良、焊接损伤等情况。

（2）安装工艺：较重的元器件除了焊锡还应有其他紧固件来固定牢靠，并放置于系统底部，接插件应选取有方向的器件并采取双点或多点连接，确保可靠，并做好信号标识。

（3）结构合理：走线尽量短，热源、干扰源尽量远离系统控制核心部件，如变压器、功率管应尽量远离容易受温度影响的元器件（如晶体管、集成电路等），继电器、电感等元器件与易受干扰的元器件分开。

3．施加滤波、屏蔽和隔离措施

硬件抗干扰中的滤波和屏蔽措施能够消除和抑制大部分干扰，在工程实际中得到广泛的应用，主要包括滤波技术、去耦电容、屏蔽技术和隔离技术等。

（1）滤波技术。滤波是为了抑制噪声干扰，按照结构可分为有源滤波器和无源滤波器。由无源元件（如电阻、电容、电感）组成的滤波器为无源滤波器，由电阻、电容、电感和有源器件（晶体管、运算放大器等）组成的滤波器为有源滤波器。此外，还有软件实现的数字滤波器。

在抗干扰技术中，最常用的是低通滤波器，可以抑制电路状态转换时产生的瞬间脉冲电流而形成的噪声电压。

（2）去耦电容。电路中电平转换过程中产生的冲击电流，会在传输线和供电电源内阻上产生较大的压降，形成电压干扰。为了抑制这种干扰，除了滤波电路，还可以配置去耦电容来进行抑制。一般情况下，最简单的应用就是在每个芯片的电源和地的引脚上就近并接 0.01～0.1μF 的独石电容（或瓷片电容）和 10μF 的电解电容（或钽电容）。

（3）屏蔽技术。屏蔽是用屏蔽体把测控系统的控制电路从干扰电场、磁场或电磁场隔离开来。一般情况下，采用双绞线和金属屏蔽线抑制电磁干扰对传输信号的影响，也可以提高信号的传输距离。采用铁磁材料屏蔽盒遮住系统最容易受干扰的部分，提高系统稳定性。

（4）隔离技术。隔离和屏蔽的作用类似，就是从电路上把干扰源和易受干扰部分隔离开来，使测控系统的装置与现场仅保持信号联系，但不发生直接的电气联系。也就是把干扰通道切断，从而隔离了干扰，提高系统稳定性。同时，测控系统一般会存在强电和弱电部分，这两部分既要有信号的联通，又要隔绝电气上的联系，也是隔离技术要考虑的部分。

常用的隔离技术有以下几种。

① 光电隔离：由光电耦合器件来完成，如 TLP521、6N137 等。

② 继电器隔离：利用继电器线圈和触点之间有控制信号关系而没有电气联系的特点，可以作为强电、弱电隔离的手段。

③ 变压器隔离：脉冲变压器可以实现数字信号的隔离，一般的交流信号可以通过普通变压器来隔离。

④ 布线隔离：对交流和直流电源线、数字信号和模拟信号、信号线和电源线等要保持一定的线距。

4．使用合理的接地方式

实践证明，测控系统的干扰与接地方式有很大关系，接地技术也是抑制噪声的重要手段，良好的接地可以在很大程度上抑制系统内部噪声耦合，防止外部干扰的侵入，提高系统的抗干扰能力。

接地技术主要有以下 3 类。

（1）安全接地：设备金属外壳的接地。

（2）工作接地：信号回路接于基准导体或基准电位点。

（3）屏蔽接地：电缆、变压器等屏蔽层的接地。

5．硬件冗余

冗余是指系统满足一定功能要求下配置的设备超过系统实际需要的最低数量。这样即使系统的一部分出现故障，也仍然能够维持系统的正常工作，从实现方法上可分为硬件冗余和软件冗余，硬件冗余包括工作冗余和后备冗余两种形式。

工作冗余是对关键设备按照双重或多重的原则来重复配置，它们同时处于运行状态，工作过程中如果某一部件出现故障，就自动脱离系统而不影响系统的正常运行。

后备冗余则是重复配置的部分在正常状态不投入运行，而是处于热备用状态，一旦在线的设备发生故障，热备用的设备立即投入使用，故障设备的切除和热备用设备的投入应自动完成。

1.2.2　软件抗干扰技术

除硬件的高性能和高抗干扰能力之外，测控系统的可靠性和软件系统的可靠性也密切相关。软件的编写一般要满足实时性好、准确性高、可靠性高、可测试、易理解、易维护等要求。软件上容易出现的故障表现形式主要有数据采集不可靠、控制失灵、程序运行失常等，所以需要运用软件抗干扰技术，主要从软件冗余技术、软件陷阱技术、看门狗技术、数字滤波、干扰合理规避等方面着手。

1．软件冗余技术

软件冗余技术可以防止信息在输入、输出过程及传送过程中出错。

（1）对系统输入通道的信号，可采取重复采样的方式，并对多通道采用的数据重复读取、对比和数字滤波，以消除干扰影响。

（2）对于系统输出通道的信号，则应加入电压、电流保护装置，并在执行机构设置逻辑验证环节，避免系统误动作。

（3）对于系统信息通道的信号，如数据传递、数据存储、数据运算等，则在数据上加入校验码，读出、写入都要进行校验，若正确才能投入使用，否则按照故障处理。

（4）善于利用指令冗余技术，在程序中人为地插入一些空操作指令 NOP 或将有效的单字节指令重复书写。由于空操作指令为单字节指令，且对计算机的工作状态无任何影响，这样就会使失控的程序在遇到该指令后，能够调整其 PC 值至正确的轨道，使后续的指令得以正确执行。这样结合其他软件抗干扰措施，提高软件的可靠性。

2．软件陷阱技术

软件陷阱是针对程序运行失常的软件抗干扰措施。软件陷阱就是一条"引导指令"，其指导思想是把控制系统中未使用的单元用"引导指令"填满，作为"陷阱"来强行捕获"跑飞"的程序，并将捕获的程序引向一个指定的地址，该地址存储着一段专门对程序出错进行陷阱处理的指令，使系统运行恢复正常。软件陷阱一般安排在正常程序都执行不到的地方，所以不影响程序的执行效率。在实践中，一般安排在未使用的中断向量区、未使用的大片 ROM 空间、程序中数据表格区和程序中一些指令串中间的断裂点处。

3．看门狗技术

软件冗余、软件陷阱不能够解决程序陷入"死循环"的困境，看门狗（Watchdog）技术可以使程序摆脱"死循环"。看门狗技术就是利用监控跟踪定时器不断监视程序循环运行时间，当发现"未喂狗"时间超出设定的时间时，认为软件陷入"死循环"，这时就会强迫程序重新启动后再运行。

看门狗技术在实现方式上有硬件看门狗和软件看门狗，既可单独使用，也可结合使用，目前主流的处理器内部都集成了看门狗定时器，为软件可靠性设计提供了方便。

4．数字滤波

数字滤波就是对一组输入的数字序列进行一定的运算而转换成另一组数字序列的功能模块，既可以解决系统 A/D 采样输入、控制量输出、D/A 输出的干扰问题，又可以有效滤除序列中的无效数字。数字滤波方法有中值滤波、平均值滤波等，具体可参照本书相关章节，在此不再赘述。

5．干扰合理规避

在测控系统中，有些干扰来自系统本身，如过压、欠压、浪涌等。对于一些可预知的干扰，在软件设计时，可以采取适当措施避开。例如，当系统要接通或断开某一大功率负载时，可以使处理器暂停工作，待干扰过去后再恢复工作，这样可以有效减小系统失常的概率。

1.3　本章小结

本章介绍了测控系统的基本特征、组成结构和分类，从整体上给出了一般测控系统的设计原则、方法和步骤，并从硬件和软件两方面对测控系统中的抗干扰技术做了论述，为后续章节做了铺垫。

习　题　1

1．测控系统一般由哪几部分组成？具体工作原理是怎样的，请画出框图。

2．硬件抗干扰措施有哪些？

3．为什么要采用隔离？有哪些常见的隔离措施？

4．试举例开环和闭环的例子，画出它们的框图，阐述工作原理，并比较开环系统和闭环系统的结构特点，说明其优缺点。

第 2 章

信 号 测 量

　　科学的发展史是人类认识世界、改造世界的历史演变，而认识世界是改造世界的前提，认识世界是通过各种感觉器官、测量仪器来实现的，科学始于测量，没有测量就没有科学。人类拥有视觉、听觉、味觉、嗅觉、触觉等器官感知世界，而在测控系统中，通过各种信号测量模块获得客观事物或者对象的运动属性或环境状态的各种数据。信号测量模块就是系统的感知单元，是测控系统的"鼻子""眼睛""耳朵"，测量是控制的基础。信号测量在测控系统中的地位如图 2-1 所示。

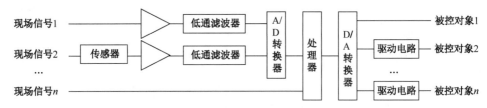

图 2-1　信号测量在测控系统中的地位

　　人工测量是测量技术的最初形态，目测读数、手工记录。数据误差较大，劳动强度高，测量结果对操作人员的专业性依赖程度高。现代测量不仅可以利用电子科学原理、方法、设备对各种电量、电信号及电路元件特性参数进行测量，还可以利用各种传感器和测量设备对非电量进行测量。这样，现代测量技术才能广泛覆盖电学、物理学、化学、机械学、材料学、生物学、医学等专业领域。随着集成微处理器和网络技术的发展，智能仪器、自动测量系统等能够在操作人员不干预或很少干预的情况下完成复杂测量任务。新一代测量技术的出现，推动了科学的进一步发展。

　　测量技术主要是对被测量的测量原理、测量方法、测量系统和数据处理等方面的研究。

　　（1）测量原理。测量原理是指采用什么原理、依据什么效应来被测量，要根据应用的环境、场景、指标要求来决定。不同的被测量采用不同的原理来测量，同一种性质的被测量也可以用不同的原理来测量。

　　（2）测量方法。测量方法就要根据具体确定好的测量原理来展开，按照测量手段可分为直接测量法和间接测量法。

（3）测量系统。根据测量原理和测量方法来设计测量系统，信号调理、转换是常用的技术，根据系统中被测信号的类型，可分为模拟式和数字式测量系统。

（4）数据处理。数据处理就是对采集到的数据进行分析和加工的技术过程。在数字测量系统中，不仅包含滤波、算法等，也包含对测量误差的分析和处理。

在测量过程中，能够将被测量与同类标准量进行比较，或者能够直接用事先标定好的测量仪器对被测量进行测量，直接获得测量值，这种测量方式称为直接测量法。例如，用电流表测量电流，用电压表测量电压，用直流电桥测量电阻等。这种方法简单、迅速、高效，但是在测控系统中使用局限性较大。

测控系统中的大部分被测量都不能直接获得，需要使用间接测量法，也就是通过直接测量与被测量有一定函数关系的物理量，然后按照函数关系计算出被测量的数值。例如，通过测量电阻上的电压和电流，利用欧姆定律计算的方法来测量阻值；或者利用光敏电阻测量光照度大小等。这种方法由于容易与测控系统相结合，因此得到广泛应用。

2.1　元器件阻抗参数测量

电阻 R、电容 C、电感 L 是测控系统中的基本元器件，阻抗是表示一个元件性能或一段电路的电性能的物理量，在具有电阻、电感和电容的电路中，对电路中的电流所起的阻碍作用称为阻抗。阻抗常用 Z 表示，是一个复数，实部 R 称为电阻，虚部 X 称为电抗，其中电容在电路中对交流电所起的阻碍作用称为容抗 X_C，电感在电路中对交流电所起的阻碍作用称为感抗 X_L，阻抗可表述为

$$Z = \frac{\dot{U}}{\dot{I}} = R + jX = |Z|e^{j\varphi} = |Z|(\cos\varphi + j\sin\varphi)$$

式中，$\dot{U}$ 为阻抗上的复数电压；$\dot{I}$ 为阻抗中流过的复数电流。

电阻、电容、电感是间接测量装置输出的重要参数，因此对它们的频率特性和测量方法的学习非常重要。

2.1.1　阻抗的基本特性

在某些特定的条件下，R、L、C 可以近似地看成理想的纯电阻、纯电容、纯电感。严格来说，任何实际的电路元件不仅是复数阻抗，而且随着工作电压、电流、频率、环境温度等条件的影响，阻抗的数值也会变化。特别是工作频率较高时，各种分布参数的影响将变得十分严重。

电阻器等效电路如图 2-2 所示。其中，L_R 为串联剩余电感，C_R 为并联分布电容，则其固有谐振频率 f_{0R} 为

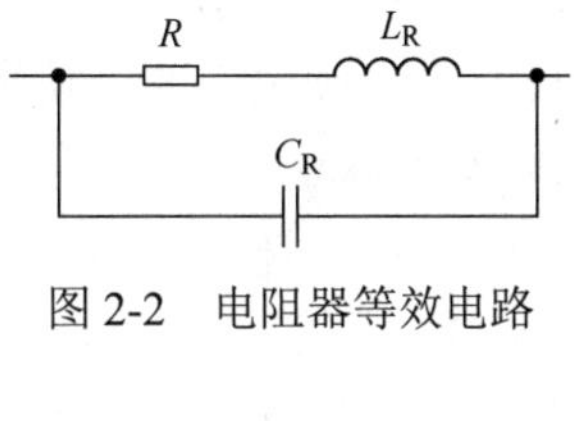

图 2-2　电阻器等效电路

$$f_{0R} = \frac{1}{2\pi\sqrt{L_R C_R}}$$

电阻器的阻抗 Z_R 为

$$Z_{\mathrm{R}} = \frac{(R + \mathrm{j}\omega L_{\mathrm{R}})\dfrac{1}{\mathrm{j}\omega C_{\mathrm{R}}}}{R + \mathrm{j}\omega L_{\mathrm{R}} + \dfrac{1}{\mathrm{j}\omega C_{\mathrm{R}}}} = \frac{R}{(1 - \omega^2 L_{\mathrm{R}} C_{\mathrm{R}})^2 + (\omega C_{\mathrm{R}} R)^2} + \mathrm{j}\omega \frac{L_{\mathrm{R}}(1 - \omega^2 L_{\mathrm{R}} C_{\mathrm{R}}) - R^2 C_{\mathrm{R}}}{(1 - \omega^2 L_{\mathrm{R}} C_{\mathrm{R}})^2 + (\omega C_{\mathrm{R}} R)^2}$$

低频时电阻的阻抗为 R，然而当频率升高并超过一定值时，寄生电容的影响成为主要的，它引起电阻阻抗的下降。当频率继续升高时，由于引线电感的影响，总的阻抗上升，引线电感在很高的频率下代表一个开路线或无限大阻抗。

电容器的等效电路如图 2-3（a）所示。其中，C 为理想电容值，R_{j} 为介质损耗电阻，R 为主要由引线、接头、高频趋肤效应等产生的损耗电阻，L_{C} 为在电流作用下产生的磁通引起的电感。在频率较低的情况下，L_{C} 和 R 的数值很小，可以忽略不计，等效电路如图 2-3（b）所示；而当频率较高时，R 和 L_{C} 的作用显现出来，而 R_{j} 的作用可以忽略不计，等效电路如图 2-3（c）所示，这相当于一个 RLC 串联电路。

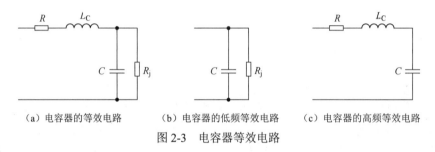

（a）电容器的等效电路　　　（b）电容器的低频等效电路　　　（c）电容器的高频等效电路

图 2-3　电容器等效电路

电感中除了主要特性电感 L，还包含电感损耗电阻 R_{L}、分布电容 C_{L}。在低频情况下，C_{L} 作用影响较小，随着频率的提高，C_{L} 的作用逐渐体现出来，电感等效电路如图 2-4 所示。

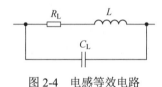

图 2-4　电感等效电路

等效阻抗 Z_{L} 可表达为

$$Z_{\mathrm{L}} = \frac{R_{\mathrm{L}}}{(1 - \omega^2 L C_{\mathrm{L}})^2 + (\omega C_{\mathrm{L}} R_{\mathrm{L}})^2} + \mathrm{j}\omega \frac{L(1 - \omega^2 L C_{\mathrm{L}}) - R_{\mathrm{L}}^2 C_{\mathrm{L}}}{(1 - \omega^2 L C_{\mathrm{L}})^2 + (\omega C_{\mathrm{L}} R_{\mathrm{L}})^2}$$

其中，用 R_{L}' 代替上式实部，用 L' 代替上式虚部，则

$$Z_{\mathrm{L}} = R_{\mathrm{L}}' + \mathrm{j}\omega L'$$

与电阻和电容相同，电感的高频特性同样与理想电感的预期特性不同，当频率接近谐振点时，高频电感的阻抗迅速提高；当频率继续提高时，寄生电容 C_{L} 的影响逐渐提升，线圈阻抗逐渐降低。

通过上述分析可以看出，电阻、电容、电感的实际阻抗随着各种因素的影响而变化。所以，在选用和测量时应尽量保持测量条件和工作条件一致，这样测量出来的数值才对元件的实际工作有指导意义，否则测量到的数值很可能与实际工作条件下的特性存在偏差。

2.1.2　阻抗的测量

阻抗的测量方法主要有伏安法、电桥法、谐振法和仪表法等，在实际测量中应根据具体要求和情况来选择。在直流或低频情况下，伏安法最简单，但是精度稍差，精度要求较高时电桥法是不错的选择。高频条件下，谐振法能够接近元件的实际使用条件。随着数字仪表的发展，RLC 测试仪可以很精确地测量出阻抗值以作为测控系统的参考。

1. 伏安法

伏安法测量阻抗是通过直接测量被测阻抗元件上的电压和电流值，根据欧姆定律

$$Z = \frac{U}{I}$$

便可计算出被测阻抗值 Z。伏安法有内接法和外接法两种，所谓外接内接，就是电流表接在电压表的外面或里面，如图 2-5 所示。

这样，电流表接在外面，测得的是电压表和阻抗并联的电流，而电压值是准确的，根据欧姆定律，并联时的电流分配与阻抗成反比，这种接法适用于测量阻抗较小的对象；电流表接在里面，电流测量准确，但电压表测量得到的是电流表和阻抗串联后的电压，根据欧姆定律，串联时的电压分配与阻抗成正比，这种接法适用于测量阻抗较大的电阻。

伏安法测电阻虽然精度不高，但所用的测量仪器比较简单，而且使用方便，是最基本的测量阻抗的方法。

伏安法在测量电容、电感应用中，是通过标准电阻 R_1 与电感（电容）相串联的分压电路，采用与标准电阻相比较的方法进行测量，如图 2-6 所示。

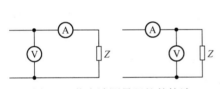

图 2-5　伏安法测量阻抗的接法

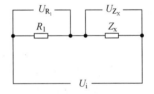

图 2-6　伏安法测量阻抗

测量结果为

$$Z_{\mathrm{x}} = R_1 \frac{U_{Z_{\mathrm{x}}}}{U_{R_1}}$$

电感和电容属于电抗元件，因此需要交流源来产生激励信号，在角频率为 ω 的交流信号作用下，待测电容量和电感量为

$$C_{\mathrm{x}} = \frac{U_{R_1}}{\omega R_1 U_{C_{\mathrm{x}}}}$$

$$L_{\mathrm{x}} = R_1 \frac{U_{L_{\mathrm{x}}}}{\omega U_{R_1}}$$

式中，$U_{C_{\mathrm{x}}}$、$U_{L_{\mathrm{x}}}$、U_{R_1} 为各矢量模值。

伏安法电路结构简单，待测电感（电容）与相关电压比为线性关系，因此只要保证基准

电阻的精度、正弦波激励的稳定和合理的激励源频率，就能保证测量精度。但从测量原理上不难发现，该方法未考虑电感、电容损耗电阻的影响，因此会影响测量精度。

2. 电桥法

电桥是可以将电阻、电感、电容等电参量的变化，转变为电压或电流输出的一种变换电路，工作频率宽、精度高，能在很大程度上消除或削弱系统误差的影响。按激励电源的不同可分为直流电桥和交流电桥；按测量方式不同可分为平衡电桥和不平衡电桥。

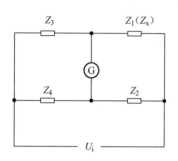

图 2-7 交流电桥结构

图 2-7 所示为交流电桥结构，U_i 为测试激励源，G 为检流计，Z_x、Z_2、Z_3、Z_4 组成 4 个桥臂，其中 Z_x 为被测元件（电阻、电容或电感），测量时，当 Z_x 接入桥臂后，调节其他桥臂的可调元件使检流计 G 的示数为 0，电桥就处于平衡状态，那么平衡状态下的电桥满足以下条件。

$$Z_x Z_4 = Z_2 Z_3$$

继而得到

$$|Z_x| \cdot |Z_4| = |Z_2| \cdot |Z_3|$$

$$\varphi_x + \varphi_4 = \varphi_2 + \varphi_3$$

其中，$|Z_x|$、$|Z_2|$、$|Z_3|$、$|Z_4|$ 为复数阻抗 Z_x、Z_2、Z_3、Z_4 的模，φ_x、φ_2、φ_3、φ_4 为复数阻抗 Z_x、Z_2、Z_3、Z_4 的阻抗角。因此，在电桥平衡时，相对桥臂的阻抗满足模平衡（模的乘积相等）和相位平衡（相角之和相等）两个条件。

当被测元件为电阻时，即 $Z_x = R_x$、$Z_2 = R_2$、$Z_3 = R_3$、$Z_4 = R_4$，同时，图 2-7 中的信号源可采用直流恒压源，此时该电桥又称为凯尔文电桥，在电桥平衡时，被测电阻阻值为

$$R_x = \frac{R_2 R_3}{R_4}$$

当被测元件为电容或电感时，激励源可采用交流信号源。在多数交流电桥中，为了使线路结构简单和实现"分别读数"（电桥的两个可调参数分别只与被测阻抗的一个分量有单值的函数关系），常把电桥的两个臂设计成纯电阻（统称为辅助臂）。这样，除被测 Z_x 之外，只剩一个臂具有复阻抗性质，此臂由标准电抗元件（标准电感或标准电容）与一个可调电阻适当组合而成（称为比较臂），在这样的条件下，由交流电桥的平衡条件得到桥臂配置和可调参数选取的基本原则。

（1）当比较臂与被测臂阻抗性质相同时（指同为电感性或电容性），二者应放在相邻的桥臂位置上；反之，应放在相对的桥臂位置上。

（2）若取比较臂的两个阻抗分量参数可调，则当比较臂阻抗分量的连接方式（指串联或并联）与被测臂等效电路的连接方式一致时，二者应放在相邻的桥臂位置上；反之，就放在相对的桥臂位置上。

在测量不同特点的电容器、电感器时，会有不同的结构来满足不同的指标侧重。本章只列举一种常用的串联电容比较电桥。

图 2-8 所示为串联电容电桥结构，C_x 为被测电容的容量，R_x 为它的等效串联电阻，C_0 和 R_0 为无损耗的标准电容器和标准电阻，当桥臂平衡时，由平衡条件可得

$$(R_x - j\frac{1}{\omega C_x})R_4 = (R_0 - j\frac{1}{\omega C_0})R_2$$

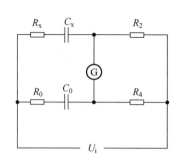

分解虚部和实部，得

$$R_x - j\frac{1}{\omega C_x} = \frac{R_2}{R_4}R_0 - \frac{R_2}{R_4}j\frac{1}{\omega C_0}$$

可得到

$$R_x = \frac{R_2}{R_4}R_0$$

$$C_x = \frac{R_4}{R_2}C_0$$

图 2-8　串联电容比较电桥结构

被测电容的损耗系数为

$$\tan\sigma = \omega C_0 R_0$$

其中，σ 为被测电容的损耗角。这样，C_x、R_x 和 $\tan\sigma$ 都可以计算出来。

当被测元件为电感时，主要有两种电桥：麦克斯韦-文氏电桥和海氏电桥，其中麦克斯韦-文氏电桥主要用来测量 Q 值不高的电感，而海氏电桥适合测量 Q 值较高的电感。以海氏电桥为例，其结构如图 2-9 所示，L_x、R_x 分别为电感的电感量和它的等效串联损耗电阻，C_0 和 R_0 分别为无损耗的标准电容器和标准电阻。

同理，调节桥臂到电桥平衡，由平衡条件

$$R_2 R_3 = (R_x + j\omega L_x)(R_0 - j\frac{1}{\omega C_0})$$

可得

$$R_x = \frac{R_2 R_3 R_0 (\omega C_0)^2}{1 + (\omega R_0 C_0)^2}$$

$$L_x = \frac{R_2 R_3 C_0}{1 + (\omega R_0 C_0)^2}$$

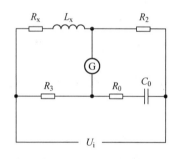

品质因数为

$$Q = \frac{\omega L_x}{R_x} = \frac{1}{\omega R_0 C_0}$$

这样，就可以计算出 L_x、R_x 和 Q。

图 2-9　海氏电桥结构

3. 谐振法

谐振法是测量电容、电感的另一种基本方法，它是利用调谐回路的谐振特性建立的测量方法。谐振法的测量精度不如交流电桥法高，但由于测量线路简单方便，在技术实现上的困难要比高频电桥小（主要是杂散耦合的影响），再加上高频电路元件大多用于调谐回路，因此在高频电路参数测量中，谐振法是一种重要的手段。谐振法电路原理如图 2-10 所示，有两种结构：串联谐振电路和并联谐振电路，它包括由振荡源、已知元件和被测元件组成的谐振回路及相应的电压和电流测量电路。

图 2-10（a）中，当电路中的电抗部分为零，电感和电容作用互相抵消时，电路发生串联谐振，谐振时外加信号角频率 ω_0 为

$$\omega_0 = \frac{1}{\sqrt{LC}}$$

因此可以得到

$$L = \frac{1}{\omega_0^2 C}$$

$$C = \frac{1}{\omega_0^2 L}$$

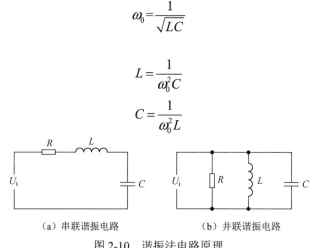

　（a）串联谐振电路　　　　　　　　（b）并联谐振电路

图 2-10　谐振法电路原理

当电路中的 L 或 C 为已知量时，就可以求出另一个未知量。

除上述方法之外，阻抗测量还有恒压-恒流法、频率转换法、分压法等，在此不再赘述。

2.2　电信号测量

电压和电流是电子系统中的基本参数，电流是电荷的流动，它的单位是安培（A），它等于每秒内 1 库仑电荷的流量。电压是电气或电子电路两点间的电势差，单位为伏特（V），用以测量电场在导电体中形成电流的势能。测控系统中的其他非电量信号最终都是转换成电压、电流、频率、相位等信号来进行测量，因此电压和电流信号的测量是非常重要的。

2.2.1　直流电压及其测量方法

直流电压按电压大小可分为低压和高压，高压的测量在教学实践中很少涉及，所以本书不做阐述。低压又可分为接地电压和差分电压两种，严格意义上来讲，所有电压信号都是差分的，因为一个电压只能是相对于另一个电压而言的。在某些系统中，系统"地"被用作电压基准点。把"地"当作电压测量基准时，这种信号称为单端的，否则称为差分的。

单端电压和差分电压可以通过直流电压测量流程来测量，如图 2-11 所示。其中，单端电压和差分电压是可以通过信号调理电路进行互相转换的；经过 A/D 转换器就可以转换成与电压大小成比例的数字信号。

图 2-11　直流电压测量流程

图 2-11 中涉及的信号调理和 A/D 转换器会在第 3 章中介绍，这里不再赘述。

2.2.2　交流电压及其测量方法

1．交流电压参数

交流电压可以用峰值、平均值、有效值、波形系数及波峰系数来表征。

1）峰值

周期性交流电压 $u(t)$ 在一个周期内偏离零电平的最大值称为峰值，用 U_0 表示，正、负峰值不等时分别用 U_{p+} 和 U_{p-} 表示，如图 2-12（a）所示。$u(t)$ 在一个周期内偏离直流分量 U_0 的最大值称为幅值或振幅，用 U_m 表示，正、负幅值不等时分别用 U_{m+} 和 U_{m-} 表示，如图 2-12（b）所示，图中 $U_0=0$，且正、负幅值相等。

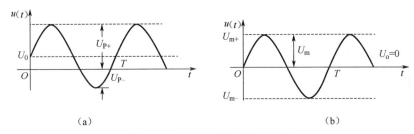

（a）　　　　　　　　　　　　　（b）

图 2-12　交流电压的峰值和幅值

2）平均值

$u(t)$ 的平均值 $\overline{U}$ 的数学定义为

$$\overline{U} = \frac{1}{T}\int_0^T u(t)\mathrm{d}t$$

按照这个定义，实质上就是被测电压的直流分量 U_0，如图 2-12（a）中 U_0 对齐的虚线所示。

但是，在电子测量中，平均值通常指交流电压检波（也称整流）以后的平均值，又可分为半波整流平均值和全波整流平均值。全波整流平均值定义为

$$\overline{U} = \frac{1}{T}\int_0^T |u(t)|\mathrm{d}t$$

半波整流平均值定义为

$$\overline{U} = \frac{1}{T}\int_0^{T/2} |u(t)|\mathrm{d}t$$

3）有效值

一个交流电压 $u(t)$ 和一个直流电压 U 分别加在同一电阻 R 上，若它们在一个周期内产生的热量相等，则交流电压有效值等于该直流电压 U，可表示为

$$\int_0^T \frac{u^2(t)}{R} = \frac{U^2}{R} \cdot T$$

即

$$U = \sqrt{\frac{1}{T}\int_0^T u^2(t)\mathrm{d}t}$$

4）波形系数及波峰系数

交流电压的波形系数 K_F 定义为该电压的有效值与平均值之比，即

$$K_F = \frac{U}{\bar{U}}$$

交流电压的波峰系数 K_P 定义为该电压的峰值与有效值之比，即

$$K_P = \frac{U_P}{U}$$

不同电压波形，其 K_F、K_P 值不同，表 2-1 列出了几种常见波形交流电压的参数。

表 2-1 常见波形交流电压的参数

名 称	波 形 图	波形系数 K_F	波峰系数 K_P	有效值 U	平均值 $\bar{U}$
正弦波		$\dfrac{\pi}{2\sqrt{2}}$	$\sqrt{2}$	$A/\sqrt{2}$	$2A/\pi$
半波整流		$\dfrac{\pi}{2}$	2	$A/2$	A/π
全波整流		$\dfrac{\pi}{2\sqrt{2}}$	$\sqrt{2}$	$A/\sqrt{2}$	$2A/\pi$
三角波		$\dfrac{2}{\sqrt{3}}$	$\sqrt{3}$	$A/\sqrt{3}$	$A/2$
方波		1	1	A	A
白噪声		1.25	3	$A/3$	$A/3.75$

2. 交流电压测量

交流电压的测量总体来说有两种方法：一是利用交流/直流（AC/DC）转换电路将交流电压转换成与交流电压某一特征量（峰值、平均值、有效值）成函数关系的直流电压信号；二是直接测量交流电压一个周期内 N 个点的电压值，然后通过计算得到交流电压的峰值、平均值、有效值，甚至频率信号。

1）交流/直流转换器

（1）峰值测量电路。峰值测量电路（又称峰值检波器）输出的直流电压与输入的交流信号峰值成比例，常见的峰值测量电路有串联式和并联式两种，如图 2-13 所示。其中，图 2-13（a）为串联式检波器，该电路无隔直能力；图 2-13（b）为并联式检波器，该电路有电容 C 可以提供隔直能力，而且应用比较广泛。

峰值检波器工作原理如图 2-14 所示，当交流电压 $u(t)$ 波形正半周加向二极管时，$u(t)$ 对电容 C 快速充电，当 $u(t)$ 波形峰值过后，C 上的电压大于 $u(t)$，这时二极管截止，C 慢速放电，当 $u(t)$ 第二个半周加向二极管时，在 $u(t)$ 高于 C 上的电压期间，$u(t)$ 继续向 C 充电，如此重复几周，最后处于一种动态平衡状态，C 上的电压平均值接近 $u(t)$ 的峰值。

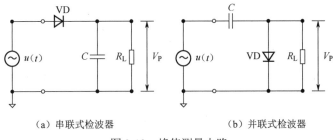

（a）串联式检波器　　　　　　　（b）并联式检波器

图 2-13　峰值测量电路

需要指出的是，检波元件 R_L、C 选择不同的值，可以适应不同频率的电压测量。但基本原则是，要使检波器的充电时间常数远远大于放电时间常数，而放电时间常数也要远远大于输入信号的最大周期 T，同时 R_L 要远远大于被测回路的内阻，通常 R_L 取值范围为 $10^7 \sim 10^8 \Omega$。

事实上，在实际运用中二极管有压降，用于较低电压测量时，二极管压降不容忽视。因此，图 2-15 所示为实际的峰值检测电路，消除了二极管压降的影响。实际的峰值检测电路要增加复位开关将电容放电，以备下次检测较小的峰值。NMOS 管 M 为复位控制开关，在 M 的栅极接低电平时峰值检测电路开始工作，当输入电压大于输出电压 $V_i > V_o$ 时，二极管 VD_1 导通，向电容 C 充电，闭环反馈调节作用使得 A 点电压等于输入电压，此时 $V_o = V_i$，称为采样过程；当输入电压小于输出电压 $V_i < V_o$ 时，二极管 VD_1 截止，电容 C 上的电压向运放 A2 的同相输入端供电，A2 的输出电压等于电容上的电压，此时 $V_o = V_C$，称为保持过程；在保持过程中，如果运放的输入阻抗足够高，电容上的电压基本保持不变。其中，二极管 VD_2 的作用是当 $V_i < V_o$ 时，避免运放 A1 进入开环状态。

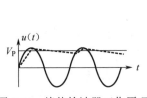

图 2-14　峰值检波器工作原理

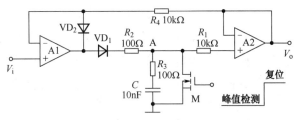

图 2-15　实际的峰值检测电路

（2）平均值测量。平均值测量方法广泛应用于万用表中的交流电压、交流电流测量电路的交直流转换电路中。该方法先对交流信号进行半波或全波整流，再对整流输出的脉动直流信号采用积分电路得到较平缓的直流信号，直流信号的幅值就是被测信号的半波整流平均值或全波整流平均值，最后利用被测信号的半波整流平均值或全波整流平均值与有效值的关系即可计算出被测信号的有效值。

图 2-16 所示的是常用平均值测量电路，与峰值测量电路一样，可以消除二极管的压降影响，并用有源积分器替代简单的阻容电路实现平均作用。

（3）均方根测量。均方根测量电路采用乘法器进行平方运算，再采用积分电路实现平均运算，积分电路输出经过开方电路即可得到均方根值，如图 2-17 所示。

随着集成电路的迅速发展，实际应用中，通常采用专用的真有效值转换芯片实现。常用的真有效值转换芯片有 AD536、AD637、LTC1966、LTC1967、LTC1968 等。

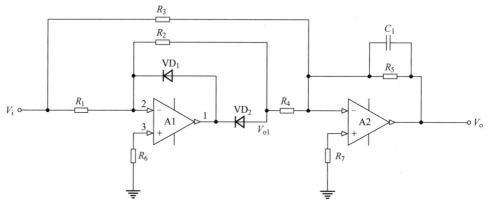

图 2-16　常用的平均值测量电路

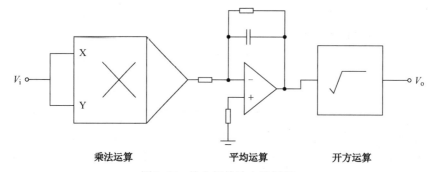

图 2-17　均方根检波电路原理

AD637 是一款完整的高精度、均方根直流转换器，可计算任何复杂波形的真均方根值，并提供等效直流输出电压。它提供的均方根直流转换器性能在精度、带宽和动态范围等方面有着出色的表现。最大非线性仅为 0.02%，支持 0～2V 均方根输入。2V 均方根输入时带宽为 8MHz，100mV 均方根输入时带宽为 600kHz，图 2-18 所示为真有效值转换芯片 AD637 的官方推荐电路，图中输入缓冲和输出偏移接到内部的模拟公共端，一起接地，输入电容主要起到隔离直流分量的作用。AD637 内部集成了绝对值电路、平方电路、开方电路和积分器电路。除了积分器电路需要外接电容，几乎不需要任何外围元件。此外，AD637 内部还提供了一个电压跟随器（BUFFER），若信号源输出阻抗较大，建议加在信号源与输入电路之间。

2）基于采样的交流电压测量

交流电压测量流程与直流电压相似，如图 2-19 所示。交流电压也可以通过信号调理电路进行互相转换，经过 A/D 转换器就可以将瞬时电压转换成与电压大小成比例的数字信号 $u(k)$。

然后通过一定的计算即可得到均方根值：

$$U = \sqrt{\frac{1}{N}\sum_{k=1}^{N} u^2(k)}$$

其中，N 为一个周期内的采样点数。

同时，还可以利用 FFT 计算方法得到交流电压的其他参数，如频率、相位等。

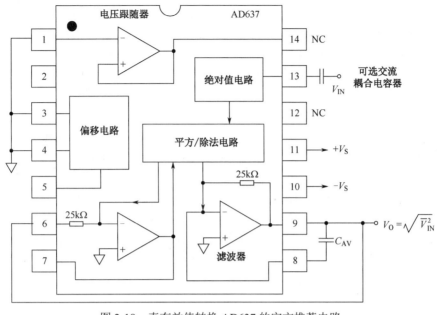

图 2-18 真有效值转换 AD637 的官方推荐电路

图 2-19 交流电压测量流程

2.2.3 电流信号及其测量

测控系统中的电流一般是转换为电压信号来测量的，从电气隔离方面可分为接触式和非接触式两种方法。接触式测量一般是通过串联电阻检测电压的方法，主要指电阻分流器；非接触式测量一般是通过检测电流产生的磁场实现的，由于电流周围会产生磁场，可以间接地通过测量磁场的大小得到被测电流的大小，主要包括电流互感器、霍尔电流传感器、罗氏线圈、光纤电流传感器等。

1. 采样电阻法

采样电阻法是根据电流通过电阻时在电阻两端产生电压的原理进行电路构建的。测量电流的上限一般不能太大，电阻上直接得到的电信号是量值很小的模拟信号，还需外接放大电路将信号放大，再通过 A/D 转换电路将其转换为数字信号，如图 2-20 所示。

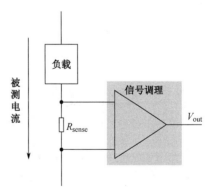

图 2-20 采样电阻法测量方法原理

采样电阻法结构简单、成本低，但对串接的测量电阻和外接的信号放大电路有一定的要求，其中串接的电阻要有较高的精度、较小的阻值和较好的温漂特性，而且尽量不影响原电路特性。

在低频率小幅值电流测量中，采样电阻法表现出较高的精度和较快的响应速度，但是电流如果太大，电阻上就会产生比较大的损耗，如通过 100A 电流时，即使用毫欧姆级别的电阻产生的功耗也是很惊人的，而电阻上的损耗几乎都转换为热能，这又增加了散热的难度。

此外，这种方法输出信号小，需要附加放大电路，这也是采样电阻法的局限之处。

在实际应用中，不涉及测量回路与被测电流之间电气隔离的场合，采样电阻法是将电流信号转变成电压信号的首选的低成本方案。

2．电磁式电流互感器

电磁式电流互感器是一种基于电磁感应原理构建的非接触式测量的传感器，它可以把数值较大的一次电流通过一定的变换转换成数值较小的二次电流，用来进行保护、测量等。电流互感器结构如图 2-21 所示。

电磁式电流互感器外围采样电路较为简单，分为无源输出和有源输出两种电路结构。其中，无源输出可以直接通过电阻 R 采样，只需要一只采样电阻就可输出与输入电流成比例的电压信号，如图 2-22 所示。这种电路结构简单，精度较高（依赖采样电阻的精度），输出电压有一定的限制，采样电阻越大，在小电流区域的相位差越大，线性范围相对变小。

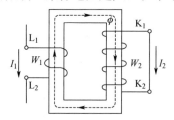
图 2-21　电流互感器结构

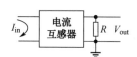
图 2-22　无源输出电流互感器外围采样电路

图中，输出电压信号 V_{out}、被测电流信号 I_{in} 和取样电阻 R 的关系为

$$V_{out} = \frac{I_{in}}{CT} \cdot R$$

其中，CT 为互感器的变比数。

有源输出电路如图 2-23（a）所示，图中电路稍复杂，但是精度高、相位差小，输出电压高，负载能力强。为简化线路，用于相位补偿的 c 和 r，一般不用连接，如图 2-23（b）所示。如果需要补偿，通常采用软件方式。

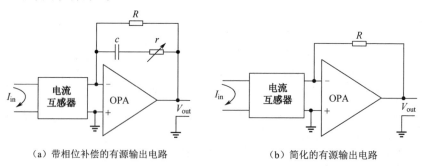

（a）带相位补偿的有源输出电路　　　　　　　（b）简化的有源输出电路
图 2-23　有源输出电流互感器外围采样电路

3．霍尔电流传感器

霍尔电流传感器是根据霍尔效应制作的一种磁场传感器，也属于非接触式测量，可以测量各种类型的电流，从直流到几十千赫兹的交流。霍尔电流传感器包括开环式和闭环式两种，

高精度的霍尔电流传感器大多属于闭环式。

开环式霍尔电流传感器采用的是霍尔直放式原理，闭环式霍尔电流传感器采用的是磁平衡原理，所以闭环式霍尔电流传感器在响应时间与精度上要比开环式霍尔电流传感器好很多。开环式霍尔电流传感器和闭环式霍尔电流传感器都可以监测交流电流，一般开环式霍尔电流传感器适用于大电流监测，闭环式霍尔电流传感器适用于小电流监测。霍尔电流传感器具有封装尺寸小、测量范围广、质量轻、低电源损耗等优点。

霍尔电流传感器只需外接正负直流电源，被测电流母线从传感器中穿过，即可完成主电路与控制电路的隔离检测，电路设计简单，如图 2-24 所示。霍尔电流传感器的输出信号是副边电流 I_S，它与输入信号（原边电流 I_{in}）成正比，I_S 一般很小，只有几十到几百毫安。如果输出电流经过测量电阻 R_{sense}，那么可以得到一个与原边电流成正比的大小为几伏的直流电压信号，就可以按照直流电压的测量方法来进行。

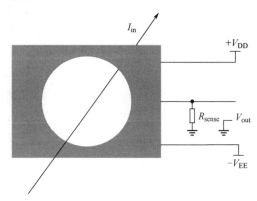

图 2-24 霍尔电流传感器的使用

4. 罗氏线圈

罗氏（Rogowski）线圈测量电流的基本原理是电磁感应和安培环路定律，又称为电流测量线圈或微分电流传感器，是一种绕制在非磁性骨架上的空心线圈，基于电磁感应原理对大电流进行测量，输出信号是电流对时间的微分。罗氏线圈具有测量范围宽、精度高、绝缘性能好及无磁饱和现象等优点。根据线圈上的感应电流信号与通过线圈的电流变化率成正比的现象，可以通过积分还原一次回路的电流值，这是一种交流电流的测量方法，适用于交流尤其是高频大电流测量。

罗氏线圈的输出电压信号与被测电流信号变化率的关系为

$$u(t) = M \frac{\mathrm{d}i(t)}{\mathrm{d}t}$$

其中，M 是罗氏线圈的互感系数，与罗氏线圈的空气磁导率、线圈匝数、线圈外径、线圈内径等因素有关。

在实际使用中，由于罗氏线圈感应出的信号很小，为了放大该感应信号，需在积分器前面加一放大电路，先将信号放大再积分，通过对罗氏线圈感应信号的放大和积分处理，就可还原出所测量的交流电流，如图 2-25 所示。另外，为了消除耦合在信号通道中的高频干扰信号，积分器后面可以接低通滤波器来进行滤波处理。

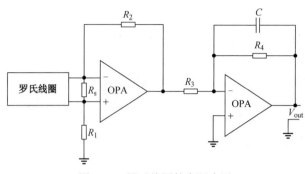

图 2-25   罗氏线圈的实际应用

2.3   非电量测量—传感器技术

传感器是一种能把特定的被测信号按 定规律转换成某种可用信号输出的器件或装置，以满足信息的传输、处理、记录、显示和控制等要求。这里"可用信号"是指便于处理、传输的信号，一般为电信号，如电压、电流、电阻、电容、电感、频率、相位等。

国家标准《传感器通用术语》中，对传感器的定义做了这样的规定："传感器是指能感受（或响应）规定的被测量并按一定的规律转换成可用输出信号的器件或装置。"

广义上说，传感器是指在测量装置和控制系统输入部分中起信号检测作用的器件。

狭义上把传感器定义为能把外界非电信息转换成电信号输出的器件或装置。人们通常把传感器、敏感元件、换能器、转换器、变送器、发送器、探测器的概念等同起来。

图 2-26   传感器组成框图

因此，传感器包含两个不同的概念：一是检测信号；二是能把检测的信号转换成一种与被测量有对应函数关系的、便于传输和处理的物理量。传感器组成框图如图 2-26 所示。

一般情况下，对某一物理量的测量可以使用不同的传感器，而同一传感器往往又可以测量不同的物理量。所以，传感器从不同的角度有许多分类方法。目前一般采用两种分类方法：一种是按被测参数分类，如对温度、压力、位移、速度等的测量，相应的有温度传感器、压力传感器、位移传感器、速度传感器等；另一种是按传感器的工作原理分类，如按电阻应变原理工作式、按电容原理工作式、按压电原理工作式、按磁电原理工作式、按光电效应原理工作式等，相应的有应变式传感器、电容式传感器、压电式传感器、磁电式传感器、光电式传感器等。本书主要按被测参数分类来介绍。

实验、课程设计、电子设计竞赛涉及传感器的项目一般具有运动型、场地小、非遥控、限时可完成、智能化等特点，这样所选的传感器就有成本低、短时间可获取、原理简单、易使用等特点。涉及的场景有位置测量、姿态测量、运动测量等，因此本书按照被测参数来介绍常用传感器的使用。

2.3.1　传感器选用原则

传感器在原理与结构上千差万别，如何根据具体的测量目的、测量对象及测量环境合理地选用传感器，是在进行某个量的测量时首先要研究的问题。当传感器确定之后，与之相适应的测量方法和测量设备也就可以确定了。测量结果的好坏，在很大程度上取决于传感器的选用是否合理。

选用传感器时应考虑的因素很多，但选用时不一定能满足所有要求，应根据被测参数的变化范围、传感器的性能指标、环境等要求选用，其侧重点有所不同。通常，选用传感器应从以下几个方面考虑。

1．类型的选择

即使是测量同一物理量，也有多种原理的传感器可供选用，究竟哪一种原理的传感器更为合适，则需要根据被测量的特点和传感器的使用条件考虑一些具体问题，如测量对象的特性；量程的大小；被测位置对传感器体积的要求；测量方式为接触式还是非接触式；传感器的来源是国产还是进口，或者是自行研制；价格因素制约性方面，性能优先还是价格优先；等等。

在考虑上述问题之后就能确定选用哪种类型的传感器，然后再考虑传感器的具体性能指标。

2．线性范围

传感器的线性范围是指输出与输入呈直线关系的范围。从理论上讲，在此范围内，灵敏度应保持定值。传感器的线性范围越宽，则其量程越大，并且能保证一定的测量精度。在选择传感器时，当传感器的种类确定以后首先要看其量程是否满足要求。

实际上，任何传感器都不能保证绝对的线性，其线性度也是相对的。当所要求测量精度比较低时，在一定的范围内，可将非线性误差较小的传感器近似看作是线性的，这会给测量带来极大方便。

3．灵敏度的选择

在传感器的线性范围内，通常希望传感器的灵敏度越高越好。因为只有灵敏度高时，与被测量变化对应的输出信号才会比较大，有利于信号处理。但要注意的是，传感器灵敏度高，与被测量无关的外界干扰容易混入，也会被系统放大，影响测量精度。所以，要求传感器本身应具有较高的信噪比，尽量减少从外界引入干扰信号。

传感器的灵敏度是有方向性的。当被测量是单向量，而且对其方向性要求较高时，则应选择在其他方向灵敏度小的传感器；若被测量是多维向量，则要求传感器的交叉灵敏度越小越好。

4．精度

精度是传感器的一个重要性能指标，它关系到整个测量系统的测量精度。一般来说，传感器的精度越高，其价格越昂贵。因此，传感器的精度只要满足整个测量系统的精度要求即可，不必选得过高。这样就可以在满足同一测量目的的诸多传感器中选择比较便宜和相对简单的传感器。

如果测量的目的是定性分析，那么选用重复精度高的传感器即可，不宜选用绝对量值精度高的；如果是为了定量分析，必须获得精确的测量值，那么需选用精度等级能满足要求的传感器。

为了提高测量精度，按照正常测量值在满量程的 50%左右来选定测量范围（或刻度范围）。

5. 频率响应特性

传感器的频率响应特性决定了被测量的频率范围，必须在允许频率范围内保持不失真的测量条件，实际上传感器的响应总会有一定延迟，希望延迟时间越短越好。

传感器的频率响应高，可测的信号频率范围就宽，而频率响应低的传感器可测信号的频率较低。

在动态测量中，应根据信号的特点（稳态、瞬态、随机等）选择传感器的响应特性，以免产生过人的误差。

6. 稳定性

传感器使用一段时间后，其性能保持不变的能力称为稳定性。影响传感器长期稳定性的因素除传感器本身的结构之外，还有传感器的使用环境。因此，要使传感器具有良好的稳定性，其本身必须具有较强的环境适应能力。

在选择传感器之前，应对其使用环境进行调查，并根据具体的使用环境选择合适的传感器，或者采取适当的措施减小环境的影响。

传感器的稳定性有定量指标，在超过使用期限后，使用前应重新进行标定，以确定传感器的性能是否发生变化。

在某些要求传感器能长期使用而又不能轻易更换或标定的场合，所选用的传感器稳定性要求更严格，要能够经受住长时间的考验。

总之，应从传感器的基本工作原理出发，注意被测对象可能产生的负载效应，选择具有如下特性的传感器：①既能适应被测物理量，又能满足量程、测量结果的精度要求；②可靠性高、通用性强，有尽可能高的静态性能和动态性能，以及较强的适应环境的能力；③有较高的性价比和良好的经济性。

2.3.2 湿度传感器

湿度分为绝对湿度和相对湿度两个概念。

绝对湿度是指在一定温度及压力条件下，单位体积待测气体中含水蒸气的质量，即水蒸气的密度，其数学表达式为

$$H_a = \frac{M_V}{V}$$

式中，M_V 为待测气体中水蒸气的质量；V 为待测气体的总体积；H_a 为待测气体的绝对湿度，单位为 g/m^3。

相对湿度是指待测气体中的水蒸气压与同温度下水的饱和蒸气压的比值的百分数，其数

学表达式为

$$RH = \frac{P_V}{P_W} \times 100\%$$

式中，P_V 为某温度下待测气体的水蒸气压；P_W 为与待测气体温度相同时水的饱和蒸气压，RH 为相对湿度，单位为%RH。

　　饱和水蒸气压与气体的温度和气体的压力有关。当温度和压力变化时，因饱和水蒸气压变化，所以气体中的水蒸气压即使相同，其相对湿度也会发生变化，温度越高，饱和水蒸气压越大。日常生活中所说的空气湿度，实际上就是指相对湿度。在实际应用中，凡是谈到相对湿度，必须同时说明环境温度；否则，所说的相对湿度就失去确定的意义。

　　水的饱和蒸气压随温度的降低而逐渐下降。在同样的空气水蒸气压下，温度越低，则空气的水蒸气压与同温度下水的饱和蒸气压差值越小。当空气温度下降到某一温度时，空气中的水蒸气压与同温度下水的饱和水蒸气压相等。此时，空气中的水蒸气将向液相转化而凝结成露珠，相对湿度为100%RH。该温度称为空气的露点温度，简称露点。如果这温度低于 0℃时，水蒸气将结霜，又称为霜点温度。两者统称为露点。空气中水蒸气压越小，露点越低，因而可用露点表示空气中的湿度。

　　湿度传感器是指能将湿度量转换成容易被测量处理的电信号的装置。

1. 湿度传感器的主要特性

1）感湿特性

　　感湿特性为湿度传感器的感湿特征量（如电阻、电容、频率等）随环境湿度变化的规律，常用感湿特征量和相对湿度的关系曲线来表示。湿敏元件的感湿特性曲线如图 2-27 所示。

　　性能良好的湿度传感器，要求在所测相对湿度范围内，感湿特征量的变化为线性变化，其斜率大小要适中。

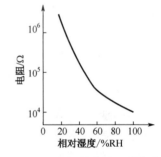

图 2-27　湿敏元件的感湿特性曲线

2）湿度量程

　　湿度传感器能够比较精确测量相对湿度的最大范围称为湿度量程。一般来说，使用时不得超过湿度量程规定值。所以在应用中，希望湿度传感器的湿度量程越大越好，以 0%～100%RH 为最佳。

　　湿度传感器按其湿度量程可分为高湿型、低湿型及全湿型三大类。高湿型适用于相对湿度大于 70%RH 的场合；低湿型适用于相对湿度小于 40%RH 场合；全湿型适用于相对湿度为 0%～100%RH 的场合。

3）灵敏度

　　灵敏度为湿度传感器的感湿特征量随相对湿度变化的程度，即在某一相对湿度范围内，相对湿度改变 1%RH 时，湿度传感器的感湿特征量的变化值，也就是该湿度传感器感湿特性曲线的斜率。

　　由于大多数湿度传感器的感湿特性曲线是非线性的，在不同的湿度范围内具有不同的斜率，因此常用湿度传感器在不同环境湿度下的感湿特征量之比来表示其灵敏度。例如，$R1\%/R10\%$ 表示器件在 1%RH 下的电阻值与在 10%RH 下的电阻值之比。

4）响应时间

当环境湿度增大时，湿敏器件有一吸湿过程，并产生感湿特征量的变化。而当环境湿度减小时，为检测当前湿度，湿敏器件原先所吸的湿度要消除，此过程称为脱湿。所以用湿敏器件检测湿度时，湿敏器件将随之发生吸湿和脱湿过程。在一定环境温度下，当环境湿度改变时，湿敏传感器完成吸湿过程或脱湿过程（感湿特征量达到稳定值的规定比例）所需要的时间，称为响应时间。感湿特征量的变化滞后于环境湿度的变化，所以实际多采用感湿特征量的改变量达到总改变量的 90% 所需要的时间，即以相应的起始湿度和终止湿度变化区间 90% 的相对湿度变化所需的时间来计算。

5）感湿温度系数

湿度传感器除对环境湿度敏感之外，对温度也十分敏感。湿度传感器的温度系数是表示湿度传感器的感湿特性曲线随环境温度而变化的特性参数。在不同环境温度湿度传感器的感湿特性曲线是不同的。湿敏元件的温度特性曲线如图 2-28 所示。

湿度传感器的感湿温度系数定义为：湿度传感器在感湿特征量恒定的条件下，当温度变化时，其对应相对湿度将发生变化，这两个变化量之比称为感湿温度系数，即

$$\%\mathrm{RH}\Big/_{℃} = \frac{\mathrm{RH_1} - \mathrm{RH_2}}{\Delta T}$$

显然，湿度传感器感湿特性曲线随温度的变化越大，由感湿特征量所表示的环境湿度与实际的环境湿度之间的误差就越大，即感湿温度系数越大。因此，环境温度的不同将直接影响湿度传感器的测量误差。故在环境温度变化比较大的地方测量湿度时，必须进行修正或外接补偿。湿度传感器的感湿温度系数越小越好。传感器的感湿温度系数越小，在使用中受环境温度的影响也就越小，传感器就越实用。

6）湿滞特性

一般情况下，湿度传感器不仅在吸湿和脱湿两种情况下的响应时间有所不同（大多数湿敏器件的脱湿响应时间大于吸湿响应时间），而且其感湿特性曲线也不重合。在吸湿和脱湿时，两种感湿特性曲线形成一个环形线，称为湿滞回线。湿度传感器这一特性称为湿滞特性，湿度传感器的湿滞特性曲线如图 2-29 所示。

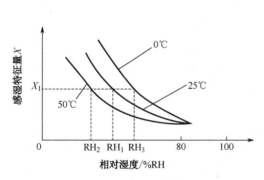

图 2-28　湿敏元件的温度特性曲线

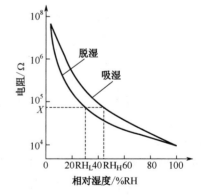

图 2-29　湿度传感器的湿滞特性曲线

湿滞回差表示在湿滞回线上，同一感湿特征量值下，吸湿和脱湿两种感湿特性曲线所对应的两湿度的最大差值。在电阻为 X 值时，$\Delta \mathrm{RH} = \mathrm{RH_H} - \mathrm{RH_L}$，显然湿度传感器的湿滞回差越小越好。

7）老化特性

老化特性为湿度传感器在一定温度、湿度环境下，存放一定时间后，由于尘土、油污、有害气体等的影响，其感湿特性将发生变化的特性。

8）互换性

湿度传感器的一致性和互换性差。如果在使用中湿度传感器被损坏，那么即使换上同一型号的传感器也需要再次进行调试。

综上所述，一个理想的湿度传感器应满足的条件为：使用寿命长，长期稳定性好；灵敏度高，感湿特性曲线的线性度好；使用范围宽，感湿温度系数小；响应时间短；湿滞回差小，测量精度高；能在有害气氛的恶劣环境下使用；器件的一致性、互换性好，易于批量生产，成本低；器件的感湿特征量应在易测范围以内。这些也是湿度传感器选型的主要考虑因素。

2．湿度传感器的分类及工作原理

湿度传感器种类很多，没有统一分类标准。按探测功能来分，湿度传感器可分为绝对湿度型、相对湿度型和结露型；按传感器的输出信号来分，湿度传感器可分为电阻型、电容型和电抗型，其中电阻型最多，电抗型最少；按湿敏元件工作原理来分，湿度传感器可分为水分子亲和力型和非水分子亲和力型两大类，其中水分子亲和力型应用更广泛；按材料来分，湿度传感器可分为陶瓷型、有机高分子型、半导体型和电解质型等。下面按材料分类分别加以介绍。

1）半导体陶瓷湿度传感器

陶瓷湿度传感器具有很多优点，主要包括：测湿范围宽，基本上可实现全湿范围内的湿度测量；工作温度高，常温湿度传感器的工作温度在 150℃以下，而高温湿度传感器的工作温度可达 800℃；响应时间短，多孔陶瓷的表面积大，易于吸湿和脱湿；湿滞小、抗沾污、可高温清洗和灵敏度高，稳定性好等。

半导体陶瓷湿度传感器按其制作工艺不同，可分为烧结型、涂覆膜型、厚膜型、薄膜型和 MOS 型。

陶瓷湿度传感器较成熟的产品有 $MgCr_2O_4TO$（铬酸镁-二氧化钛）系、$ZnO\text{-}Cr_2O_3$（氧化锌-三氧化二铬）系、ZrO_2（二氧化锆）系、Al_2O_3（三氧化铝）系、$TiO_2\text{-}V_2O_5$（二氧化钛-五氧化二钒）系和 Fe_3O_4（四氧化三铁）系等。它们的感湿特征量大多为电阻，除 Fe_3O_4 系之外，都为负特性湿敏传感器，即随着环境湿度的增加电阻值降低。

2）高分子湿度传感器

高分子湿度传感器包括高分子电解质薄膜湿度传感器、高分子电阻式湿度传感器、高分子电容式湿度传感器、结露传感器和石英振动式传感器等。高分子湿度传感器外形如图 2-30 所示。

高分子电阻式湿度传感器的湿敏层为可导电的高分子，强电解质，具有极强的吸水性。水吸附在有极性基的高分子膜上，在低湿下因吸附量少，不能产生电离子，所以电阻值较高；当相对湿度增加时，吸附量也增大，高分子电解质吸水后电离，正负离子对主要起载流子作用，使高分子湿度传感器的电阻下降。吸湿量不同，高分子介质的阻值也不同，根据阻值变化可测量相对湿度。

图 2-31 所示为高分子薄膜电介质电容式湿度传感器结构，它是在洁净的玻璃基片上，蒸

镀一层极薄（50nm）的梳状金质，作为下部电极，然后在其上涂薄薄的一层高分子聚合物（1nm），干燥后，再在其上蒸镀一层多孔透水的金质作为上部电极，两极间形成电容，最后上下电极焊接引线，就制成了电容式高分子薄膜湿度传感器。

图 2-30 高分子湿度传感器外形

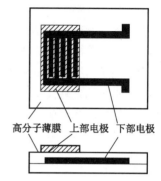

高分子薄膜 上部电极 下部电极

图 2-31 高分子薄膜电介质电容式湿度传感器结构

当高分子聚合物介质吸湿后，元件的介电常数随环境相对湿度的变化而变化，从而引起电容量的变化。

由于高分子膜可以做得很薄，元件能迅速吸湿和脱湿，因此该类传感器有滞后小和响应速度快等特点。

3）结露传感器

结露传感器是一种特殊的湿度传感器，它与一般湿度传感器的不同之处在于对低湿不敏感，仅对高湿敏感，感湿特征量具有开关式变化特性。结露传感器分为电阻型和电容型，目前应用广泛的是电阻型。

结露传感器一般不用于测量湿度，而作为提供开关信号的结露信号器，用于自动控制或报警，主要用于磁带录像机、照相机和高级轿车玻璃的结露检测及除露控制。

4）水分传感器

通常将空气或其他气体中的水分含量称为"湿度"，将固体物质中的水分含量称为"含水量"，即固体物质中所含水分的质量与总质量之比的百分数，水分测量有如下几种方法。

（1）称重法。测出被测物质烘干前后的重量 G_H 和 G_D，含水量的百分数为

$$W = \frac{G_H - G_D}{G_H} \times 100\%$$

这种方法很简单，但烘干需要时间，检测的实时性差，而且有些产品不能采用烘干法。

（2）电导法。固体物质吸收水分后电阻变小，用测定电阻率或电导率的方法便可判断含水量。

（3）电容法。水的介电常数远大于一般干燥固体物质，因此用电容法测物质的介电常数从而测出含水量是相当灵敏的。造纸厂的纸张含水量可用电容法测量。

（4）红外吸收法。水分对波长为 194μm 的红外线吸收较强，而对波长为 181μm 红外线几乎不吸收。由上述两种波长的滤光片对红外光进行轮流切换，根据被测物对这两种波长的能量吸收的比值便可判断含水量。

3. 数字式湿度传感器

在实际的湿度测量应用中，传统的模拟式湿度传感器需设计信号调理电路并需要经过复杂的校准、标定过程，测量精度难以得到保证，且在线性度、重复性、互换性、一致性等方面往往不尽如人意。而数字式湿度传感器将芯片技术与传感器技术相结合，具有数字式输出、易于调试和标定、外围电路简单的特点，越来越得到广泛的应用。常见的数字式湿度传感器有HIH6000、SHT71、DHT11、HDC1080 等。

HDC1080 是 TI 公司推出的一款具有集成温度传感器的数字湿度传感器，能够以超低功耗提供出色的测量精度。HDC1080 的传感元件放置在设备的顶部，可以通过 I^2C 兼容接口读取测量结果。湿度分辨率可以是 8、11 或 14 位；HDC1080 支持较宽的工作电源电压范围，并且在各类常见应用中具有低成本和低功耗的优势。湿度和温度传感器均经过出厂校准，具有以下特性：

（1）相对湿度精度为±2%（典型值）。

（2）温度精度为±0.2℃（典型值）。

（3）高湿度下具有出色的稳定性。

（4）14 位测量分辨率。

（5）睡眠模式的电流为 100nA。

（6）平均电源电流：

　　1sps、11 位相对湿度测量时为 710nA。

　　1sps、11 位相对湿度与温度测量时为 1.3μA。

（7）电源电压范围：2.7～5.5V。

（8）3mm×3mm 小型器件封装。

（9）I^2C 接口。

HDC1080 的内部结构与单片机连接电路如图 2-32 所示。

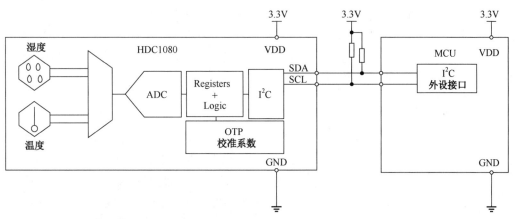

图 2-32　HDC1080 的内部结构与单片机连接电路

HDC1080 测温系统的组成框图如图 2-33 所示，系统由锂电池供电，微控制器根据用户设定，从湿度传感器获取数据并控制加热/冷却系统。然后将收集的数据显示在显示器上。

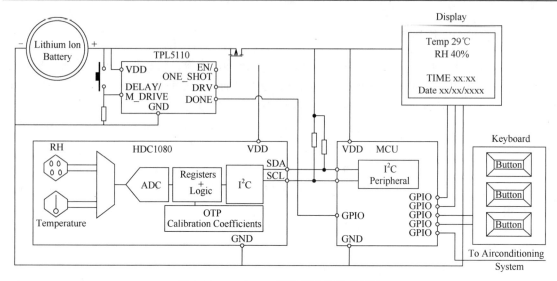

图 2-33　HDC1080 测温系统的组成框图

2.3.3　温度传感器

温度是表征物体冷热程度的物理量，温度不能直接测量，只能借助冷热不同的物体之间的热交换，以及物体的某些物理性质随着冷热程度不同而变化的特性间接测量。目前测量温度可分为接触式测量方法和非接触式测量方法两种。

接触式测量方法是使温度敏感元件直接与被测对象相接触，当被测温度与感温元件达到热平衡时，温度敏感元件与被测对象的温度相等。这种温度传感器具有结构简单、工作可靠、精度高、稳定性好、价格低廉等优点。使用这种测温方法的温度传感器主要有膨胀式温度传感器、电阻式温度传感器、热电偶温度传感器。

非接触式测量方法是应用物体的热辐射能量随温度变化而变化的原理。物体辐射能量的大小与温度有关，并且以电磁波形式向四周辐射。当选择合适的接收检测装置时，便可测得被测对象发出的热辐射能量并且转换成可测量和显示的各种信号，实现温度的测量。非接触式温度传感器理论上不存在热接触式温度传感器在温度范围上的限制，可测高温、腐蚀、有毒、运动物体及固体、液体表面的温度，不干扰被测温度场，但精度较低，使用不太方便。

1．热电偶

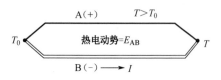

图 2-34　热电偶热电势形成原理

热电偶是一种使用最多的温度传感器。它是根据塞贝克效应工作的，即两种不同的导体或半导体 A 和 B 组成一个回路，其两端相互连接，只要两结点处的温度不同，一端温度为 T，另一端温度为 T_0，则回路中就有电流产生，如图 2-34 所示，即回路中存在的电动势，称为热电势。

两种不同导体或半导体的组合称为热电偶。热电偶的热电势 E_{AB}（T，T_0）是由接触电势和温差电势合成的。接触电势是指两种不同的导体或半导体在接触处产生的电势，此电势与两种导体或半导体的性质及在接触点的温度有关。温差电势是指同一导体或半导体在温度不同的两端产生的电势，它只与导体或半导体的性质和两端的温度有关，而与导体的长度、截面大小、沿其长度方向的温度分布无关。无论是接触电势还是温差电势，都是由于集中于接触处端点的电子数不同而产生的电势。热电偶测量的热电势是二者的合成。

当回路断开时，在断开处 A、B 之间便有一电动势差 ΔV，其极性和量值与回路中的热电势一致，如图 2-35 所示，并规定在冷端，当电流由 A 流向 B 时，称 A 为正极，B 为负极。实验表明，当 ΔV 很小时，ΔV 与 ΔT 成正比关系。定义 ΔV 对 ΔT 的微分热电势为热电势率，又称为塞贝克系数。塞贝克系数的符号和大小取决于组成热电偶的两种导体的热电特性和结点的温度差。

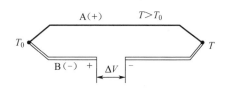

图 2-35　热电偶回路断开处电动势差 ΔV

工业上常用的 4 种标准化热电偶为 B 型、S 型、K 型和 E 型，其中 K 型热电偶是目前用量最大的廉金属热电偶，正极（KP）的名义化学成分为：Ni∶Cr=90∶10，负极（KN）的名义化学成分为：Ni∶Si=97∶3，其使用温度为-200℃～1300℃。

当然，热电偶在温度测量中也存在一些缺陷。例如，线性特性较差，热电偶信号电平很低，常常需要放大或高分辨率数据转换器进行处理，在处理之前需要进行相应的信号调理。

图 2-36 中的信号调节电路具有某些非常优良的属性，它提供滤波、偏置、过压保护和传感器开路检测。它通过 R_{PU} 和 R_{PD} 实现的简单偏压生成，将热电偶置于电源和接地的中间位置。对于诸如 A/D 转换器、运算放大器和可编程增益放大器（PGA）来说，通常是一个理想的共模电位。这个差动滤波器对于减少共模和差模噪声分量也十分重要。用于滤波器的电阻器也用来限制到滤波器之后任一器件的输入的电流。当选择合适的值后，可以大大提升输入的可靠性，保护其不受静电放电（ESD）和长期过压条件的影响。

对于更恶劣的噪声环境中的应用，采用二阶或三阶滤波器将有助于确保足够的高频抑制。图 2-37 中使用的结构，基本上复制了图 2-36 中的滤波器，并且将 R_{DIFFA}、R_{DIFFB}、R_{DIFFC} 和 R_{DIFFD} 调整到合适的数值，提高滤波器的性能。

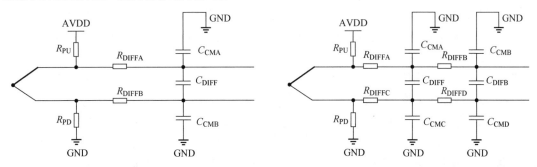

图 2-36　使用一阶低通滤波器进行的信号调节　　　　图 2-37　用二阶低通滤波器进行的信号调理

图 2-38 所示为包含滤波和偏置的最终电路原理。两个单独的热电偶测量通道通过滤波处理，接入 ADS1118 进行处理。当然，也可以在热电偶后面加上运算放大器放大信号之后再接入 ADC，在此不做赘述。

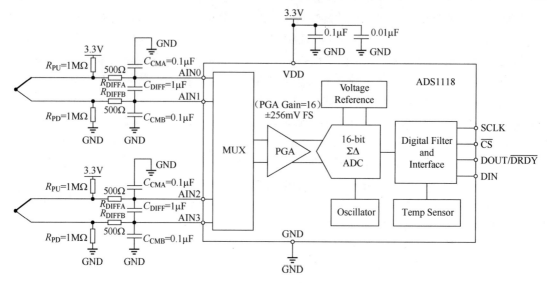

图 2-38　包含滤波和偏置的最终电路原理

2. 热电阻

热电阻是根据材料的电阻和温度关系来测量温度的。热电阻是利用其电阻值随温度的变化而变化这一原理制成的将温度量转换成电阻量的温度传感器。温度变送器通过给热电阻施加一已知激励电流测量其两端电压的方法得到电阻值（电压/电流），再将电阻值转换成温度值，从而实现温度测量。热电阻和温度变送器之间有 3 种接线方式：二线制、三线制、四线制。

按照感温元件的材质，可以分为金属与半导体两类。金属导体有铂、铜、镍等，常见的为铂电阻和铜电阻温度传感器。半导体有碳和热敏电阻等。铂电阻的使用温度范围为-200℃～850℃，铜热电阻的使用温度范围一般为-50℃～150℃，热敏电阻的使用温度一般为-40℃～350℃。热电阻测量准确度比较高，输出信号大，稳定性好，但元件结构一般比较大，动态响应差，不适合用在体积狭小和温度瞬变的场合。

铂电阻温度传感器是利用其电阻与温度成一定函数关系而制成的温度传感器，由于其测量准确度高、测量范围大、复现性和稳定性好等，被广泛应用于中温（-200℃～650℃）范围的温度测量中。

PT100 是一种应用广泛的测温元件，在-50℃～600℃范围内具有其他任何温度传感器无可比拟的优势，包括高精度、稳定性好、抗干扰能力强等。由于铂电阻的电阻值与温度成非线性关系，因此需要进行非线性校正。校正分为模拟电路校正和微处理器数字化校正，模拟校正有很多现成的电路，其精度不高且易受温漂等干扰因素影响，数字化校正则需要在微处理系统中使用，将 Pt 电阻的电阻值和温度对应起来后存入 EEPROM 中，根据电路中实测的 AD 值以查表方式计算相应温度值。

铂电阻引线结构如图 2-39 所示。常用的铂电阻接法有三线制和两线制，其中三线制接法的优点是将 Pr100 两侧相等的导线长度分别加在两侧的桥臂上，使得导线电阻得以消除。常用的采样电路有桥式测温电路和恒流源式测温电路两种。

图 2-39　铂电阻引线结构

1）桥式测温电路

桥式测温的典型应用电路如图 2-40 所示，为了消除因用于连接电桥的导线电阻而带来的测量误差，故采用三线制的接法。该桥式测温电路用 TL431 和电位器 VR_1 共同调节一个大小为 4.096V 的参考电压，在由 PT100、R_1、R_2、VR_2 这 4 个元件构成的电桥中，因为 $R_1=R_2=2k\Omega$，VR_2 被调节为 100Ω 的阻值，这 3 个皆为恒定值。因此，只有当 PT100 的电阻值发生变化且不等于 100Ω（VR_2 此时的阻值）时，电桥将会输出一个电压差信号 V_1-V_2，且该压差较小，再将此电压差值换算成温度值即可。

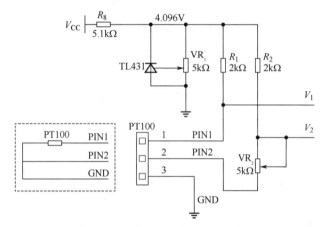

图 2-40　桥式测温典型应用电路

将此电压差信号经过下一级的运算放大电路进行放大后，再将其输出的电压信号送入信号转换电路。

图中的 TL431 是一个三端可调基准源，其输出基准电压在 2.5～36V 的范围内可调，用两个可变电阻即可完成设置，其热稳定性良好，可当作一个稳压值可调的稳压二极管使用。

由于测温电路中的接线、接插件、电阻等在一定程度上会对温度测量的精确度产生影响，为了提高温度测量的精度，可以通过对导线电阻进行补偿（如改变 R_1、R_2 的取值）；或者采用数字滤波减少随机误差；或者用插值算法来校正传感器的非线性等方法来提高测量精度。

2）恒流源式测温电路

恒流源式测温的典型应用电路如图 2-41 所示。通过检测 PT100 温度传感器上电压值的变化换算出温度。根据"虚短"的概念可得

$$V_+ = V_- = 4.096V$$

而根据"虚断"的概念可得

$$\frac{0-V_-}{R_1} + \frac{V_o-V_-}{R_{PT100}} = 0$$

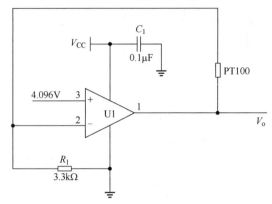

图 2-41　恒流源式测温的典型应用电路

由上式推导得出

$$V_O = \frac{V_- \times R_{PT100}}{R_1} + V_-$$

则 PT100 上的压降 V_{PT100} 的值为

$$V_{PT100} = V_O - V_- = V_- \times \frac{R_{PT100}}{R_1}$$

可简化为

$$V_{PT100} = R_{PT100} \times V_- / R_1$$

由于 V_- 和 R_1 均为固定的数值，$V_- = 4.096V$，$R_1 = 3.3k\Omega$。因此，流过 PT100 上的电流 $I_{PT100} = V_- / R_1 = 4.096 / (3.3 \times 10^3) = 1.24mA$，则 $V_{PT100} = 1.24 \times 10^{-3} \times R_{PT100}$，可以看出 PT100 两端的电压只与其变化的阻值有关，由此，该运算电路可看作一个电流为 1.24mA 的恒流源电路。

在此恒流源电路之后需接一个运算减法放大电路，对输出的电压信号 V_o 进一步放大，以便进入下一级的信号转换电路。

3. 集成芯片温度测量

随着电子技术的发展，可以将感温元件与有关的电子线路集成在一个小芯片上，构成一个小型化、一体化及多功能化的专用集成电路芯片。

1）AD590

AD590 是美国 Analog Devices 公司推出的一种电流输出型温度传感器，其输出电流与绝对温度成比例。该器件还可充当一个高阻抗、恒流调节器，它的主要特性如下。

（1）线性电流输出：1μA/℃。

（2）最佳使用温度范围：-55℃～+150℃。

（3）双端器件：电压输入/电流输出。

（4）出色的线性度：满量程范围±0.3℃。

（5）宽电源电压范围：4～30V，当电源由 5V 向 10V 变化时，所产生的误差只有±0.01℃。

（6）低功耗。

AD590 的输出电流与当前环境温度的关系表示为

$$I_{AD590} = K_T T_C + 273.2$$

式中，I_{AD590} 为输出电流（μA）；K_T 为标定因子，AD590 的标定因子为 1μA/℃；T_C 为摄氏温度。

由上式可知，AD590 的输出电流是以绝对温度零度（-273℃）为基准，每增加 1℃，它会增加 1μA 输出电流，因此当检测温度为 0℃时，AD590 输出电流为 273.2μA，输出电流与温度呈线性关系。

AD590 可以测量热力学温度、摄氏温度、两点温度差、多点最低温度、多点平均温度，广泛应用于不同的温度控制场合。由于 AD590 精度高、价格低、不需辅助电源、线性好，常用于测温和热电偶的冷端补偿。

AD590 引脚如图 2-42 所示，AD590 的引脚共有 3 个，两个信号引脚（"+""-"），第三个引脚可以不用，也可以接外壳作为屏蔽。

测量温度是把整个器件放到需要测温度的地方。AD590 基本使用电路如图 2-43 所示。

图 2-42　AD590 引脚

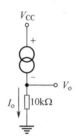

图 2-43　AD590 基本使用电路

2）DS18B20

近年来发展的 DS18B20 数字式温度传感器采用数字化技术，单线接口通信，支持多点组网功能，在使用中不需要任何外围元件，工作电压为 3.0～5.5V，测温范围为-55℃～125℃。与传统的热敏电阻温度传感器不同，它能够直接读出被测温度，并且可根据实际要求通过简单的编程实现 9～12 位的数字值读数方式，可以分别在 93.75ms 和 750ms 内将温度值转换为 9 位和 12 位的数字量。处理器可以通过 1-Wire 协议与 DS18B20 进行通信，最终将温度读出。使用 DS18B20 可使系统结构更简单，更加稳定，可靠性更高。芯片的耗电量很小，可以采用寄生电源供电。该芯片在检测点已把被测信号数字化了，因此在单总线上传送的是数字信号，这使得系统的抗干扰性好、可靠性高、传输距离远。DS18B20 电路原理如图 2-44 所示。

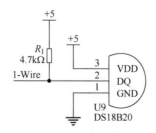

图 2-44　DS18B20 电路原理

上述几种温度传感器的基本性能比较如表 2-2 所示。

表 2-2　几种温度传感器的基本性能比较

传感器种类	温度范围/℃	重复性/℃	精度/℃	线性	评　价
热电偶	−200～+1600	0.3～1.0	0.5～3.0	不良	价廉、灵敏度低、重复性较好、测温范围广
热电阻	−50～+300	0.2～2.0	0.2～2.0	不良	线性差、体积较大、稳定性较好
双金属片	−20～+200	0.5～5.0	1～10	不良	价廉、低精度、重复性差
半导体 PN 结	−40～+150	0.2～1.0	±1.0	良	价廉、体积小、灵敏度较高
集成芯片温度传感器	−55～+150	±0.3	±0.5	优良	高精度、体积小、线性好、灵敏度高、使用方便

图 2-45　MLX90614 红外温度传感器

4．非接触测温

非接触测温方法主要包括辐射式测温、光谱法测温、激光干涉式测温及声波测温方法等，以最常用的红外温度传感器为例。

MLX90614 是 Melexis 公司推出的非接触测量的红外温度传感器，如图 2-45 所示。TO-39 封装内集成了对红外灵敏的热电堆探测器芯片和信号处理芯片。

由于集成了低噪声放大器、17 位 ADC 和强大的 DSP 单元，使得高精度的温度计得以实现。它具有体积小、成本低等特点，出厂校准温度范围宽，在 0℃～50℃ 范围内精度可达到 0.5℃，单电压 3V/5V，采用 SMBus/PWM 接口与处理器连接，如图 2-46 所示。

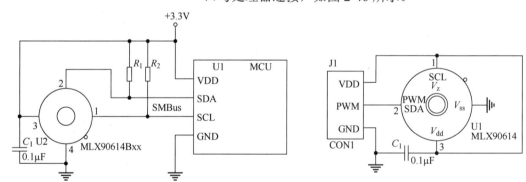

图 2-46　MLX90614 的 SMBus（左）和 PWM（右）输出驱动电路

2.3.4　位置传感器

位置传感器也称为接近开关，它通过检测，确定物体是否已达到某一位置，因此只需要产生能反映某种状态的开关量即可。位置传感器按照测量原理可以分为电感式、电容式、超声波式、霍尔式等；按照测量方式可以分为接触式和接近式两种。

1. 行程开关

行程开关又称为限位开关或位置开关，如图 2-47 所示。它是利用生产机械运动部件的碰撞使其触点动作来实现接通或分断控制电路，达到一定的控制目的，其原理与按钮类似。通常这类开关被用来限制机械运动的位置或行程，实现顺序控制、定位控制和位置状态的检测，使运动机械按一定的位置或行程自动停止、反向运动、变速运动或自动往返运动等。

图 2-47　行程开关

行程开关由操作头、触点系统和外壳组成。以直动式行程开关为例，其原理与电路符号如图 2-48 所示。行程开关由推杆、弹簧、动断触点、动合触点组成，可以安装在相对静止的物体（如固定架、门框等，简称静物）上或运动的物体（如行车、门等，简称动物）上。当动物接近静物时，开关的推杆驱动开关的触点引起闭合的触点分断或断开的触点闭合，由开关触点开、合状态的改变去控制电路和机构的动作。

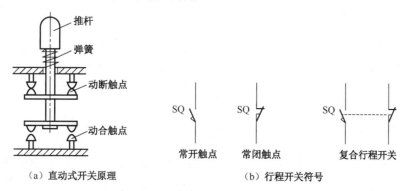

（a）直动式开关原理　　　　　　　（b）行程开关符号

图 2-48　直动式行程开关

2. 接近开关

接近开关是接近式位置传感器，是指当物体与其接近到设定距离时就可以发出"动作"信号的开关，它无须与物体直接接触。按照原理可分为光电式接近开关、涡流式接近开关、电容式接近开关、霍尔式接近开关等，它既有行程开关的特性，又具有传感性能。接近开关实物图如图 2-49 所示。

图 2-49　接近开关实物图

电感式位置传感器也称为涡流式传感器，由振荡器、开关电路及放大输出电路 3 个部分组成。振荡器产生一个交变磁场，当金属目标接近这一磁场，并达到感应距离时，在金属目标内产生涡流，从而导致振荡衰减，以至停振。振荡器振荡及停振的变化被后级放大电路处理并转换成开关信号，触发驱动控制器件，从而达到非接触式的检测目的。由此可知，这种接近开关所能检测的物体必须是导电体（如金属），也可应用于酸类、碱类、氯化物、有机溶剂、液态二氧化碳、氨水、PVC 粉料、灰料、油水界面等液位测量。

电容式位置传感器通常是传感器固定处构成电容器的一个极板，而另一个极板在测量过程中通常是接地或与设备的机壳相连接。当有物体移向传感器时，不论是否为导体，由于它的接近，总会使电容器两极板间的介电常数发生变化，从而使电容器的电容量发生变化，使得与测量头相连的电路状态也发生变化，由此便可达到非接触式的检测目的。这种接近开关检测的对象不限于导体，可以是绝缘的液体或粉状物等，用来测量液位或料位。生活中常见的感应式水龙头大多是采用电容式位置传感器来工作的。

霍尔式位置传感器是基于霍尔效应原理工作的，具有无触点、低功耗、长使用寿命、响应频率高等特点，内部采用环氧树脂封灌而成一体，所以能在各类恶劣环境下可靠工作。当磁性物件移近霍尔开关时，开关检测面上的霍尔元件因产生霍尔效应而使开关内部电路状态发生变化，由此识别附近有磁性物体存在，进而控制开关的通或断。这种接近开关的检测对象必须是磁性物体。

光电式位置传感器利用的是光电效应。将发光器件与光电器件按一定方向装在同一个检测头内。当有反光面（被检测物体）接近时，光电器件接收到反射光后便有信号输出，由此便可"感知"有物体接近。利用光电式传感器制作的光电式接近开关可以检测各种物质，但是对于流体的检测误差较大，被广泛应用于智能车循迹、传真机、门窗防盗控制、自动扶梯控制等场合。

热释电式位置传感器能感知温度变化，将热释电器件安装在开关的检测面上，当有与环境温度不同的物体接近时，热释电传感器的输出信号发生变化，通过对传感器输出信号的转化便可检测出物体的接近。

2.3.5 位移传感器

位移是工程检测中最常见的物理量之一，位移传感器是把被测的位移量转换成与之有确定对应关系的电量或其他可测量的转换装置，目前仍以转换成电量居多。与位置传感器不同，它所测量的是一段距离的变化量，因此它需要产生连续变化的模拟量，而不是位置传感器所产生的开关量。

位移量是向量，它表示物体上某一点在一定方向上的位置变动。因此，位移传感器除确定被测位移大小之外，还应确定位移的方向，位移量分为线位移和角位移两种。

常用位移测量方法有以下几种。

1）测量速度积分法

通过测量运动体的速度或加速度，经过积分或二次积分求得运动体的位移。例如，在惯性导航中，就是通过测量载体的加速度，经过二次积分而求得载体的位移。

2）回波法

从测量起始点到被测面是一种介质，被测面以后是另一种介质，利用介质分界面对波的反射原理测量位移。例如，激光测距仪、超声波料位计都是利用分界面对激光、超声波的反射测量位移的。相关测距则是向某被测物发射信号与经被测物反射的返回信号做相关处理，求得时延，从而推算出发射点与被测物之间的距离。

3）线位移和角位移转换法

被测量是线位移时，若测量角位移更方便，则可用间接测量方法，通过测角位移再换算成线位移。同样，被测量是角位移时，也可先测量线位移再进行转换。例如，汽车的里程表是通过测量车轮转数再乘以周长而得到汽车里程的。

4）传感器法

利用各种位移传感器装置，将被测位移的变化转换成电、光、磁等物理量的变化来测量，这是应用最广泛的一种方法。可利用的位移传感器应用非常广泛，它常用于自动控制系统中作为位置反馈及定位的检测元件；还用于各种测长测距、物位、液位检测等场合。

位移传感器不仅可检测位移，也可检测一切能转换成位移的量，如力、压力、速度、加速度、扭矩、温度、流量等。此时，必须有一个敏感元件把被测量转换成位移，如加速度，通过弹簧质量块阻尼器组成的二阶惯性系统把加速度转换成质量块相对于壳体的位移，然后用位移传感器转换成电量，实现加速度检测。

1. 电阻式位移传感器

电阻式位移传感器将位移变换成电阻值，根据变换原理又分为电位器式、应变式、光敏电阻式、磁敏电阻式等类别。以电位器式位移传感器为例，电位器式位移传感器的核心转换元件是触点可随被测体移动的电位器，适用于精度要求不高的中小位移测量。当传感器接入图 2-50 所示的测量电路时，触点将物体的移动（线位移或角位移）转换成输出电压 U_0 的变化，即输出电压与物体位移成比例。

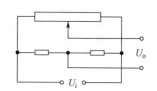

图 2-50　电位器式位移传感器电路

1）电位器式线位移传感器

电位器式线位移传感器的测量范围一般为 10～100mm，分辨率可达 0.01～0.02mm，非线性误差为 ±0.1%～±0.2%，工作寿命可达数万次，工作温度为-40℃～+150℃，电位器的阻值为几十欧姆至几千欧姆。图 2-51 所示的直线位移传感器把直线机械位移量转换成电信号，通常将可变电阻滑轨定置在电位器的固定部位，通过滑片在滑轨上的位移来测量不同的阻值。电位器滑轨连接稳态直流电压，允许流过微安培的小电流，则滑片和始端之间的电压与滑片移动的长度成正比。将电位器用作分压器可最大限度降低对滑轨总阻值精确性的要求，因为由温度变化引起的阻值变化不会影响到测量结果，具有线性精度高、平滑性优良、动态噪声小、机械寿命长、伺服槽安装等优良性能，并且有很高的价格性能比。

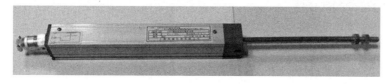

图 2-51　直线位移传感器

2）电位器式角位移传感器

电位器式角位移传感器的测量范围一般为±10°～±165°，也就是 0°～330°，分辨率为 2″～6″，非线性误差为 0.5%～±3%。电位器式角位移传感器如图 2-52 所示。

图 2-52　电位器式角位移传感器

图 2-52 中的 WDD35D4 导电塑料角位移传感器采用硬质铝合金材料制作外壳，采用导电塑料作为电阻材料，经过模压及激光修刻微调，贵金属电刷激流装置，不锈钢高速轴承等部件，保证了产品的高品质与高性能，具有机械寿命长、分辨率高、转动顺滑、动态噪声小的优良性能。

性能参数如下。

（1）电阻值：1kΩ、2kΩ、3kΩ、5kΩ。

（2）阻值公差：±15%。

（3）独立线性：1%、0.5%、0.3%、0.2%、0.1%。

（4）电气转角：345°±2°。

（5）额定功耗：2W(@70℃)。

（6）温度系数：400ppm/℃。

（7）绝缘电阻：≥1000MΩ(500V.D.C.)。

（8）绝缘耐压：1000V(AC.RMS)1min。

（9）平滑性：±0.10%。

机械性能如下。

（1）机械转角：360°连续。

（2）轴承：两组滚珠轴承。

（3）轴：不锈钢。

（4）壳体：铝合金表面氧化处理（银色）。

环境性能如下。

（1）机械寿命：50000000 转。

（2）温度范围：-55℃～125℃。

（3）振动：15g@2000Hz。

2. 电容式位移传感器

电容式位移传感器是将被测量（零件尺寸、压力、液位等）的变化转换成电容量变化的传感器。平行极板电容器的电容量为

$$C = \frac{\varepsilon S}{\delta} = \frac{\varepsilon_0 \varepsilon_r S}{\delta}$$

式中，S 为极板的遮盖面积（m^2）；ε 为极板间介质的介电系数；δ 为两平行极板间的距离（m）；ε_0 为真空的介电常数，$\varepsilon_0 = 8.854 \times 10^{-12}$ F/m；ε_r 为极板间介质的相对介电常数，对于空气介质，$\varepsilon_r \approx 1$。

当被测参数变化使得式中的 S、δ 或 ε 发生变化时，电容量 C 也随之变化。如果保持其中两个参数不变，而仅改变其中一个参数，就可把该参数的变化转换为电容量的变化，通过测量电路就可转换为电量输出。

电容式位移传感器具有结构简单、分辨力高、可实现动态非接触测量、并能在高温和强烈振动等恶劣环境下工作的特点，但因其电容量小、输出阻抗高、寄生电容影响大，故抗干扰能力差、稳定性差。但随着集成电路技术发展，使它能扬长避短，成为一种很有发展前途的传感器，应用日益广泛。

FDC2×1×是 TI 公司推出的适用于接近传感和液位感测的抗 EMI 的 28/12 位电容数字转换器 IC，如表 2-3 所示。FDC221×经过优化，分辨率高达 28bit，而 FDC211×的采样速率高达 13.3ksps，便于实现使用快速移动目标的应用。250nF 超大最高输入电容支持使用远程传感器并跟踪环境随时间、温度和湿度的变化情况。FDC2×1×系列器件面向接近感测和液位感测应用，适用于所有液体类型。如果非导电液位感测应用存在干扰（如人手），建议使用集成有源屏蔽驱动器的 FDC1004。

表 2-3　FDC2×1×系列芯片比较表

器 件	ADC 位数	通 道 数	封 装
FDC2112	12bit	2	WSON-12
FDC2114	12bit	4	WSON-16
FDC2212	28bit	2	WSON-12
FDC2214	28bit	4	WSON-16

FDC2×1×可应用在接近传感器、手势识别、液位传感器（包括清洁剂、肥皂液和油墨等导电液体）、碰撞避免、雨雾冰雪传感器、材料尺寸检测等方面。FDC2×1×在液位测量中的应用如图 2-53 所示。FDC2×1×在液位测量应用中，可根据传感器与容器和目标液体的安装位置关系分为直接测量和遥感测量两种形式。传感器直接放在容器上称为直接传感，而位于容器附近的传感器称为遥感。

基于 FDC2214 的电容传感液位测量，把导电极板和大地当作电容的两个极板，把容器内的导电液体作为电介质，液位的变化即为导电介质的变化，也就是电容值的变化。这个电容和板载的电感组成振荡电路，通过在这个电路上加载一定频率的信号，来测量电容值的微小变化。采用电容传感的液位测量，需要考虑容器的壁厚度和材料、容器的液位高度、容器内的液体、电路到传感器间的引线长度等不同因素。根据需要设计不同长宽、厚度和形状的电容导电极板，使得电容的变化值在 FDC2214 的可测范围内，同时尽可能使得电容值和液位呈现相对简单的函数关系。

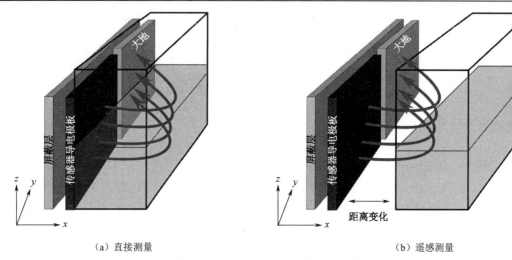

（a）直接测量　　　　　　　　　　　　　　　　（b）遥感测量

图 2-53　FDC2×1×在液位测量中的应用

3. 光电式位移传感器

光电式位移传感器是由光源、光通路、光电元件及光电测量电路组成的。被测位移量使光通路中的光出现反射、透射、衍射、折射等变化，引起光电元件接收光强变化，致使光敏电阻阻值变化或光敏二极管、三极管光电流变化，也可引起光电池的光生电动势变化，检测出这些电量的变化即测得被测位移量。

光电位置敏感器件（Position Sensitive Detector，PSD）是指利用光线检测位置或位移的光电传感器，它是一种对其感光面上入射光斑重心位置敏感的光电器件。也就是说，当入射光斑落在器件感光面的不同位置时，PSD 将对应输出不同的电信号。通过对此输出电信号的处理，即可确定入射光斑在 PSD 的位置。入射光的强度和尺寸大小对 PSD 的位置输出信号均无关。PSD 的位置输出只与入射光的"重心"位置有关。机械防抖望远镜的光路控制就有 PSD 的应用。

PSD 可分为一维 PSD 和二维 PSD。一维 PSD 可以测定光点的一维位置坐标，二维 PSD 可测光点的平面位置坐标。由于 PSD 是分割型元件，对光斑的形状无严格要求，光敏面上无象限分隔线，因此对光斑位置可进行连续测量从而获得连续的坐标信号，即可得到位移量。

图 2-54 所示为以几何中心为坐标原点的一维 PSD 的 PIN 三层结构及等效电路，表面 P 层为感光面，两边各有一信号输出电极，底层的公共电极是用来加反偏电压的。

当入射光点照射到 PSD 光敏面上某一点时，假设产生的总光生电流为 I_0。由于在入射光点到信号电极间存在横向电势，若在两个信号电极上接上负载电阻，光电流将分别流向两个信号电极，因此从信号电极上分别得到光电流 I_1 和 I_2。显然，I_1 和 I_2 之和等于光生电流 I_0，而 I_1 和 I_2 的分流关系取决于入射光点位置到两个信号电极间的等效电阻 R_1 和 R_2。如果 PSD 表面层的电阻是均匀的，那么 PSD 的等效电路如图 2-54（b）所示。由于 R_{sh} 很大，而 C_j 很小，因此等效电路可简化成图 2-54（c）所示的形式，其中 R_1 和 R_2 的值取决于入射光点的位置，位置 x 与电流 I_1 和 I_2 的关系为

$$x = \frac{I_2 - I_1}{I_2 + I_1} \cdot L$$

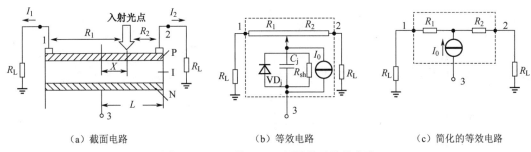

（a）截面电路　　　　　　　　（b）等效电路　　　　　　　（c）简化的等效电路

图 2-54　PSD 的 PIN 三层结构及等效电路

由于 PSD 输出的是电流信号，因此信号处理有两个步骤：一是将电流信号转换为电压信号；二是将转换的电压信号放大。PSD 光位置测量电路如图 2-55 所示。

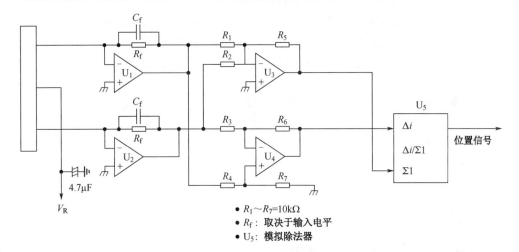

- $R_1 \sim R_7 = 10\text{k}\Omega$
- R_f：取决于输入电平
- U_5：模拟除法器

图 2-55　PSD 光位置测量电路

4．电涡流位移传感器

电涡流位移传感器能静态和动态地非接触、高线性度、高分辨力地测量被测金属导体距探头表面的距离，它是一种非接触的线性化计量工具。电涡流位移传感器能准确测量被测体（必须是金属导体）与探头端面之间静态和动态的相对位移变化。

根据法拉第电磁感应定律，当传感器探头线圈通以正弦交变电流 i_1 时，线圈周围空间必然产生正弦交变磁场 H_1，它使置于此磁场中的被测金属导体表面产生感应电流，即电涡流。与此同时，电涡流 i_2 又产生新的交变磁场 H_2；H_2 与 H_1 方向相反，并力图削弱 H_1，从而导致探头线圈的等效电阻相应地发生变化。其变化程度取决于被测金属导体的电阻率 ρ、磁导率 μ、线圈与金属导体的距离 x，以及线圈激励电流的频率 f 等参数。如果只改变上述参数中的一个，而其余参数保持不变，那么阻抗 Z 就成为这个变化参数的单值函数，从而确定该参数的大小。通常能够做到控制 ρ、μ、f 参数在一定范围内不变，则线圈的特征阻抗 Z 就成为距离 x 的单值函数。电涡流传感器工作原理如图 2-56 所示。

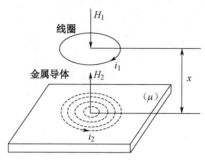

图 2-56　电涡流传感器工作原理

电涡流传感器具有长期工作可靠性好、测量范围宽、灵敏度高、分辨率高、响应速度快、抗干扰力强、不受油污等介质的影响、结构简单等优点。

LDC1×××是 TI 公司推出的多通道电感数字转换器，单通道 LDC1000 可提供 16 位阻抗分辨率和 24 位频率分辨率，支持 5kHz 至 5MHz 的可配置谐振回路频率。2 通道传感器 LDC1312 可提供 12 位精度，支持 1kHz 至 10MHz 之间的可配置谐振回路频率。LDC1314 比 LDC1312 通道数多两个，而 LDC1612 和 LDC1614 的测量精度提高到 28 位。

LDC1×××系列电感数字转换器可对某种金属或导电靶的线性位置或角位置、位移、运动、压缩、振动、金属成分及其他应用进行高精度测量，如图 2-57 所示。它可以通过对被测对象的形状、与测量线圈的相对运动方向等方面进行调整，即可用于线位移或角位移的测量。

除了位移检测，LDC1×××还可以用来测量金属或其他导体目标的构成，也可以区分水、人体、血液、铜、铁等各种物质。

5．霍尔位移传感器

霍尔效应表明，将载流导体放在磁场中，如果磁场方向与电流方向正交，那么在与磁场和电流两者垂直的方向上将会出现横向电势，称为霍尔电势。如果保持霍尔元件的激励电流不变，而元件随被测位移量在一个均匀梯度磁场中移动，此时输出的霍尔电势与元件在磁场中所处位置有关，即与输入位移呈线性关系，根据此原理制作而成的霍尔角度传感器如图 2-58 所示。该传感器利用磁信号感应非接触的特点，配合微处理器进行信号处理制成新型 360°全量程及可编程选定测量区间角度传感器，具有分辨率高、温度稳定性好等突出优点。该传感器采用绝对位置测量，可以替代光学编码器、旋转变压器、导电塑料电位器；也可用于工业自动化、精密仪器仪表、电动执行器、纺织机械等机械设备、医疗器械、智能车等领域。

霍尔位移传感器可以用于直线大位移测量，其原理如图 2-59 所示。在非磁性材料制作的安装板 2 上，等间距安装小磁钢 1，霍尔元件 3 与过渡块 4 固定在一起，而且随被测体运动时，霍尔元件依次通过每个小磁钢。每经过一个小磁钢，产生一个电压脉冲信号。利用记录器记录脉冲数，即可换算成被测的位移。显然，如果将霍尔元件固定，而小磁钢随被测体运动，也可测得位移量。若将多个小磁钢（或霍尔元件）等间距按圆周安装，则可测量角位移。大位移传感器检测位移的分辨力为每个小磁钢的间距，测量精度取决于小磁钢间的等分精度。

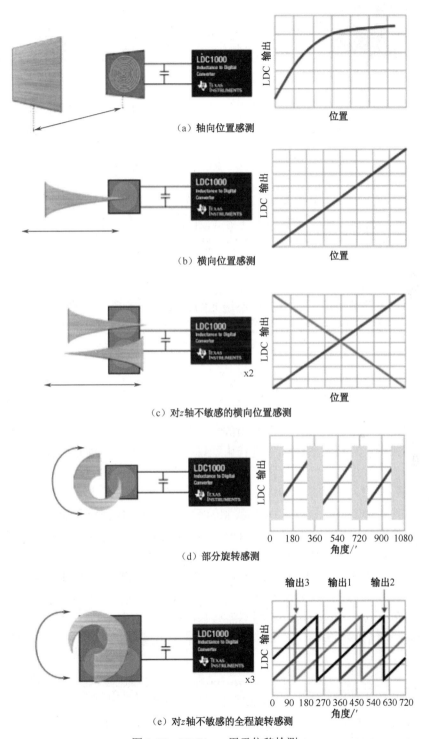

（a）轴向位置感测

（b）横向位置感测

（c）对 z 轴不敏感的横向位置感测

（d）部分旋转感测

（e）对 z 轴不敏感的全程旋转感测

图 2-57 LDC1×××用于位移检测

图 2-58　霍尔角度传感器

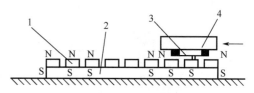

1—小磁钢；2—安装板；3—霍尔元件；4—过渡块

图 2-59　大位移霍尔传感器原理

6．数字式位移传感器

数字式位移传感器主要由光栅、编码器等组成，具有以下几个特点。

（1）较高的测量精度和分辨率，而且测量范围大。

（2）输出为数字量，抗干扰能力强、稳定性好。

（3）信息处理、传送及安装方便、工作可靠等。

1）光栅

光栅是由许多等节距的透光缝隙和不透光的刻线均匀排列而成的。在位移的精密测控系统中常用计量光栅，计量光栅中最常见的是利用光栅体的莫尔条纹现象，即主光栅和指示光栅以一定间隙叠合时，由于两个光栅栅距相等而栅线交叉成角度，或者两个光栅栅距不相等形成多种形状明暗相间的条纹（称为莫尔条纹），此条纹宽度远大于光栅的栅距，而且光栅体相对移动一个栅距时，莫尔条纹移动一个条纹宽度，如果用光电元件接收此光量的明暗变化，导致光电元件光电流变化。因此光栅体相对移动一个栅距就会产生一个脉冲信号，通过后续计数电路则可测知分辨率为一个栅距的位移值。为了进一步提高光栅检测的分辨率，可以采用电位器或微机对莫尔条纹信号进行内插细分，以获得小于栅距的检测值，精度等级可达微米级。

2）编码器

编码器以其高精度、高分辨率和高可靠性而被广泛用于各种位移测量。编码器按结构形式分为直线式编码器和旋转式编码器。由于许多工作台的位移是通过丝杆或转轴的运动产生的，因此旋转式的编码器应用更为广泛。

旋转式编码器如图 2-60 所示，包括增量编码器和绝对编码器两种。增量编码器的输出是一系列脉冲，需要一个计数系统对脉冲进行累计计数，一般还需要一个基准数据，即零位基准才能完成角位移测量。绝对编码器不需要基准数据及计数系统，它在任意位置都可给出与位置相对应的固定数字码输出。编码器的分辨率与码道数 n 有关，一个 n 位的码盘，它的分辨角度 a 为

$$a=360°/2^n$$

为提高分辨率则码道数要多，但体积大。

另外，由于二进制码在由一个码变为另一个码时，有时存在几位码同时变化的情况，当变化不同步时会出现错码，因此常采用格雷码的编码技术，此时只有一位码改变，然后通过硬件或软件把格雷码转换成二进制码或十进制码。

　　拉线式线位移编码器是旋转式编码器的一种应用，可直接用来测量直线位移，如图 2-61 所示。

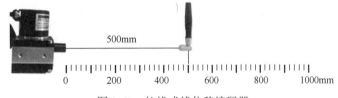

　　　图 2-60　旋转式编码器　　　　　　　　　　　图 2-61　拉线式线位移编码器

7．其他位移传感器

　　位移测量的方法还有激光测距、电磁波测距和超声波测距。

　　对于大位移量的测量，通常采用激光位移检测技术。激光位移检测主要是利用激光具有单色性好、相干性好、方向性强及亮度高等优良特性，它由激光器、激光检测器和测量电路组成，实现长度、位移、距离多种参数的测量，具有精度高、测量范围大、检测时间短、非接触测量等优点。激光测距就是利用激光器向目标发射激光脉冲或脉冲串，光脉冲从目标反射后被接收，通过脉冲式（直接测量时间）或相位式（间接测量时间）方法测量激光脉冲在待测距离上往返传播的时间 t，结合光速 c，就可以计算出待测距离 L，其换算公式为

$$L = ct / 2$$

　　超声波测距是利用超声波在空气中的传播速度为已知，测量声波在发射后遇到障碍物反射回来的时间，根据发射和接收的时间差计算出发射点到障碍物的实际距离。这就是时间差测距法。超声波发射器向某一方向发射超声波，在发射的同时开始计时，超声波在空气中传播，途中碰到障碍物立即返回，超声波接收器收到反射波立即停止计时。超声波在空气中的传播速度为 340m/s，根据计时器记录的时间 t，就可以计算出发射点距障碍物的距离(s)，即

$$s = 340t / 2$$

　　飞行时间法（Time of Flight，TOF）是通过给目标连续发送光脉冲，然后用传感器接收从物体返回的光，通过探测光脉冲的飞行（往返）时间来得到目标物距离。TOF 技术采用主动光探测方式，是利用入射光信号与反射光信号的变化来进行距离测量，所以，TOF 的照射单元都是对光进行高频调制之后再进行发射，一般采用 LED 或激光（包含激光二极管和垂直腔面发射激光器）来发射高性能脉冲光，脉冲可达 100MHz 左右。

　　OPT3101 是 TI 推出的基于 TOF 原理、全集成、单点 TOF AFE，其应用框图如图 2-62 所示。通过外接发射管 NIR LED 来发送调制光信号到目标物体，然后通过外接光电二极管来接收反射调制光信号，经过 OPT3101 内部的 ADC 和景深/距离处理单元等处理计算，得到精确的目标景深/距离相位信息、接收光强度振幅信息等。为了测量更宽的范围，解决单一发射光驱动电流很容易造成 AFE 饱和（如大电流时，目标在近距离）或接收光振幅不够（如小电流时，目标在远距离）而造成的低可信度问题，OPT3101Auto-HDR（高动态范围）功能可以提供大小两个电流，并根据振幅的强弱自动切换电流，这样就拓展了 OPT3101 的动态范围。

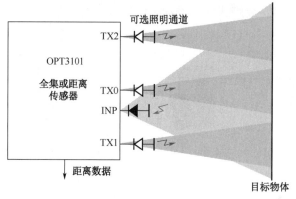

图 2-62　OPT3101 应用框图

2.3.6　速度传感器

速度是运动体在运行中的重要参数，从物体运动的形式来看，速度的测量可分为线速度测量和角速度测量；从速度的参考基准来看，速度的测量可分为绝对速度测量和相对速度测量；从速度的数值特征来看，速度的测量可分为平均速度测量和瞬时速度测量；从获取物体运动速度的方式来看，速度的测量可分为直接速度测量和间接速度测量。

常用的速度测量方法有以下几类。

1）微、积分测速法

运动体在单位时间内位移的增量就是速度，而其单位时间内的转数就是转速，因此位移的测量方法是可以用在测量速度和转速上的，测量方法上有很大的相似性。对测得的物体运动的位移信号微分可以得到物体运动速度，或者对测得的物体运动的加速度信号做时间积分也可以得到速度。这种方法有很多实际应用的例子，如在振动测量时，应用加速度计测得振动体的振动加速度信号，或者应用振幅计测得振动体的位移信号，再经过电路进行积分或微分运算而得到振动速度。

2）线速度和角速度相互转换测速法

线速度与角速度在同一运动体上是有固定关系的，在测量时可以采用互换的方法达到方便测量的目的。例如，测火车行驶速度时，如果直接测线速度不方便，那么可通过测量车轮的转速，换算出火车的行驶速度。

3）时间、位移计算测速法

时间、位移计算测速法是根据速度的定义测量速度，即测量物体经过的距离 L 和经过该距离所需的时间 t，来求得运动物体的平均速度。若 L 越小，则求得的速度越接近运动物体的瞬时速度。根据这种测量原理，在确定的距离内利用各种数学方法和相应器件可延伸出许多测速方法，如相关测速法、空间滤波器测速法等。

4）利用传感器测速法

利用各种速度传感器装置测量与速度大小有确定关系的各种物理量来间接测量物体的运动速度，将速度信号变换为电、光、磁等易测信号，这是常用的方法。可利用的物理效应很多，如电磁感应原理、多普勒效应、流体力学、声学定律等。

1. 转速传感器

转速传感器是用来测量机械设备的旋转速度，如电机轴的旋转速度。当转速很大时，测量的是单位时间转过的圈，转速单位可以用转/分（r/min）来表示；当转速很小时，测量的是设备单位时间内转过的角度，单位是弧度/秒（rad/s）。

1）测速发电机

测速发电机是一种测量机械转速的电磁装置，用于将机械转速信号转换成电压信号，其输出电压与输入转速呈正比例关系，通过测量输出电压值即可计算出转速。在使用中，测速发电机的轴通常直接与被测电机的轴相连。测速发电机根据输出电压不同可分为直流和交流两大类。以直流测速发电机为例，它本质上就是一种直流发电机，按照定子磁极的励磁方式可分为电磁式和永磁式。直流测速发电机原理如图 2-63 所示。

2）频闪式转速传感器

频闪式转速传感器利用可调频率的频闪光作为光源，根据频闪效应，当闪光频率与被测物旋转频率相等时，就能使被测物看起来是静止的。利用这种频闪效应现象，可以控制和测量频闪灯的频率，间接测得被测物的转速。频闪式转速测量原理如图 2-64 所示。

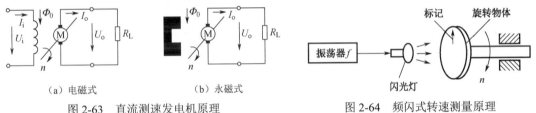

（a）电磁式　　　　　　　（b）永磁式

图 2-63　直流测速发电机原理　　　　　图 2-64　频闪式转速测量原理

若已知被测转速范围为 $n \sim n'$，则先将闪光频率调到大于 $n \sim n'$，然后从高频逐渐下降，直到第一次出现标记不动时，此时就可以读出被测实际转速；若无法估计被测转速时，则调整闪光频率，当旋转的圆盘上连续出现两次标记停留现象时，分别读出对应的转速值，然后按下式计算出真实被测转速，即

$$n = m \cdot \frac{n_1 n_2}{n_1 - n_2}$$

频闪式测速需用人眼判断被测物静止与否，即需要在眼睛的视野中维持一定时间的视觉状态，因此低速物体的运动不宜采用频闪型光电传感器。由于频闪频率必须同步于转速才能测量，如果转速状态不稳定，就很难用频闪瞬态跟踪。因此，频闪型一般适用于测量稳定的高速旋转物。用频闪型光电转速传感器测速时，必须注意避免静止闪烁频率的整数倍或整分数倍所引起的混淆。因此，被测物体最好是非对称性或将对称被测物涂成非对称性的。

频闪式测速不易集成在测控系统中，但是由于其非接触式测量的优点，可用来作为测控系统中速度调试与校准的辅助手段。

3）光电式转速传感器

光电式转速传感器是利用光电转换原理来检测机械量转速的传感器件。将光源发出的光调剂成与转速相关的光信号，再转换成电信号，通过检测信号频率或状态图形来测量转速。光电码盘测量转速结构原理如图 2-65 所示，测量系统由装在被测轴（或与被测轴相连接的输入轴）上的带狭缝的圆盘、光源、光敏器件等组成。光源发出的光透过缝隙照射到光敏器件上，当缝隙圆盘随被测轴转动时，圆盘每转一周，光电器件输出与圆盘缝隙数相等的电脉冲。若按 90°相位差安放两个相同的光敏器件，则根据输出脉冲信号的相位差就可以测出转动方向。

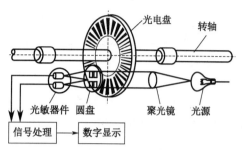

图 2-65　光电码盘测量转速结构原理

光电转速传感器采用非接触测量，不增加被测物旋转力矩，对小力矩的旋转物能获得很高精度的测量；它是利用光波作为媒介来实现转速测量的，能测量极低转速甚至能测量旋转的角度，抗电磁干扰能力强；故此类传感器测量范围宽、精度高、非接触检测距离远，但是光电传感器易受环境雾尘、粉尘、油尘、水雾及杂光的影响。

4）磁电式转速传感器

磁电式转速传感器是一种能将一定的速度量转换成感应电动势的传感器。测量转速时，由于转子与定子端面齿顶和齿槽气隙将做一定频率的周期性变化，因此磁通也将有一定频率的交替变化，从而在线圈中感应出一定频率的近似正弦波的感应电动势信号。图 2-66 所示为磁电式转速检测装置原理。

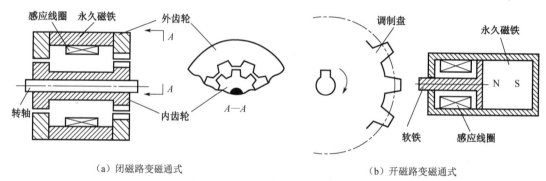

（a）闭磁路变磁通式　　　　　　　　　　　　　　（b）开磁路变磁通式

图 2-66　磁电式转速检测装置原理

图 2-66（a）所示为闭磁路变磁通式，它由装在转轴上的内齿轮和外齿轮、永久磁铁和感应线圈组成，内、外齿轮齿数相同。测量时，转轴与被测轴连接，外齿轮不动，内齿轮随被测轴转动。内、外齿轮的相对转动使气隙磁阻产生周期性变化，从而引起磁路中磁通的变化，在感应线圈中产生频率与被测转速成正比的感应电动势。经放大、整形成计数脉冲送入计数器，求出转速。

图 2-66（b）所示为开磁路变磁通式，线圈、磁铁静止不动，开有 Z 个齿的调制盘安装在被测转轴上随之转动，每转动一个齿，齿的凹凸引起磁路磁阻变化一次，从而在感应线圈中产生感应电势，其变化频率与被测转速与齿数 Z 的乘积成正比。开磁路变磁通式结构简单，但输出信号较小。

对于磁电式转速传感器来说，输出感应电动势仅仅与磁通变化率（转速）有关，而且电动势的大小与转速成正比，而与气隙成反比；每转过一个齿、电动势经历一个周期，电动势频率 f 与转速 n 之间的关系为

$$f = \frac{z \cdot n}{60}$$

式中，z 为转速传感器每圈产生的脉冲数，也是定子或转子端面上的齿数。因此，可以通过检测信号频率来测量转速。

5）电感式转速传感器

电感式转速传感器是利用线圈自感和互感的变化实现转速测量的一种装置。它采用高频振荡器给线圈提供激励电流，从而产生高频磁场。金属物体的存在与否，使线圈磁场的涡流损耗或磁路磁阻发生变化，引起线圈电感 Q 值的变化。由于金属物在旋转，因此使线圈的电感发生周期性变化。而电感信号的频率与被测旋转物的转速成正比。通过测量，电感信号的频率就可测得转速，即

$$n = \frac{f \cdot 60}{p}$$

式中，n 为被测物的转速（r/min）；f 为电感信号的频率（Hz）；p 为旋转物每转的金属个数（若旋转物是齿盘，则 p 为齿数）。

TI 公司的 LDC1××× 也可以用在转速的测量上，即可以通过测量金属齿轮与测量线圈在不同相对运动位置下感应出的波形频率来确定齿轮的转速。采用 LDC1000 测量转速如图 2-67 所示。

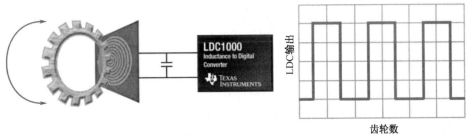

（a）齿轮齿计数 - 与线圈垂直

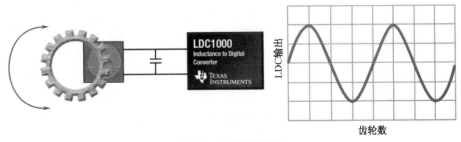

（b）齿轮齿运动 - 与线圈并行

图 2-67 采用 LDC1000 测量转速

2. 线速度传感器

单位时间内位移的增量就是速度。速度包括线速度与角速度，前面讨论的转速测量，理论上是测量角速度，下面讨论线速度测量。线速度的测量一般采用位移微分法或加速度积分法，此处不再一一展开，只介绍一种磁电感式速度传感器。

磁电感式速度传感器的工作原理是利用导体和磁场发生相对运动时，导体上会产生感应电动势，它是一种机械能转换成电能的测量装置。感应电动势与磁场强度、磁阻、线圈运动速度有关。图 2-68 所示为一种用于测量线速度的恒磁通动圈式磁电感应传感器的结构原理，由永久磁铁、线圈、弹簧、金属骨架等组成。

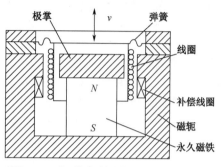

图 2-68　恒磁通动圈式磁电感应传感器
的结构原理

磁路系统产生恒定的直流磁场，磁路气隙中磁通也恒定不变，运动部件是线圈。工作时，线圈与永久磁铁之间产生相对运动，切割磁力线，从而在线圈中产生感应电势。

$$E = NBLv$$

式中，E 为线圈感应电势；N 为线圈匝数；B 为磁场强度；L 为每匝线圈平均长度；v 为线圈与磁铁间相对运动线速度。当检测装置结构参数确定后，B、L、N 均为定值，感应电动势 E 与线圈相对磁铁的运动速度 v 成正比，所以这种检测装置能直接测量速度。若在其测量电路中加入积分或微分电路，则可以用来测量位移或加速度。恒磁通动圈式磁电感应速度传感器主要用于测量物体在平衡位置附近所做振动的瞬时速度。测量时，壳体随被测物体一起振动，由于弹簧较软，当振动频率足够高时，线圈来不及随物体一起振动而近乎静止，因此线圈与永久磁铁之间的相对运动速度就等于物体振动速度。

磁电感应式检测装置电路简单，性能稳定，输出阻抗小，频率响应范围一般为 10～1000Hz，适用于振动、转速、扭矩等测量，但这种传感器的尺寸和重量都较大。

2.3.7　加速度传感器

加速度是表征物体在空间运动本质的一个基本物理量，可以通过测量加速度来掌握物体的运动状态。加速度的计量单位是米/秒²（m/s^2），工程中常用的重力加速度为 9.81 m/s^2。

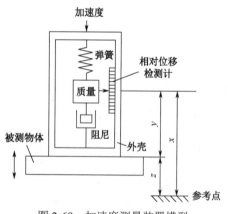

图 2-69　加速度测量装置模型

加速度可以根据位置和速度的测量计算而来，也可以通过加速度传感器测量得到。加速度传感器通常由质量块、阻尼器、弹性元件、敏感元件和适调电路等部分组成。加速度测量装置模型如图 2-69 所示。

传感器在加速过程中，通过对质量块所受惯性力的测量，利用牛顿第二定律获得加速度值。根据传感器敏感元件的不同，常见的加速度传感器包括电容式、电感式、应变式、压阻式、压电式等类型，其原理与位置、速度传感器类似，在此不一一展开。

在实际的测控系统设计中，由于 MEMS 加速度计体积小，外围电路简单，被广泛选用。常见的有 ADI 公司的 ADXL1005（单轴加速度计）、ADXL251（双轴加速度计）、ADXL345（三轴加速度计）等，ST 公司的 AIS1120SX（单轴加速度计）、AIS2120SX（双轴加速度计）、LIS331HH（三轴加速度计）等，InvenSense

公司的 MPU-6050 等。

MPU-6050 是一种六轴传感器模块，在同一硅片上集成了 3 轴陀螺仪和 3 轴加速度计，以及板载数字运动处理器（DMP），可处理复杂的六轴 MotionFusion 算法，MPU-6050 内部结构框图如图 2-70 所示。该器件可通过 I²C 总线访问外部磁力计或其他传感器，MPU-6050 连接其他传感器如图 2-71 所示。扩展之后就可以通过其 I²C 或 SPI 接口输出一个九轴的信号（SPI 接口仅在 MPU-6000 可用），也可以通过其 I²C 接口连接非惯性的数字传感器，如压力传感器。这样，在 MPU-6050 中利用陀螺仪传感器测角度，利用加速度传感器测加速度，再结合其他传感器，就允许器件收集整套的运动数据，无须系统处理器的干预。

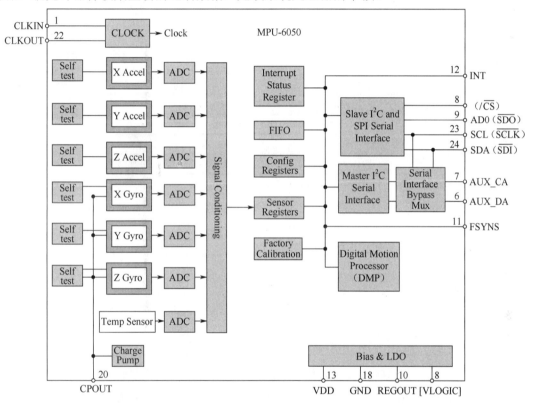

图 2-70 MPU-6050 内部结构框图

图 2-71 MPU-6050 连接其他传感器

MPU-6050 对陀螺仪和加速度计分别用了 3 个 16 位的 ADC，将其测量的模拟量转换为可输出的数字量。为了精确跟踪快速和慢速的运动，传感器的测量范围都是用户可控的，陀螺仪可测范围为 ±250°/s、±500°/s，±1000°/s、±2000°/s（dps），加速度计可测范围为 ±2g、±4g、±8g、±16g。集成一个片上 1024 字节的 FIFO，与所有设备寄存器之间的通信采用 400kHz

的 I^2C 接口或 1MHz 的 SPI 接口。对于需要高速传输的应用,对寄存器的读取和中断可用 20MHz 的 SPI。另外,片上还内嵌了一个温度传感器和在工作环境下仅有 ±1% 变动的振荡器。MPU-6050 可支持 VDD 范围 2.5V±5%,3.0V±5%或 3.3V±5%。除此之外,MPU-6050 还有一个 VLOGIC 引脚,用来为 I^2C 输出提供逻辑电平。VLOGIC 电压可取 1.8V±5%或 VDD,MPU-6050 的特性参数如表 2-4 所示。

表 2-4 MPU-6050 的特性参数

参　　数	说　　明
供电	3.3～5V
通信接口	I^2C 协议,支持的 I^2C 时钟最高频率为 400kHz
测量维度	加速度:3 维;陀螺仪:3 维
ADC 分辨率	加速度:16 位;陀螺仪:16 位
加速度测量范围	±2g、±4g、±8g、±16g,其中 g 为重力加速度常数,g=9.8m/s²
加速度最高分辨率	16384 LSB/g
加速度线性误差	0.1g
加速度输出频率	最高 1000Hz
陀螺仪测量范围	±250º/s、±500º/s、±1000º/s、±2000º/s
陀螺仪最高分辨率	131 LSB/(º/s)
陀螺仪线性误差	0.1º/s
陀螺仪输出频率	最高 8000Hz
DMP 姿态解算频率	最高 200Hz
温度传感器测量范围	-40℃～+85℃
温度传感器分辨率	340 LSB/℃
温度传感器线性误差	±1℃
工作温度	-40℃～+85℃
功耗	500μA～3.9mA（工作电压 3.3V）

表 2-4 说明,加速度与陀螺仪传感器的 ADC 均为 16 位,它们的量程及分辨率可选多种模式,量程越大,分辨率越低。从表中还可了解到,传感器的加速度及陀螺仪的采样频率分别为 1000Hz 及 8000Hz,它们是指加速度及角速度数据的采样频率,可以使用 MSP430 等控制器把这些数据读取出来,然后进行姿态融合解算,以求出传感器当前的姿态(求出偏航角、横滚角、俯仰角)。

可以通过分别设置 AFS_SEL 和 FS_SEL 来选择加速度和陀螺仪传感器输出的量程,其量程配置如表 2-5 所示。

表 2-5 加速度与陀螺仪的量程配置

AFS_SEL	加速度量程	加速度分辨率	FS_SEL	陀螺仪量程	陀螺仪分辨率
0	±2g	16384 LSB/g	0	±250 º/s	131 LSB/(º/s)
1	±4g	8192 LSB/g	1	±500 º/s	65.5 LSB/(º/s)
2	±8g	4096 LSB/g	2	±1000 º/s	32.8LSB/(º/s)
3	±16g	2048 LSB/g	3	±2000 º/s	16.4LSB/(º/s)

如果使用传感器内部的 DMP（Digital Motion Processor，数字运动处理器）单元进行解算，它可以直接对采样得到的加速度及角速度进行滤波、融合处理、姿态解算，解算得到的结果再输出给 MSP430 控制器，即 MSP430 处理器无须计算，就可直接获取偏航角、横滚角及俯仰角，该 DMP 每秒可输出 200 次姿态数据，较适用于对姿态控制实时要求较高的领域，如手机、智能手环、四轴飞行器及计步器等的姿态检测。

2.3.8　力传感器

力传感器是一种应用广泛的物理量传感器，它能够感受外力并转换成有用输出信号的传感器，主要用于力、压力、加速度、扭矩、称重、位移流量等物理量的测量。按照转换原理分为电阻应变式、压阻式、压电式、电容式、电感式、压磁式等。

1. 电阻应变式力传感器

电阻应变式力传感器（见图 2-72）是基于金属电阻片在外力作用下产生机械形变，从而导致其电阻值发生变化的效应，然后将该电阻接入电桥，将电阻值的变化换算成电压值的变化，实现力学量向电学量的转换。

下面以最简单的悬梁式力学传感器为例来说明电阻应变式力传感器的工作原理，这也是 2012 年全国大学生电子设计竞赛——TI 杯模拟动作系统设计邀请赛 B 题和 2016 年 TI 杯大学生电子设计竞赛 D 题简易电子秤的考察内容。

图 2-73 所示为等强度悬梁式传感器，梁的左端固定，右端受垂直力 F 的作用而使梁发生弯曲变形，在梁的上表面的对称轴线上，通过黏结剂贴有电阻应变片 R_1 和 R_2，在下表面的对应位置上贴有电阻应变片 R_3、R_4。按照材料力学分析，此时梁的形变与外力 F 的关系为

$$\varepsilon = \frac{bFl}{b_0 h^2 E}$$

式中，ε 为梁的应变量，表示长度为 l 的梁在外力 F 作用下的形变 Δl 与其长度 l 的比值，即 $\varepsilon = \frac{\Delta l}{l}$；$l$ 为梁的受力点至固定端长度；b_0 为梁的固定端宽度；h 为梁的厚度；E 为梁的材料弹性模量。这样，可以推导出梁的应变 ε 与外力 F 成正比。

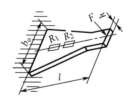

图 2-72　电阻应变式力传感器　　　　　　　图 2-73　等强度悬梁式传感器

在上述情况下，梁的上表面发生拉伸变形，该变形通过黏结剂传递到电阻应变片上，使 R_1、R_2 拉伸，从而使其电阻值增加 ΔR_1 和 ΔR_2，同时梁的下表面发生压缩变形，同样使 R_3 和 R_4 的电阻减少 ΔR_3 和 ΔR_4，当取 $R_1 = R_2 = R_3 = R_4$ 时，由于等强度梁上下表面各点应力大小相等、

方向相反，因此应变大小也相等、符号相反，即 $\Delta R_1 = \Delta R_2 = \Delta R$，$\Delta R_3 = \Delta R_4 = -\Delta R$。

设 K 为电阻应变片金属材料灵敏系数，由电阻应变效应分析可得

$$\frac{\Delta R}{R} = K\varepsilon$$

当上述电阻应变片接成直流惠斯通电桥时，其输出电压信号 U_{out} 与电阻变化的关系为

$$U_{out} = \frac{\Delta R}{R} U_{in}$$

式中，U_{in} 为电桥的供电输入电压。

那么传感器的输出和外力 F 之间的关系为

$$U_{out} = \frac{bFl}{b_0 h^2 E} K U_{in}$$

式中，K 与应变电阻材料相关，可查找相关数据手册。

由此可知，电阻应变式传感器一般由弹性敏感元件、金属电阻应变片及测量电桥组成。弹性敏感元件的作用是按照一定的数学关系（通常是线性关系）将外力转变为几何尺寸变形，金属电阻应变片受此变形作用产生电阻值的变化，由测量电桥转变成电压的变化。因此，电阻应变式传感器的工作原理可用 4 个基本环节来表示：外力-应变-电阻变化-电量变化。

当然，电阻应变式传感器还有其他结构形式，常见的称重传感器如图 2-74 所示。

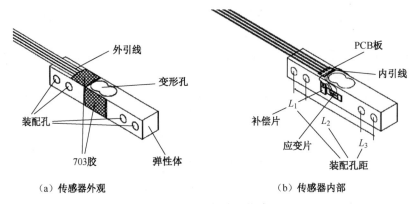

（a）传感器外观　　　　　　　　　　（b）传感器内部

图 2-74　常见的称重传感器

当传感器一端受重力作用时，电阻应变片发生形变。相同环境下电阻的计算公式为

$$R = \rho \times \frac{L}{S}$$

式中，ρ 为材料的电阻率；L 为物体的长度；S 为物体的横截面积。

当一个质量恒定的物体在稳定的环境下，若长度变长，则横截面积减小（拉面原理）。根据 $R = \rho \times \frac{L}{S}$，则其电阻值变大；反之，电阻值变小。因此应变片拉伸，长度变长，横截面积变小，阻值变大；应变片压缩，长度变短，横截面积变大，阻值变小。

应变片惠斯通电桥如图 2-75 所示，当在 V+、V-端输入恒定桥压 U 时，S+和 S-端的输出与 R_1、R_2、R_3、R_4 阻值有关。

$$E_{S+} = \frac{U \cdot R_2}{R_1 + R_2}$$

$$E_{S-} = \frac{U \cdot R_4}{R_3 + R_4}$$

$$U_S = E_{S+} - E_{S-}$$

将 U_S 接入信号调理电路，再经 A/D 转换器转换成数字量，即可由处理器获得被测物体的重量。

2. 压阻式力传感器

某些固体材料受到外力作用后，除了产生变形，其电阻率也要发生变化。这种由于应力作用而使材料电阻率发生改变的现象称为"压阻效应"，利用压阻效应制成的传感器称为压阻式力传感器，如图 2-76 所示。

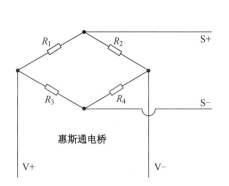

图 2-75 应变片惠斯通电桥

图 2-76 压阻式力传感器

压阻式力传感器有两种类型：一种是利用半导体材料电阻制作成粘贴式应变片，称为半导体应变片，用此应变片制成的传感器称为半导体应变式传感器；另一种是在半导体材料的基片上用集成电路工艺制成扩散电阻，以此扩散电阻组成的传感器称为扩散型压阻传感器。

半导体应变式传感器的结构形式基本上与电阻应变式传感器相同，所不同的是应变片的敏感栅是用半导体材料制成的。半导体应变片与金属电阻应变片相比，最突出的优点是它的体积小而灵敏度高。它的灵敏系数比后者要大几十倍甚至上百倍，输出信号有时不必放大即可直接进行测量记录。此外，半导体应变片横向效应非常小，蠕变和滞后也小，频率响应范围很宽，从静态应变至高频动态应变都能测量。由于半导体集成化制造工艺的发展，用此技术与半导体应变片相结合，可以直接制成各种小型和超小型半导体应变式传感器，使测量系统大为简化。但是半导体应变片也存在着很大的缺点：电阻温度系数要比金属电阻应变片大一个数量级，灵敏系数随温度变化较大；应变电阻特性曲线的非线性较大；电阻值和灵敏系数分散性较大，不利于选配组合电桥；等等。

扩散型压阻传感器的基片是半导体单晶硅。单晶硅是各向异性材料，取向不同时特性不一样。因此必须根据传感器受力变形情况来加工制作扩散硅敏感电阻膜片。利用半导体压阻效应可设计成多种类型传感器，其中压力传感器和加速度传感器为压阻式传感器的基本形式。

与电阻应变片式压力传感器类似，压阻式传感器一般也接成惠斯通电桥（见图 2-77）。

89BSD 压力传感器（见图 2-78）是 TE 公司推出的一款直径为 7mm，采用 316L 不锈钢封装的硅压阻式压力传感器。施加在 316L 不锈钢膜片上的压力通过硅油传导至传感元件，电气连接采用柔性带状电缆，89BSD 压力传感器主要用于高性能、低压力量程应用。供电电源为 1.8～3.6VDC，工作温度为-40℃～+85℃，精度为±0.3%。

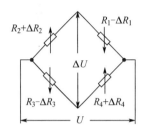

图 2-77　压阻式传感器的典型应用电路　　　　图 2-78　89BSD 压力传感器

89BSD 压力传感器内部集成 24 位 ADC，支持 I^2C 接口协议，提供温度补偿和偏移校正，含有 128 位 PROM，其组成框图如图 2-79 所示。

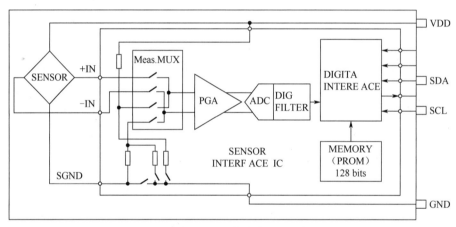

图 2-79　89BSD 压力传感器组成框图

89BSD 压力传感器可应用在液位控制、罐内液位测量、腐蚀性液体和气体测量系统，以及密封系统、歧管压力测量、大气压力测量和水下设备等场合。

3. 压电式传感器

一些离子型电介质沿一定方向受到外力作用而变形时，内部会产生极化现象，并在表面上产生电荷，当外力去掉后，又重新回到不带电状态。这种机械能转换为电能的现象称为"顺压电效应"。反之，在电介质的极化方向上施加电场，它会产生机械变形；当去掉外加电场时，变形随之消失。这种将电能转换为机械能的现象称为"逆压电效应"。具有压电效应的物质称为压电材料。

压电式传感器的基本原理是利用压电材料的压电效应做成的。压电式传感器既用于测力，也用于力的其他导出参数，如加速度等力学量的测量。

基于压电效应的压电式传感器，它的种类和型号繁多，按弹性敏感元件和受力机构的形式可分为膜片式和活塞式两类。膜片式主要由本体、膜片和压电元件组成，如图 2-80 所示。压电元件支撑于本体上，由膜片将被测压力传递给压电元件，再由压电元件输出与被测压力成一定关系的电信号。

基于压电效应的压电式传感器，通常都需要接触测量，它的灵敏度、频响特性是衡量其工作性能的主要指标。压电式传感器的灵敏度是指其输出量（电荷或电压）的增量与输入量（加速度、力、压力等）的增量的比值。它是表征压电式传感器性能的一个重要指标。频响特性是传感器在进行动态信号测量时用到的一项指标。频响特性是指传感器的灵敏度与频率的关系。当传感器的固有频率远远大于被测动态信号频率时，传感器的灵敏度基本上不随频率变化而接近常数，能获得满意的线性响应。压电式传感器的体积小、质量轻、刚度大，所以它的固有频率很高，一般可达几十千赫兹，甚至更高。因此，压电式传感器的高频响应是相当好的。其低频响应取决于测量回路的时间常数，时间常数越大，低频响应越好。

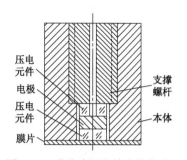

图 2-80　膜片式压电效应的传感器

压电式传感器的等效电路有两种信号输出形式：电压信号或电荷信号。因此前置放大器也有两种形式，即电压放大器和电荷放大器。压电式传感器的输出信号非常微弱，必须将电信号放大后才能检测出来。由于压电元件相当于一个有源电容器，它不但信号微弱，而且内阻抗极高，因此不能用一般的放大器来解决信号放大问题，通常是将传感器的输出信号输入到高输入阻抗的前置放大器中变换成低阻抗输出信号，然后进行放大、调理、A/D 转换等处理。

4．其他压力传感器

除了上述压力传感器，还有电容式压力传感器、电感式压力传感器、压磁式压力传感器。

电容式压力传感器就是利用电容量变化原理检测压力，因为受压后电容量变化值可以很大，与电阻式、电感式压力传感器相比这是其突出的优点。电容式压力传感器原理框图如图 2-81 所示。

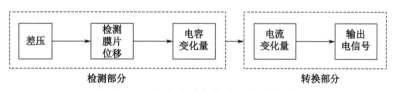

图 2-81　电容式压力传感器原理框图

电感式压力传感器由铁芯和活动衔铁组成，衔铁和铁芯之间有空气间隙，当衔铁移动时，磁路中气隙的磁阻发生变化，从而引起线圈电感的变化，由此即可完成压力的检测。

压磁式压力传感器利用铁磁物体受了机械力（压力、张力、扭力、弯力）作用后，在物体内部产生了机械应力，从而引起了该物体导磁系数发生变化的原理来测量压力大小。

在实际测控系统中通过分析系统的不同需求选择不同的压力传感器。

2.3.9　图像传感器

图像传感器又称为感光元件，是一种将光学图像转换成电信号的设备，它被广泛应用在数码相机和其他电子光学设备中。早期的图像传感器采用模拟信号，如摄像管（Vidco Camera Tube）。如今，图像传感器主要分为互补式金属氧化物半导体有源像素传感器（CMOS Active Pixel Sensor）和感光耦合元件（Charge-Coupled Device，CCD）两种。

1. CMOS 图像传感器

CMOS 图像传感器芯片采用了 CMOS 工艺，可将图像采集单元和信号处理单元集成到同一块芯片上，它适合大规模批量生产，适用于小尺寸、低价格、摄像质量无过高要求的应用，如保安用微型相机、手机、计算机网络视频会议系统、无线手持式视频会议系统、条形码扫描器、传真机、玩具、生物显微计数、某些车用摄像系统等大量商用领域。

CMOS 图像传感器通常由像敏单元阵列、行驱动器、列驱动器、时序控制逻辑、A/D 转换器、数据总线输出接口、控制接口等部分组成。这几部分通常被集成在同一块硅片上，其工作过程一般可分为复位、光电转换、积分、读出 4 个部分。在 CMOS 图像传感器芯片上还可以集成其他数字信号处理电路，如 A/D 转换器、自动曝光量控制、非均匀补偿、白平衡处理、黑电平控制、伽玛校正等，为了进行快速计算甚至可以将具有可编程功能的 DSP 器件与 CMOS 器件集成在一起，从而组成单片数字相机及图像处理系统。

1) CMOS 图像传感器基本工作原理

CMOS 图像传感器利用光电转换原理（其光敏单元）受到光照后产生光生电子，每个 CMOS 源像素传感单元都有自己的缓冲放大器，而且可以被单独选址和读出。

像元结构如图 2-82 所示，上部给出了 MOS 三极管和光敏二极管组成的相当于一个像元的结构剖面，在光积分期间，MOS 三极管截止，光敏二极管随入射光的强弱产生对应的载流子并存储在源极的 PN 结部位上。当积分期结束时，扫描脉冲加在 MOS 三极管的栅极上，使其导通，光敏二极管复位到参考电位，并引起视频电流在负载上流过，其大小与入射光强对应。下部给出了一个具体的像元结构，MOS 三极管源极 PN 结起光电变换和载流子存储作用，当栅极加有脉冲信号时，视频信号被读出。

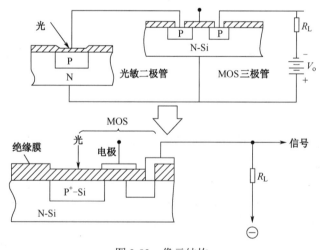

图 2-82　像元结构

CMOS 像敏单元阵列结构由水平移位寄存器、垂直移位寄存器和 CMOS 像敏元阵列组成。CMOS 像敏单元陈列结构如图 2-83 所示，各 MOS 晶体管在水平和垂直扫描电路的脉冲驱动下起开关作用。水平移位寄存器从左至右顺次地接通水平扫描 MOS 晶体管，也就是起寻址列的作用；垂直移位寄存器顺次地寻址列阵的各行。每个像元由光敏二极管和起垂直开关作用的 MOS 晶体管组成，在水平移位寄存器产生的脉冲作用下顺次接通水平开关，在垂直移位寄存器产生的脉冲作用下接通垂直开关，于是顺次地给像元的光敏二极管加上参考电压（偏压），被光照的二极管产生载流子使结电容放电，这就是积分期间信号的积累过程。而上述接通偏压的过程也是信号读出的过程。在负载上形成的视频信号大小正比于该像元上的光照强弱。

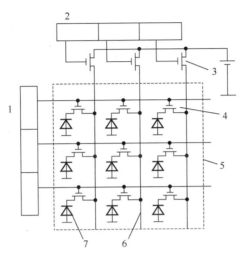

1—垂直移位寄存器；2—水平移位寄存器；3—水平扫描开关；4—垂直扫描开关；5—像敏元阵列；6—信号线；7—像敏元

图 2-83　CMOS 像敏单元阵列结构

CMOS 图像传感器信号流程如图 2-84 所示。首先，景物通过成像透镜聚焦到图像传感器阵列上，而图像传感器阵列是一个二维的像素阵列，每一个像素上都包括一个光敏二极管，每个像素中的光敏二极管将其阵列表面的光强转换为电信号。然后通过行选择电路和列选择电路选取希望操作的像素，并将像素上的电信号读取出来，放大后送相关双采样（Correlated Double Sampling，CDS）电路处理，相关双采样是高质量器件用来消除一些干扰的重要方法，其基本原理是由图像传感器引出两路输出，一路为实时信号，另一路为参考信号，通过两路信号的差分去掉相同或相关的干扰信号，这种方法可以减少复位噪声和固定模式噪声（Fixed Pattern Noise，FPN），同时也可以降低 $1/f$ 噪声，提高了信噪比。此外，它还可以完成信号积分、放大、采样、保持等功能。最后信号输出到模拟/数字转换器上变换成数字信号输出。

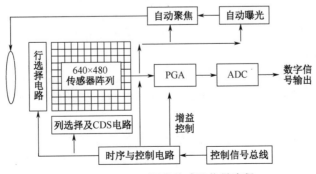

图 2-84　CMOS 图像传感器信号流程

根据像素单元的不同结构，CMOS 图像传感器可以分为无源像素被动式传感器（PPS）、有源像素主动式传感器（APS）和数字像素传感器（DPS）。根据感光元件、处理电路的相对位置，CMOS 图像传感器可以分为传统（前照式）CMOS、背照式（Back-illuminated）CMOS、堆叠式（Stacked）CMOS 图像传感器，从前照式到背照式，再到堆叠式，这种结构的进化能带来成像质量的进步，摄像头的体积也会变得更小，但功能和性能反而更佳。

2）影响 CMOS 传感器性能的主要问题

（1）噪声。噪声是影响 CMOS 传感器性能的首要问题。这种噪声包括固定图形噪声（Fixed Pattern Noise，FPN）、暗电流噪声、热噪声等。固定图形噪声产生的原因是一束同样的光照射到两个不同的像素上产生的输出信号不完全相同，噪声正是这样被引入的。对于固定图形噪声可以应用双采样或相关双采样技术，具体就像在设计模拟放大器时引入差分对来抑制共模噪声。双采样是先读出光照产生的电荷积分信号，暂存，然后对像素单元进行复位，再读取此像素单元的输出信号，两者相减得出图像信号，两种采样均能有效抑制固定图形噪声。另外，相关双采样需要临时存储单元，随着像素的增加，存储单元也要增加。

（2）暗电流。物理器件不可能是理想的，如同亚阈值效应，由于杂质、受热等其他原因的影响，即使没有光照射到像素，像素单元也会产生电荷，这些电荷产生了暗电流。暗电流与光照产生的电荷很难进行区分。暗电流在像素阵列各处不完全相同，它会导致固定图形噪声。对于含有积分功能的像素单元来说，暗电流所造成的固定图形噪声与积分时间成正比。暗电流的产生也是一个随机过程，它是散弹噪声的一个来源。因此，热噪声元件所产生的暗电流大小等于像素单元中的暗电流电子数的平方根。当长时间的积分单元被采用时，这种类型的噪声就变成了影响图像信号质量的主要因素，对于昏暗物体，长时间的积分是必要的，并且像素单元电容容量是有限的，于是暗电流电子的积累限制了积分的最长时间。

为减少暗电流对图像信号的影响，首先可以采取降温手段。但是，仅对芯片降温是远远不够的，由暗电流产生的固定图形噪声不能完全通过双采样克服。现在采用的有效方法是从已获得的图像信号中减去参考暗电流信号。

（3）像素的饱和与溢出模糊。类似于放大器由于线性区的范围有限而存在一个输入上限，对于 CMOS 图像传感芯片来说，它也有一个输入的上限。输入光信号若超过此上限，像素单元将饱和而不能进行光电转换。对于含有积分功能的像素单元来说，此上限由光电子积分单元的容量大小决定；对于不含积分功能的像素单元，该上限由流过光电二极管或三极管的最大电流决定。在输入光信号饱和时，溢出模糊就发生了。溢出模糊是由于像素单元的光电子饱和进而流出到邻近的像素单元上。溢出模糊反映到图像上就是一片特别亮的区域，这类似于照片上的曝光过度。溢出模糊可通过在像素单元内加入自动泄放管来克服，泄放管可以有效地将过剩电荷排出。但是，这只是限制了溢出，却不能使像素真实地还原出图像。

3）CMOS 图像传感器参数

（1）传感器尺寸。CMOS 图像传感器的尺寸越大，则成像系统的尺寸越大；捕获的光子越多，感光性能越好，信噪比越低。目前，CMOS 图像传感器的常见尺寸有 1 英寸、2/3 英寸、1/2 英寸、1/3 英寸、1/4 英寸等。

（2）像素总数和有效像素数。像素总数是指所有像素的总和，像素总数是衡量 CMOS 图像传感器的主要技术指标之一。CMOS 图像传感器的总体像素中被用来进行有效的光电转换并输出图像信号的像素为有效像素。显而易见，有效像素总数隶属于像素总数集合，有效像素数目直接决定了 CMOS 图像传感器的分辨能力。

（3）动态范围。动态范围由 CMOS 图像传感器的信号处理能力和噪声决定，反映了 CMOS 图像传感器的工作范围。参照 CCD 的动态范围，其数值是输出端的信号峰值电压与均方根噪声电压之比，通常用 DB 表示。

（4）灵敏度。图像传感器对入射光功率的响应能力称为响应度。对于 CMOS 图像传感器来说，通常采用电流灵敏度来反映响应能力，电流灵敏度也就是单位光功率所产生的信号电流。

（5）分辨率。分辨率是指 CMOS 图像传感器对景物中明暗细节的分辨能力。通常用调制传递函数（MTF）来表示，同时也可以用空间频率来表示。

（6）光电响应不均匀性。CMOS 图像传感器是离散采样型成像器件，光电响应不均匀性定义为 CMOS 图像传感器在标准的均匀照明条件下，各个像元的固定噪声电压峰-峰值与信号电压的比值。

（7）光谱响应特性。CMOS 图像传感器的信号电压 V_s 和信号电流 I_s 是入射光波长 λ 的函数。光谱响应特性是指 CMOS 图像传感器的响应能力随波长的变化关系，它决定了 CMOS 图像传感器的光谱范围。

2. CCD 图像传感器

CCD 图像传感器是 1970 年年初发展起来的一种新型半导体光电器件，其突出特点是以电荷作为信号载体，不同于以电流或电压作为信号的其他光电器件。CCD 图像传感器具有体积小、重量轻、分辨率高、灵敏度高、动态范围宽、几何精度高、光谱响应范围宽、工作电压低、功耗小、寿命长、抗震性和抗冲击性好、不受电磁场干扰和可靠性高等一系列优点，使得它在高精度尺寸检测、图像检测领域、信息存储和处理等方面得到了广泛的应用。CCD 的基本功能是信号电荷的产生（注入）、存储、传输（转移）和输出（检测）。

1）CCD 图像传感器基本原理

CCD 图像传感器是通过将光学信号转换为数字电信号来实现图像的获取、存储、传输、处理和复现。光学信号转换为数字信号主要由 CCD 感光片完成。CCD 感光片由镜片、彩色滤镜和感应电路 3 个部分组成，镜片和彩色滤镜主要是对接受的光线（图像）进行一定的预处理，感应电路为 CCD 传感器的核心，它又可分为光敏元件阵列和电荷转移器件两部分。

CCD 的感应单元是一个由金属-氧化物-半导体组成的电容器（简称 MOS 电容器），如图 2-85 所示。其中“金属”为 MOS 结构的电极，称为“栅极”（此栅极材料通常不是用金属而是用能够透过一定波长范围光的多晶硅薄膜），金属栅极与外界电源的正极相连；“半导体”

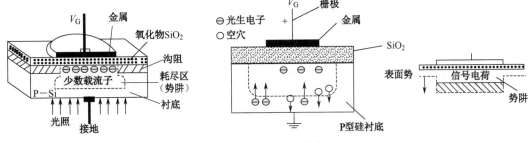

图 2-85　P 型 MOS 电容器

作为衬底电极；在两电极之间有一层"氧化物"（SiO₂）绝缘体，构成一个电容器，但它具有一般电容所不具有的耦合电荷的能力。一个 MOS 单元称为一个像素，由多个像素组成的线阵 CCD 结构如图 2-86 所示，其中金属栅极是分立的，而氧化物半导体是连续的。

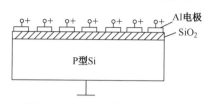

图 2-86　P 型 Si 线阵 CCD 结构

CCD 图像传感器按照结构可分为 CCD 线列图像传感器和 CCD 面阵图像传感器两类，它们在结构方面的差异导致了用途的不同，但原理一样，都是利用 CCD 的光电转换和电荷转移的双重功能制成的，正如名称所表示的，线列图像传感器是捕捉一维图像。而 CCD 面阵图像传感器由呈二维矩阵排列的感光单元——感光区、信号存储区和输出转移部分组成，根据传输和读出的结构方式不同又分为行传输、帧传输、行间传输等。

2）CCD 图像传感器性能参数

（1）分辨率。分辨率是指摄像器件对物像中明暗细节的分辨能力，是图像传感器最重要的特性参数。在感光面积一定的情况下，主要取决于光敏单元之间的距离，即相同感光面积下光敏单元的密度。在实际应用中，CCD 的分辨率往往用一定尺寸内的像素数来表示，如线阵 CCD 分辨率可达 7200 像素，面阵 CCD 可达 2048 像素×2048 像素，像素越多，分辨率越高。

（2）光谱灵敏度。CCD 的光谱灵敏度取决于量子效率、波长、积分时间等参数。量子效率表征 CCD 芯片对不同波长光信号的光电转换本领。不同工艺制成的 CCD 芯片，其量子效率不同。灵敏度还与光照方式有关，背照 CCD 的量子效率高，光谱响应曲线无起伏，正照 CCD 由于反射和吸收损失，光谱响应曲线上存在若干个峰和谷。

（3）CCD 的暗电流与噪声。CCD 暗电流是内部热激励载流子造成的。CCD 在低帧频工作时，可以几秒或几千秒的累积（曝光）时间来采集低亮度图像，如果曝光时间较长，暗电流会在光电子形成之前将势阱填满热电子。由于晶格点阵的缺陷，不同像素的暗电流可能差别很大。在曝光时间较长的图像上，会产生一个星空状的固定噪声图案。这种效应是因为少数像素具有反常的较大暗电流，一般可在记录后从图像中减去，除非暗电流已使势阱中的电子达到饱和。

晶格点阵的缺陷产生不能收集光电子的死像素。由于电荷在移出芯片的途中要穿过像素，一个死像素就会导致一整列中的全部或部分像素无效；过渡曝光会使过剩的光电子蔓延到相邻像素，导致图像扩散性模糊。

（4）转移效率和转移损失率。电荷包从一个势阱向另一个势阱转移时，需要一个过程。像素中的电荷在离开芯片之前要在势阱间移动上千次或更多次，这要求电荷转移效率极其高，否则光电子的有效数目会在读出过程中损失严重。

引起电荷转移不完全的主要原因是表面态对电子的俘获，转移损失造成信号退化。采用"胖零"技术可减少这种损耗。

（5）工作频率。CCD 是一种非稳态工作器件，在时钟脉冲的驱动作用下完成信号电荷的转移和输出，因此其工作频率会受到一些因素的限制，且限于一定的范围内。若时钟脉冲的频率太低，则在电荷存储的时间内，MOS 电容器已过渡到稳态，热激发产生的少数载流子将会填满势阱，从而无法进行信号电荷包的存储和转移，所以脉冲电压的工作频率必须在某一个下限之上。这个下限取决于少数载流子的平均寿命，平均寿命越长，工作频率的下限越低。少数载流子的寿命与器件的工作温度有关，温度越低，少数载流子的寿命就越长。因此，将 CCD 置于低温环境下有助于低频工作。

由于 CCD 的栅极有一定的长度，信号电荷在通过栅极时需要一定的时间。若时钟频率太高，则势阱中将有一部分电荷来不及转移到下一个势阱中而使转移效率降低，因此工作频率小于一个上限频率。

3. CMOS 图像传感器 OV7670 摄像头模块应用

OV7670 是 OV（OmniVision）公司生产的一颗 1/6 寸的 CMOS 图像传感器。该传感器体积小、工作电压低，提供单片摄像头和影像处理器功能。通过 SCCB 总线控制，可以输出整帧、子采样、取窗口等方式的各种分辨率影像数据。该产品图像最高达到 30 帧/秒。用户可以完全控制图像质量、数据格式和传输方式。所有图像处理功能过程包括伽玛曲线、白平衡、饱和度、色度等都可以通过 SCCB 接口编程。OmniVision 图像传感器应用独有的传感器技术，通过减少或消除光学或电子缺陷（如固定图案噪声、拖尾等），提高图像质量，得到清晰的、稳定的彩色图像。

OV7670 低成本数字输出 CMOS 摄像头模块，包含 30 万像素的 CMOS 图像感光芯片，3.6mm 焦距的镜头和镜头座，板载 CMOS 芯片所需要的各种不同电源，板子同时引出控制引脚和数据引脚，方便操作和使用。OV7670 摄像头模块如图 2-87 所示。

图 2-87　OV7670 摄像头模块

OV7670 摄像头模块的特点如下。

① 高灵敏度、低电压，适合嵌入式应用。

② 标准的 SCCB 接口，兼容 IIC 接口。

③ 支持 RawRGB、RGB、YUV 和 YCbCr 输出格式。

④ 支持 VGA、CIF，以及从 CIF 到 40×30 的各种尺寸输出。

⑤ 支持自动曝光控制、自动增益控制、自动白平衡、自动消除灯光条纹、自动黑电平校准等自动控制功能。同时支持色饱和度、色相、伽玛、锐度等设置。

⑥ 支持闪光灯。

⑦ 支持图像缩放。

OV7670 传感器功能框图如图 2-88 所示。

（1）感光阵列（Image Array）。OV7670 总共有 656×488 个像素，其中 640×480 个像素有效（有效像素为 30 万）。

（2）时序发生器（Video Timing Generator）。时序发生器的功能包括阵列控制和帧率发生（7 种不同格式输出）、内部信号发生器和分布、帧率时序、自动曝光控制、输出外部时序。

（3）模拟信号处理（Analog Processing）。模拟信号处理所有模拟功能，并包括自动增益（AGC）和自动白平衡（AWB）。

（4）A/D 转换（A/D）。原始的信号经过模拟处理器模块之后，分为 G 和 BR 两路进入一个 10 位的 A/D 转换器，A/D 转换器工作在 12MHz 频率，与像素频率完全同步。

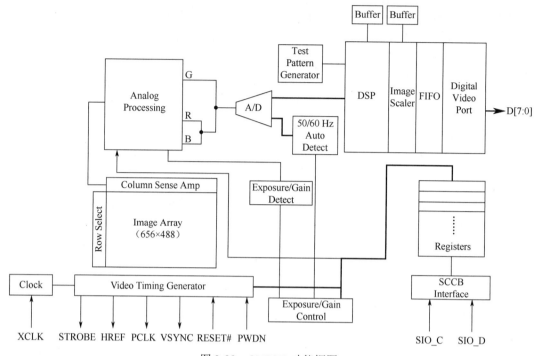

图 2-88　OV7670 功能框图

除 A/D 转换器之外，该模块还有 3 个功能：黑电平校正；U/V 通道延迟；AD 范围控制。

（5）测试图案发生器（Test Pattern Generator）。测试图案发生器的功能包括八色彩色条图案、渐变至黑白彩色条图案和输出引脚移位"1"。

（6）数字处理器（DSP）。数字处理器控制由原始信号插值到 RGB 信号的过程，并控制一些图像质量，主要包括：边缘锐化；颜色空间转换；色相和饱和度的控制；黑/白点补偿；降噪，镜头补偿；可编程的伽马；十位到八位数据转换。

（7）缩放功能（Image Scaler）。缩放功能模块按照预先设置的要求输出数据格式，能将 YUV/RGB 信号从 VGA 缩小到 CIF 以下的任何尺寸。

（8）数字视频接口（Digital Video Port）。通过寄存器 COM2[1：0]，调节 IOL/IOH 的驱动电流，以适应用户的负载。

（9）SCCB 接口（SCCB Interface）。SCCB 接口控制图像传感器芯片的运行，具体时序可参照官方的数据手册。

（10）LED 和闪光灯的输出控制（LED and Strobe Flash Control Output）。OV7670 有闪光灯模式，可以控制外接闪光灯或闪光 LED 的工作。

由于 OV7670 的像素时钟（PCLK）最高可达 24MHz，用 MSP430 单片机的 I/O 口直接抓取是非常困难的，也十分占用 CPU。因此，可选择自带 FIFO 芯片的 OV7670 摄像头模块，通过模块自带的 FIFO 芯片，就可以很方便地获取图像数据，而不再需要单片机具有高速 I/O，也不会耗费太多 CPU 资源。

整合 FIFO 芯片的 OV7670 模块信号引脚功能表如表 2-6 所示。

表 2-6 整合 FIFO 芯片的 OV7670 模块信号引脚功能表

信　号	作 用 描 述	信　号	作 用 描 述
VCC3.3	模块供电引脚，接 3.3V 电源	FIFO_WEN	FIFO 写使能
GND	模块地线	FIFO_WRST	FIFO 写指针复位
OV_SCL	SCCB 通信时钟信号	FIFO_RRST	FIFO 读指针复位
OV_SDA	SCCB 通信数据信号	FIFO_OE	FIFO 输出使能（片选）
FIFO_D[7: 0]	FIFO 输出数据（8 位）	OV_VSYNC	OV7670 帧同步信号
FIFO_RCLK	读 FIFO 时钟		

OV7670 与 MSP430 单片机的连接如图 2-89 所示。

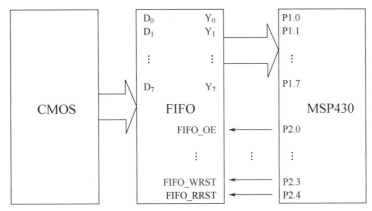

图 2-89 OV7670 与 MSP430 单片机的连接

对于该模块，在使用过程中，重点关注两点：①如何存储图像数据；②如何读取图像数据。以 QVGA 模式、RGB565 格式为例，OV7670 摄像头模块存储图像数据的过程为：等待 OV7670 同步信号→FIFO 写指针复位→FIFO 写使能→等待第二个 OV7670 同步信号→FIFO 写禁止。通过以上 5 个步骤，即可完成 1 帧图像数据的存储。在存储完一帧图像以后，就可以开始读取图像数据了，读取过程为：FIFO 读指针复位→读 FIFO 时钟（FIFO_RCLK）→读取第一个像素高字节→读 FIFO 时钟→读取第一个像素低字节→读 FIFO 时钟→读取第二个像素高字节→循环读取剩余像素→结束。由此可以看出，OV7670 摄像头模块数据的读取是十分简单的，如 QVGA 模式、RGB565 格式，循环读取 320×240×2 次，就可以读取 1 帧图像数据。

OV7670 还可以对输出图像进行各种设置，详情参见数据手册，这里不再一一赘述。

2.3.10 其他传感器

1. 火焰传感器

火焰是由各种燃烧生成物、中间物、高温气体、碳氢物质及无机物质为主体的高温固体微粒构成的。火焰的热辐射具有离散光谱的气体辐射和连续光谱的固体辐射。不同燃烧物的火焰辐射强度、波长分布有所差异。总体来讲，其对应火焰温度的近红外波长域及紫外光域具有很大的辐射强度，根据这种特性可制成火焰传感器。火焰检测有多种方法，如紫外传感器、近红外阵列传感器、红外（IR）传感器、红外热像仪等。

1）远红外火焰传感器

图 2-90 红外火焰传感器模块

远红外火焰传感器能够探测到波长在 700～1000nm 范围内的红外光，探测角度为 60°，其中红外光波长为 880nm 附近时，其灵敏度达到最大。远红外火焰探头将外界红外光的强弱变化转换为电流的变化，通过 A/D 转换器即可获得火焰强度。

图 2-90 所示为红外火焰传感器模块，可用于检测波长 760～1100nm 范围内的火源或其他光源。它基于 YG1006 传感器，是一种能够快速处理信号和具有高灵敏度的 NPN 硅光电晶体管。由于采用黑色环氧树脂材质，传感器对红外辐射敏感，主要用于检测红外线。它通过比较器输出数字信号 0 和 1，它的灵敏度可由精密的电位计调节，也可以将检测信号接到 A/D 转换器中。

2）紫外火焰传感器

紫外火焰传感器可以用来探测火源发出的 400nm 以下热辐射。与远红外火焰传感器相同，紫外火焰探头也是将外界红外光的强弱变化转换为电流的变化，通过 A/D 转换器即可获得火焰强度。

2. PM2.5 传感器

PM2.5 是指环境空气中空气动力学当量直径小于等于 2.5μm 的颗粒物，也称为细颗粒物、可入肺颗粒物。它的直径还不到人的头发丝粗细的 1/20，能较长时间悬浮于空气中，其在空气中含量（浓度）越高，就代表空气污染越严重。虽然 PM2.5 只是地球大气成分中含量很少的组分，但它对空气质量和能见度等有重要的影响。PM2.5 粒径小、面积大、活性强、易附带有毒有害物质（如重金属、微生物等），且在大气中的停留时间长、输送距离远，因而对人体健康和大气环境质量的影响更大。PM10 是空气动力学当量直径小于等于 10μm 的可吸入颗粒物，指漂浮在空气中的固态和液态颗粒物的总称。PM10 能够进入上呼吸道，但部分可通过痰液等排出体外，另外也会被鼻腔内部的绒毛阻挡。

用于测量空气中 PM2.5（可入肺颗粒物）及 PM10（可吸入颗粒物）数值的检测仪器称为 PM2.5 传感器。测量方法有光散射法、重量法、微量振荡天平法、Beta 射线法/β 射线法等。

1）光散射法

光散射原理有 LED 光（普通光学）、激光等原理，传感器可以有效地探测出粒径约 0.5μm 以上颗粒。光散射原理探头相对便宜，探头易安装，作为监测应用相对合适，相对其他原理有较多的优势。目前市面上光散射法应用较普遍，是 PM2.5 监测的较好选择。

图 2-91 所示为光散射法的 PM2.5 和 PM10 颗粒传感器模拟前端参考设计，一个红外发光二极管和光电晶体管，检测在空气中的灰尘反射光，通过零电压偏置电路来最大限度降低光电探测器噪声并在整个温度范围内确保稳定性能，使用仪表放大器拓扑隔离外部噪声源，使用具有轨至轨输出的低噪声、低输入偏置电流、低偏移运算放大器 OPA2320 来维持高信噪比（SNR）并增大输出动态范围，可实现尘埃测量范围从 $1.4×10^6$ 到 $7.0×10^6$ 个/立方英尺。

2）重量法

我国目前对大气颗粒物的测定主要采用重量法。其原理是分别通过一定切割特征的采样器，以恒速抽取定量体积空气，使环境空气中的 PM2.5 和 PM10 被截留在已知质量的滤膜上，根据采样前后滤膜的质量差和采样体积，计算出 PM2.5 和 PM10 的浓度。该方法适合实验室环境，不易电路集成。

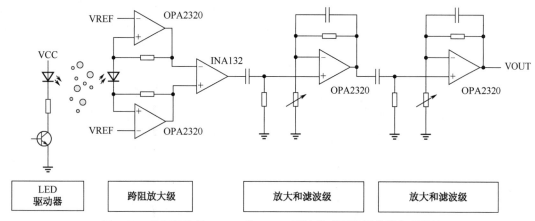

图 2-91 光散射法的 PM2.5 和 PM10 颗粒传感器模拟前端参考设计

3）微量振荡天平法

微量振荡天平法是在质量传感器内使用一个振荡空心锥形管，在其振荡端安装可更换的滤膜，振荡频率取决于锥形管特征及其质量。当采样气流通过滤膜，其中的颗粒物沉积在滤膜上，滤膜的质量变化导致振荡频率的变化，通过振荡频率变化计算出沉积在滤膜上颗粒物的质量，再根据流量、现场环境温度和气压计算出该时段颗粒物标志的质量浓度。该方法同样适合实验室环境，不易电路集成。

4）β 射线法

β 射线法是利用 β 射线衰减的原理，环境空气由采样泵吸入采样管，经过滤膜后排出，颗粒物沉淀在滤膜上，当 β 射线通过沉积着颗粒物的滤膜时，β 射线的能量衰减，通过对衰减量的测定便可计算出颗粒物的浓度。

3. 二氧化碳传感器

二氧化碳传感器是用于检测二氧化碳浓度的机器。二氧化碳是绿色植物进行光合作用的原料之一，作物干重的 95% 来自光合作用。因此，使用二氧化碳传感器控制二氧化碳浓度也就成为影响作物产量的重要因素。目前二氧化碳传感器的工作方式主要有电化学式、热传导式、电容式、固体电解质式和红外吸收式等。

当然，气体传感器中不仅仅只有二氧化碳传感器，其他气体传感器也有着广泛的应用，随着人们对气体传感器的深入认识，气体传感器将被应用在更多环境中。

1）固体电解质式二氧化碳传感器

固体电解质式二氧化碳传感器是使用固体电解质气敏材料做成气敏元件，元件中的气敏材料在通过二氧化碳气体时产生离子，从而形成电动势，通过测量电动势进而计算出二氧化碳气体浓度。固体电解质式二氧化碳传感器如图 2-92 所示。固体电解质式二氧化碳传感器具有体积小、使用方便的优点；缺点是使用时间较短，且预热时间长，不能及时测量。

MG811 固体电解质型气体感测器是基于固体电解质电池原理制成的气体感测器。在一定的温度条件下，当感测器置于待测气体中时，固体电解质电池发生电极反应，感测器敏感电极与参考电极间的电势差发生变化，通过测量感测器两端输出的电压信号实现对气体浓度的检测，适用于工业、农业、民用等领域二氧化碳气体的检测。

2）半导体式二氧化碳传感器

半导体式二氧化碳传感器主要利用金属氧化物半导体材料在一定的温度下可以随着环境气体的成分变化而发生一定程度的变化，然后传感芯体中的电阻电流发生大小的波动，进而检测到空气中二氧化碳的相关参数。半导体式二氧化碳传感器如图 2-93 所示。

图 2-92　固体电解质式二氧化碳传感器

图 2-93　半导体式二氧化碳传感器

CCS811 是一款超低功耗数字气体传感器，集成了 MOX（金属氧化物）气体传感器，可通过集成的微控制器单元能够感测各种挥发性有机化合物，包括等效二氧化碳（eCO₂），可用于室内空气质量检测。微控制器单元由 ADC 和 I^2C 接口组成，独特的微型热板技术，为低功耗的气体传感器提供高度可靠的解决方案。

3）热传导式二氧化碳传感器

热传导式气体传感器是根据混合气体的总导热系数会随着待测气体含量的不同而改变的原理制成的。一般由检测元件和补偿元件配对组成电桥的两个臂，遇可燃性气体时检测元件电阻变小，遇非可燃性气体时检测元件电阻变大，桥路输出电压变量，该电压变量随气体浓度增大而成正比例增大，补偿元件起参比及温度补偿作用。

MD62 是常用的热传导式二氧化碳传感器，由检测元件和补偿元件配对组成电桥的两个臂，桥路输出电压变量，后接 ADC 即可由处理器获取 CO_2 浓度值，广泛应用于民用、工业现场天然气、液化气、煤气、烷类等可燃性气体及汽油、醇、酮、苯等有机溶剂蒸汽的浓度检测，以及二氧化碳、四氯化碳、氟利昂等不可燃气体的检测。MD62 热传导式二氧化碳传感器及电路结构如图 2-94 所示。

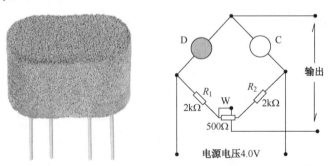

图 2-94　MD62 热传导式二氧化碳传感器及电路结构

4）红外吸收式二氧化碳传感器

红外吸收式二氧化碳传感器以不同气体对红外辐射有着不同的吸收光谱，吸收强度与气体浓度有关为理论基础，利用红外线作为介质来测量二氧化碳的浓度。红外吸收型气体分析检测仪一般由红外辐射源、测量气室、波长选择装置（滤光片）和红外探测装置等组成。如果气体的吸收光谱在入射光谱范围内，那么红外辐射透过被测气体后，在相应波长处会发生能量的衰减，未被吸收的辐射被探头测出，通过测量该谱线能量的衰减量来得知被测气体浓度。红外线气体检测仪的优点是测量范围宽、选择性好、防爆性好、设计简便、价格低廉，广泛应用于存在可燃性、爆炸性气体的各种场合。

2.4　本章小结

测控系统中，测量是控制的基础，本章涉及湿度、温度、压力、位置、位移、速度、加速度、图像、火焰、气体等常见物理量的测量。通过传感器将这些非电量信号转换成电压、电流、电阻、电容、电感等电量信号，然后测量这些基本的电量信号即可获取测量物理量，但是这些信号很多情况下都非常微弱或波形不适当，或者信号形式不合适，不能直接用于测控系统的显示或控制，因此需要在后续的电路中进行调理和转换。

习　题　2

1．当电桥法应用于电容或电感测量时，有哪些注意事项？
2．什么是传感器？传感器由哪几部分组成？
3．什么是绝对湿度和相对湿度？
4．设计方案检测图 2-95 中的点滴速度。

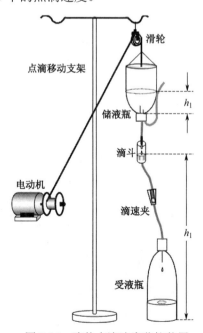

图 2-95　液体点滴速度监控装置

5. 旋转倒立摆结构如图 2-96 所示。电动机 A 固定在支架 B 上，通过转轴 F 驱动旋转臂 C 旋转。摆杆 E 通过转轴 D 固定在旋转臂 C 的一端，当旋转臂 C 在电动机 A 驱动下做往复旋转运动时，带动摆杆 E 在垂直于旋转臂 C 的平面做自由旋转。设计方案检测旋转臂 C 和摆杆 E 的转角。

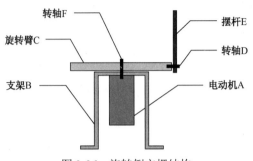

图 2-96 旋转倒立摆结构

6. 一个自由摆的平板控制系统结构如图 2-97 所示。摆杆的一端通过转轴固定在一支架上，另一端固定安装一台电机，平板固定在电机转轴上；当摆杆摆动时，驱动电机可以控制平板转动。设计方案检测摆杆的摆动角和平板的倾斜角。

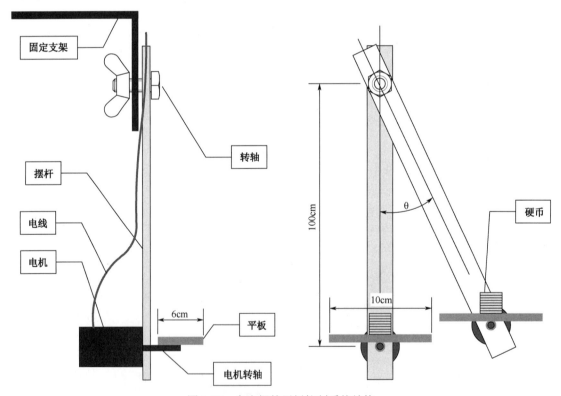

图 2-97 自由摆的平板控制系统结构

7. LM335 是美国德州仪器（TI）公司推出的一款精密温度传感器，查阅相关手册，设计测温基本电路并推导温度与输出电压的关系。

8. 电阻应变式传感器主要由弹性元件、电阻应变敏感元件及测量电路组成。电阻应变片式传感器称重示意如图 2-98 所示。空载时弹性元件无形变，应变片阻值相同，输出电量为零。有负载时，应变片发生形变，测量电路输出微小电压。

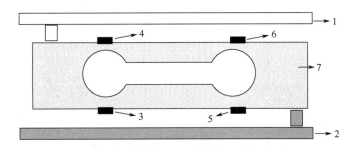

1—秤盘；2—基座；3~6—应变片；7—弹性元件

图 2-98　电阻应变片式传感器称重示意

称重传感器内部线路采用惠斯顿电桥全桥结构，其原理如图 2-99 所示。R_1、R_2、R_3、R_4 为应变片的电阻值，U_s 为激励电源，U_o 为称重传感器输出电压。计算 U_o 和 U_s、R_1、R_2、R_3、R_4 的关系。

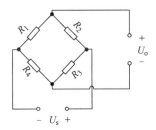

图 2-99　称重传感器原理

第 3 章

信号调理、转换和处理

测控系统把被测量转换为电量进行测量，如电阻、电感、电容、电压、电流、频率、相位等电量模拟信号，而且这些模拟信号很多情况下都非常微弱或波形不适当，或者信号形式不合适，不能直接用于测控系统的显示或控制，因此需要信号调理电路。同时，为了实现数字化控制算法，还需要将模拟信号转换成数字信号或将数字信号转换成模拟信号，即模数转换（ADC）或数模转换（DAC），也需要进行信号调理。

本章对测控系统中常用信号调理、信号转换和数字信号处理方法做简单介绍。

3.1　信号调理

测控系统中的信号调理主要处理包括传感器之后到处理器之前的信号和处理器之后到执行器之前的信号，调理过程主要包括放大、整形、衰减、变换、隔离、多路复用、滤波等，以实现去除噪声、保证安全性并提高精确度的目的，使其适用于数据采集、控制过程、执行计算或其他目的。

放大可以提高输入信号电平以更好地匹配模拟-数字转换器（ADC）的输入范围，从而提高测量精度和灵敏度。此外，使用放置在更接近信号源或转换器的外部信号调理装置，可以通过在信号被环境噪声影响之前提高信号电平来提高测量的信噪比，也可以通过放大来匹配执行器的控制电平。

衰减是与放大相反的过程，在电压超过 ADC 输入范围时是十分必要的。这种形式的信号调理降低了输入信号的幅度，从而使信号处于 ADC 输入范围之内。

隔离电路通过使用变压器、光或电容性的耦合技术，无须电气连接即可将信号从它的源传输至测量设备。除切断接地回路之外，隔离也阻隔了高电压浪涌和较高的共模电压。

滤波器在一定的频率范围内去除不希望出现的噪声。从滤波频率范围来看，滤波器通常有低通、高通、带通、带阻等类型。

晶体管、场效应管和运算放大器是信号调理电路常用的器件。晶体管放大电路是最基本的放大器电路形式，主要包括单级放大电路（也称为单晶体管放大电路）与组合放大电路两大部分，常用的晶体管有双极型晶体管（BJT）与场效应管（FET），其中双极型晶体管电路有共发射极[见图 3-1（a）]、共基极[见图 3-1（b）]和共集电极[见图 3-1（c）]3 种组态的基本放大电路。对应的场效应管也有共源极、共栅极和共漏极 3 种组态的基本放大电路，也可以在此基础上组成其他信号变换电路。

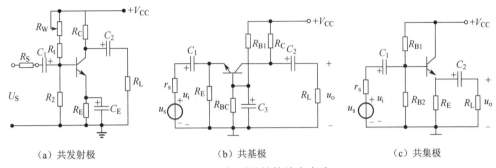

（a）共发射极　　　　　　　　（b）共基极　　　　　　　　（c）共集极

图 3-1　双极型晶体管放大电路

在实际放大电路设计中，对放大电路的性能要求多种多样，很多情况下单级放大电路往往不能满足特定的电压放大倍数、带宽、输入电阻和输出电阻等要求，特别是单级放大电路的电压放大倍数、带宽都有限，很难同时满足实际应用中的高电压放大倍数、高宽带、大驱动能力等需求，因此常常需要将 BJT 与 FET 的 6 种组态进行适当的组合，以便发挥各自的优点，获得更好的性能，这样构成的两级或多级放大电路称为组合放大电路。

图 3-2 所示为多级放大电路的一种应用框图，图中输入级要具有高输入电阻和较强的抗干扰能力，常用"共集放大器"或"场效应管放大器"；中间级用具有较高电压放大能力的"共射放大器"；而在输出级，需要具有较低输出电阻（提高带载能力）和较大的功率输出。

图 3-2　多级放大电路的一种应用框图

由于组合放大电路由两级或两级以上的基本放大电路构成，前一级放大电路的输出信号通过一定的方式输送到后一级放大电路中，这种级与级之间的连接方式称为级间耦合，通常的耦合方式有直接耦合、阻容耦合和变压器耦合等。

单级基本放大电路和多级组合放大电路能够完成一定的电路放大任务，但是在性能上还不一定能令人满意，晶体管参数对温度变化很敏感，如 PN 结正向电压、转移特性、共发射极电流增益、跨导等。一旦这些参数变化，由晶体管构成的放大器的静态工作点、电压增益就会发生变化，而这些变化在很多应用中是不允许的。

电路中的晶体管的结温不同，结温变化不同，就会严重影响电路的工作状态。在实际应用中也不能确保电路中的各晶体管的温度变化一致，晶体管运算放大器在不同的温度下的工作状态也不同，因此晶体管放大电路的实际工作状态比较复杂。

晶体管组成的单级基本放大电路和多级组合放大电路分立元件多，多级组合级联时耦合性强，电路不易集成。因此，当电路有更高的性能要求和集成度要求时，集成运算放大器就有更好的表现。所以，在测控系统中，集成运算放大器是最常见的信号调理电路应用器件。

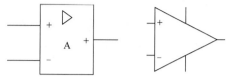

图 3-3　运算放大器的电路符号

集成运算放大器（简称运放）是一种高增益的直接耦合放大电路，其电路符号如图 3-3 所示。运放借助不同的反馈连接，除了具有常规的放大、衰减功能，还能对模拟量实现多种线性运算（包括加、减、乘、除、积分、微分等）及其他某些特殊功能（如模拟量的比较、波形发生等）。

3.1.1　运算放大器的性能指标

评价集成运算放大器性能主要参数分为 3 类：输入静态参数、动态参数及电源特性参数等，现分别介绍如下。

1．输入静态参数

输入静态参数主要包括输入直流失调参数、输入偏置电流、最大输入电压等。

1）输入直流失调参数

因为集成运放的输入级都采用差分放大电路，在设计时虽然考虑了电路的对称性，但在实际工艺制造过程中有源器件的参数及无源器件的数值不可能完全匹配，所以集成运放在零输入时其输出并不为零，称为运放的失调。失调一般可以通过调零装置进行补偿，进而实现运放的零输入零输出特性。另外，由于失调量会随着诸如环境温度等变化而变化，即会产生失调漂移。温度漂移是指由于温度变化引起输出电压或电流的漂移，通常把温度升高 1℃的输出漂移折合到输入端的等效漂移电压 $\Delta U_O / (A_u \Delta T)$ 或电流 $\Delta I_O / (A_i \Delta T)$ 作为温漂指标，集成运放的温度漂移是漂移的主要来源。

失调和失调漂移是集成运放运算误差的主要来源，可以用失调参数衡量，失调参数定义为把零输入时运放输出对零的偏差折合到输入端的数值等效为输入误差信号。

输入失调电压 U_{IO} 是在室温（25℃）及标准电源电压下，集成运放的输入电压为零时，为了使集成运放的输出电压为零在输入端加的补偿电压；实际上也是指输入电压为零时，输出电压 U_O 折合到输入端的电压的负值，即

$$U_{IO} = -(U_O \big|_{U_I=0}) / A_{UO}$$

其中，A_{UO} 为集成运放的开环电压放大倍数，U_{IO} 的大小反映了集成运放在工艺制造过程中电路的对称程度和电位配合情况，U_{IO} 值越大，说明电路的对称程度越小，一般情况下 $U_{IO} \approx \pm(1\sim10)\text{mV}$，理想运放的输入失调电压为零，一些超低失调运放的 U_{IO} 可低至 $1\sim20\text{pV}$。

输入失调电压温漂 $\Delta U_{IO} / \Delta T$ 是指在规定温度范围内 U_{IO} 随温度的变化率，即为 U_{IO} 的温度系数。这是衡量电路温漂的一个重要指标，$\Delta U_{IO} / \Delta T$ 越小就意味着集成运放的温漂越小，一般集成运放的 $\Delta U_{IO} / \Delta T$ 为 $\pm(10\sim20)\mu\text{V}/℃$，理想运放的 $\Delta U_{IO} / \Delta T$ 为零，并且 $\Delta U_{IO} / \Delta T$ 是不能用外接调零装置的方法进行补偿的，同样一些低温漂运放的 $\Delta U_{IO} / \Delta T$ 小于 $2\mu\text{V}/℃$。

输入失调电流 I_{IO} 是指在 BJT 集成运放中，当运放的输入电压为零时流入集成运放两输入端的静态基极电流之差，即

$$I_{\text{IO}} = |I_{\text{BP}} - I_{\text{BN}}|_{U_{\text{I}}=0}$$

式中，I_{BP}、I_{BN} 分别表示差分放大电路的同相端与反相端的输入电流。产生的主要原因是集成运放的输入级（差分放大电路）的两个半边电路，特别是两个放大管参数存在失配，使差分放大电路两输入端的静态基极电流产生偏差而引起的。由于信号源内阻的存在，会产生一个输入电压，破坏放大器的平衡，使放大器输出电压不为零。因此，I_{IO} 越小则反映输入级差分对管的对称程度越高，I_{IO} 一般为 1nA～0.1μA。

输入失调电流温漂是指在规定温度范围内的温度系数，也是对放大电路电流漂移的度量，同样不能接调零装置来补偿，高质量的运放输入失调电流温漂可以低至 pA/℃ 数量级。

2）输入偏置电流

当 BJT 集成运放的两个输入端为差分对管的基极时，两个输入端总需要一定的输入电流 I_{BP}、I_{BN}。输入偏置电流是指集成运放的两个输入端静态电流的平均值，即

$$I_{\text{IB}} = \frac{I_{\text{BP}} + I_{\text{BN}}}{2}$$

在集成运放的外接电阻确定后，输入偏置电流的大小主要取决于运放差分输入级 BJT 的参数，特别是它的 β 值，β 值太小时，将会引起偏置电流增加。偏置电流的大小反映了由于输入信号源内阻变化引起输出电压变化的大小，是集成运放的一个重要技术指标，以 BJT 为输入级的运放 I_{IB} 一般为 10nA～1μA。I_{IB} 也可推广到 FET 集成运放（主要为 MOS 集成运放），但是 FET 差分输入级的非常小，一般为 pA 数量级。

3）最大输入电压

集成运放的最大输入电压分为最大共模输入电压 U_{icmax} 与最大差模输入电压 $U_{\text{id max}}$。

最大共模输入电压 U_{icmax} 是指在保证集成运放正常工作条件下，共模输入电压的允许范围。当共模输入电压超过此值时，输入差分对管将失去放大作用（BJT 管将进入饱和区，而 MOS 管将进入可变电阻区），共模抑制比将显著下降，甚至使集成运放失去共模抑制能力。最大共模输入电压一般是指运放作为电压跟随器使用时，输出电压产生 1%跟随误差的共模输入电压幅值；也可用共模抑制比 K_{CMR} 下降 6dB 时所加的共模输入电压来表示。

最大差模输入电压 $U_{\text{id max}}$ 是指集成运放的两输入端间所能承受的差模输入电压。当输入电压超过此电压时，集成运放的差分对管将出现反向击穿现象，显著恶化运放的性能，甚至可能造成集成运放的永久性损坏。

注意：以上参数均是在标称电源电压、室温、零共模输入电压条件下定义的。

2. 动态参数

集成运放的动态参数主要包括小信号动态参数、大信号动态特性（如压摆率 S_{R}）、全功率带宽 BW_{P} 等。

1）小信号动态参数

小信号动态参数是集成运放工作于小信号输入状态时，反映集成运放特性的一些动态参数，主要有开环差模电压增益 A_{od}、差模输入电阻 R_{id}、共模抑制比 K_{CMR}、−3dB 带宽 BW、单位增益带宽 f_{c}（BWG）等。

开环差模电压增益 A_{od} 是指集成运放工作在线性区，在正常工作且无外加反馈条件下输出电压的变化量与输入电压的变化量之比。注意，A_{od} 与输出电压的大小 u_{o} 有关，同时也是频率

的函数；一般运放的开环增益 A 为 $60\sim130$dB。

差模输入电阻 R_{id} 是指集成运放在输入差模信号时的输入阻抗，以 BJT 为输入级的运放 R_{id} 一般为几百千欧至数兆欧；以 MOS 管为输入级的运放，其差模输入电阻 $R_{id} > 10^{12}\Omega$。

共模抑制比 K_{CMR} 是指集成运放的差模电压增益 A_{od} 与共模电压增益 A_{oc} 之比，常用分贝数来表示。

$$K_{CMR} = 20\lg\frac{A_{od}}{A_{oc}}\text{dB}$$

一般通用型运放的共模抑制比 K_{CMR} 为 $80\sim120$dB，高精度运放可达 140dB。

-3dB 带宽 BW 又称为运放的开环带宽，是指运算放大器的开环差模电压放大倍数下降 3dB 时所对应的高频频率 f_H。

单位增益带宽 f_c（BWG）是指开环差模电压放大倍数 A 下降到 0dB（或放大倍数为 1）时所对应的频率值。

2）大信号动态特性

转换速率 S_R 也称为压摆率，反映了运放对于快速变化的输入信号的响应能力的一个指标。集成运放的频率响应和瞬态响应在大信号输入与小信号输入时有很大的差别。在大信号输入时，特别是在阶跃信号输入时，运放将工作在非线性区域，通常它的输入级会产生瞬时饱和或截止现象。转换速率是指放大电路在闭环状态下，输入为大信号（如阶跃信号）时，放大电路输出电压对时间的最大变化速率，其表达式为

$$S_R = \frac{du_o(t)}{dt}\Big|_{\max}$$

转换速率的大小与许多因素有关，其中主要与运放所加的补偿电容、运放本身各级 BJT 的极间电容、杂散电容、放大电路提供的充电电流，以及与运放的闭环电压增益有关，因此一般规定用集成运放在单位电压增益、单位时间内输出电压的变化值来标定转换速率，对于一般集成运放的 S_R 小于 1 V/μs，而高速型集成运放的 S_R 可达 1 kV/μs 以上。在输入大信号的瞬变过程中，输出电压只有在电路的电容被充电后才随输入电压做线性变化，通常要求运放的 S_R 大于信号变化速率的绝对值。只有当输入信号变化斜率的绝对值小于 S_R 时，运放的输出才有可能按线性规律变化。S_R 越大表明运放的高频性能越好。

3）全功率带宽

全功率带宽 BW_P 定义为运放输出为最大峰值电压时所允许的最高频率，即

$$BW_P = f_{\max} = \frac{S_R}{2\pi U_{om}}$$

上式表明运放输出不失真的最大电压幅度受 S_R 和 BW_P 的限制。

S_R 和 BW_P 是大信号和高频信号工作时的重要指标，一般通用型运放的 S_R 在 1 V/μs 以下，而高速运放要求 $S_R > 30$ V/μs。

3．电源特性参数

电源电压抑制比 K_{SVR} 是用来衡量电源电压波动对输出电压的影响，定义为集成运算放大器工作在线性区域时，输入失调电压随电源电压的变化率，可表示为

$$K_{SVR} = \frac{\Delta U_{IO}}{\Delta U_S}$$

式中，ΔU_{IO} 表示由于电源电压变化 ΔU_S，引起输出电压变化 ΔU_O 折合到输入端的失调电压。

静态功耗 P_V 是指集成运放在输入为零时所消耗的总功率，即

$$P_V = V_{CC}I_{CO} + V_{EE}I_{EO}$$

电源特性还包括电源电压范围、电源电流、内部耗散功耗、输出电阻及等效输入噪声等。

不同的应用场合对运放的性能参数要求不同，从适用范围的角度来看，集成运放可分为通用型和专用型两大类：通用型运放的各种指标比较均衡，适用于一般工程的要求；而专用型运放为了满足一些特殊要求，则突出了一些性能参数，如高输入电阻、低噪声高精度、高速、宽带、低功耗等集成运放。

3.1.2　信号放大电路

1．反相比例运算放大电路

图 3-4 所示为反相比例运算放大电路，输入电压 V_{in} 经过电阻 R_1 加到集成运放的反相输入端，输出电压 V_{out} 经过电阻 R_F 接回到运放的反相输入端，引入了深度负反馈，从而保证运放工作在线性区域。

其中，R' 为平衡电阻，取值 $R' = R_1 // R_F$，如果将运算放大器看作理想器件，其输入电流为零，那么 R' 的介入与否并不会影响运算放大器电路的任何性能。但是，实际器件的输入存在静态电流，而且集成运放是差分对称的输入回路，因此同相和反相输入端对地的等效电阻应当一致，所以在实际应用中，R' 是要加上的。

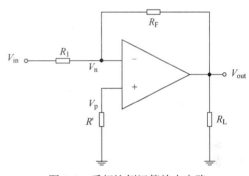

图 3-4　反相比例运算放大电路

利用"虚短"和"虚断"的概念及叠加定理来分析运算放大器，首先将 V_{out} 接地，得到 V_{in} 对 V_n 的贡献为

$$V_{in}\frac{R_F}{R_1 + R_F}$$

其次，将 V_{in} 接地，则得到 V_{out} 对 V_n 的贡献为

$$V_{out}(\frac{R_1}{R_1 + R_F})$$

将 V_{out} 和 V_{in} 对 V_n 的贡献加起来，得到

$$V_n = V_{out}(\frac{R_1}{R_1 + R_F}) + V_{in}(\frac{R_F}{R_1 + R_F})$$

利用"虚短"特性，$V_n = V_p = 0$，则上式经过变换得到

$$\frac{V_{out}}{V_{in}} = -\frac{R_F}{R_1}$$

由上式可知，输出电压与输入电压之间满足比例关系，通过改变 R_F 与 R_1 的比例就可获得

不同比值。式中负号表示输出电压与输入电压的相位相反，实现了反相比例的运算功能。当 $R_F=R_1$ 时，输出电压与输入电压之间幅值相等，但相位相反，也称其为倒相器。

2. 同相比例运算放大电路

图 3-5 所示为同相比例运算放大电路，输入电压 V_{in} 经过电阻 R' 加到集成运放的同相输入

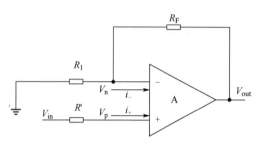

图 3-5　同相比例运算放大电路

端，为了保证运放工作在线性区域，将输出电压 V_{out} 经过电阻 R_F 接回到运放的反相输入端与 R_1 构成负反馈网络，其中 R' 为平衡电阻，与反相运算放大器的作用类似，且取值 $R'=R_1//R_F$。

首先，由"虚短"得到
$$V_p = V_n = V_{in}$$

由"虚断"得到由反相端流入放大器的电流为 0，则流过 R_1 和 R_F 的电流相等，由此可得
$$\frac{V_n}{R_1} = \frac{V_{out} - V_n}{R_F}$$

联合两式得

$$\frac{V_{out}}{V_{in}} = 1 + \frac{R_F}{R_1}$$

由上式可知，输出电压 V_{out} 与输入电压 V_{in} 之间满足一定的比例关系，且 V_{out} 总是大于等于 V_{in}；特别地，当 $R_F=0$ 或 $R_1=\infty$ 时，输出电压与输入电压完全相同（幅值相同，相位相同），也称该电路为电压跟随器。

同相比例运算电路不满足"虚地"条件，即运放的输入端存在较大的共模信号，在实际使用时要考虑这一因素，正确选择运放。由于同相比例运算电路的输入端具有"虚断"特性，由放大电路输入电阻定义可知，其输入电阻为无穷大，是高阻输入放大电路。

3. 差动放大电路

图 3-6 所示为差动放大电路，两个输入电压（V_a 和 V_b）分别从同相端和反相端输入。这个电路结构也就是减法电路，电阻 R_a 和 R_x 减小了输入到同相端的电压，采用叠加定理可以得到输出电压 V_o，因此，输出电压 V_{oa} 仅与输入电压 V_a 有关，然后求出输出电压 V_{ob} 仅与输入电压 V_b 有关。输出电压是 V_{oa} 和 V_{ob} 之和。

电压 v_+ 与输入电压 V_a 的关系为

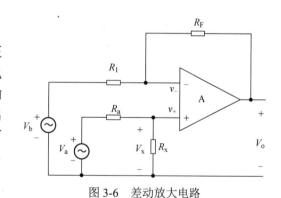

图 3-6　差动放大电路

$$v_+ = \frac{R_x}{R_x + R_a}V_a$$

又因为

$$V_{oa} = (1 + \frac{R_F}{R_1})v_+ = (1 + \frac{R_F}{R_1})(\frac{R_x}{R_x + R_a})V_a$$

$$V_{ob} = -\frac{R_F}{R_1}V_b$$

这样，总的输出电压为

$$V_o = V_{oa} + V_{ob} = -\frac{R_F}{R_1}V_b + (1 + \frac{R_F}{R_1})(\frac{R_x}{R_x + R_a})V_a$$

若 $R_a = R_1$ 且 $R_F = R_x$，则上式为

$$V_o = (V_a - V_b)\frac{R_F}{R_1}$$

差动放大器将两个输入端之间的电压差进行放大，而两输入端与其电源的参考点均不相连。差动放大器最适合电阻电桥信号的处理。常用的产品有INA143、INA105、INA132、AD628 等。图 3-7 所示为 INA143 内部框图。

3.1.3 仪表放大器电路

差动放大器的共模抑制比不高，输入阻抗不够高，在一些精度要求高的场合测量非线性误差较大。考虑到放大器同相比例电路输入阻抗极高，可由 3个运放构成一种具有极高输入阻抗的差动放大器，

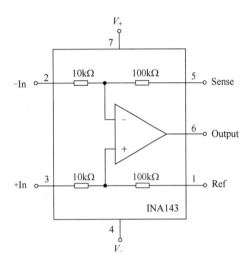

图 3-7　INA143 内部框图

称为仪表放大器。仪表放大器是具有很高输入阻抗的专用差动放大器。它的增益可以通过一个电阻精确地设定。仪表放大器具有高共模抑制能力，而且这一特征对于接收隐藏于大共模偏移和噪声中的小信号很有帮助。因此，仪表放大器常作为信号调理器在大量噪声中调理前级信号。仪表放大器电路如图 3-8 所示。放大器包括两级：第一级是差分级，每一个输入信号（u_1 或 u_2）直接与运算放大器的同相端相连，提供非常大的输入阻抗；第二级是差分放大器，提供低输出阻抗，同时满足电压增益的要求。

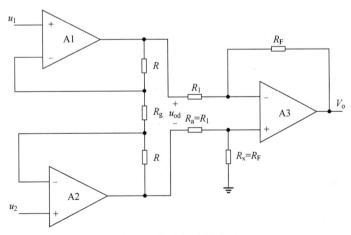

图 3-8　仪表放大器电路

输出电压 V_o 为

$$V_o = -u_{od} \frac{R_F}{R_1} = -(u_1 - u_2)(1 + \frac{2R}{R_g}) \frac{R_F}{R_1}$$

仪表放大器的输出增益通常取决于 R_g，如果不想改变增益，可以去掉 R_g，这样差分放大器由两个单位增益电压跟随器组成，使 $R_g = \infty$ 的固定增益的仪表放大器电路如图 3-9 所示。

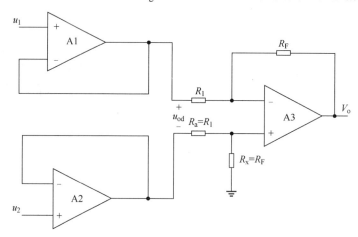

图 3-9　使 $R_g = \infty$ 的固定增益的仪表放大器电路

仪表放大器具有高共模抑制比、线性好、高输入阻抗、噪声低及可变增益等一系列优点。这类仪表放大器广泛做成集成电路形式，常用的产品有 INA128、INA141、AD620、AD623、MAX4194 等。图 3-10 所示为 INA128 内部框图。

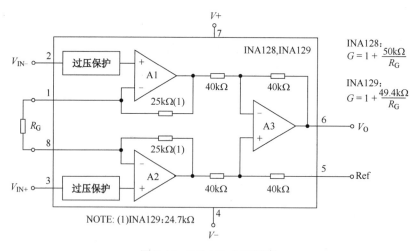

图 3-10　INA128 内部框图

3.1.4 可编程变量增益放大器电路

可编程变量增益放大器（PGA/VGA）是一种通用性很强的数据采集输入放大器，其放大倍数可以根据需要进行控制。采用这种放大器，可通过调节放大倍数，使 A/D 转换器满量程信号达到均一化，因此可以大大提高测量精度。可编程变量增益放大器一般采用集成专用芯片实现，集成 PGA/VGA 电路的种类很多，如 TI 公司的 PGA112、PGA113、VCA82x 等，以及 MCP6S21/2/6/8、AD8321 等，都属于可编程变量增益放大器。

PGA112 是具有 MUX 的零漂移可编程增益放大器，可提供 1、2、4、8、16、32、64、128 二进制增益，可针对系统级校准提供内部校准通道，增益切换时间为 200ns，增益设置时间为 2.55μs，而误差仅为 0.01%，采用 SPI 总线与处理器通信。图 3-11 所示为 PGA112 应用框图。

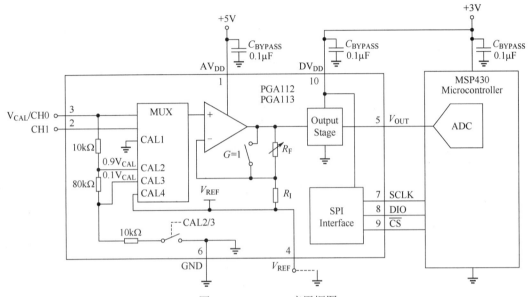

图 3-11　PGA112 应用框图

VCA821 器件是直流耦合宽带电压控制增益放大器，增益线性连续可变，可以实现数字自动增益控制（AGC），调节范围大于 40dB。利用线性放大和压缩放大等有效组合对输出信号进行调整。AGC 有两种控制方式：一种是利用增加 AGC 电压来减小增益的方式，称为正向 AGC；另一种是利用减小 AGC 电压来减小增益的方式，称为反向 AGC。正向 AGC 控制能力强，放大器两端阻抗变化也大；反向 AGC 所需控制功率小，控制范围也小。VCA821 增益可控放大电路如图 3-12 所示。

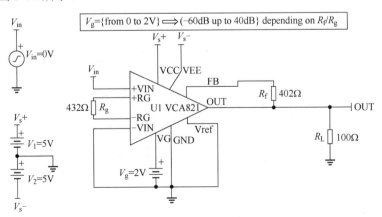

图 3-12　VCA821 增益可控放大电路

3.1.5　信号运算电路

1. 加法电路

加法运算放大电路可以求出多个模拟量的输入信号之和，在电路形式上可分为反相加法电路和同相加法电路。

反相加法电路如图 3-13 所示，它具有 3 个输入端，可以看出该电路是反相比例运算放大电路的扩展。利用"虚短""虚断"的特点，且满足"虚地"特征，可以做如下分析。

因为 $i=0$，所以 $i_1+i_2+i_3=i_F$；因为反相端"虚地"，即 $u_-=u_+=0$，所以反相加法电路输出电压为

$$u_o = -(\frac{R_F}{R_1}u_1 + \frac{R_F}{R_2}u_2 + \frac{R_F}{R_3}u_3)$$

上式表示输出电压 u_o 为输入信号 u_1、u_2、u_3 按权相加的结果。要改变某一信号的权值只要调整相应的输入电阻，而对其他各路不会造成影响，因此调节比较灵活方便。另外，由于"虚地"的存在，加在输入端的共模电压也很小，因此在实际工作中，反相输入方式的求和电路应用比较广泛。

图 3-14 所示为同相加法电路，输入信号 u_1、u_2、u_3 加到运放的同相输入端，而反相端 R_1、R_F 的接入是为了保证运放工作在线性区域而引入的深度负反馈。从图中可以看出，同相输入求和电路实际上是在同相比例运算放大电路的基础上扩展出来的，所以同相比例运算放大电路的结果可以直接使用。

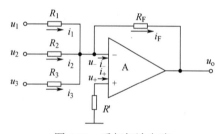

图 3-13　反相加法电路

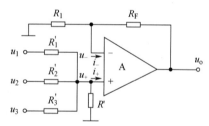

图 3-14　同相加法电路

利用"虚断"和叠加定理，可得输出电压为

$$u_o = (1+\frac{R_F}{R_1})(\frac{R_p}{R_1'}u_1 + \frac{R_p}{R_2'}u_2 + \frac{R_p}{R_3'}u_3)$$

由上式可知，u_o 为 u_1、u_2、u_3 按权相加的结果，且前面没有负号，即实现了同相相加。但式中的 $R_P=R_1//R_2//R_3//R'$，与各输入电阻都有关，当调节某一电阻以达到给定权值关系式时，其他各输入电压与输出电压的比值关系也将随之变化，常常需要反复调节才能将参数值最终确定，估算与调试过程比较麻烦。此外，由于不存在"虚地"现象，运放承受的共模输入电压也比较高。因此，在实际工作中，同相输入方式的求和电路不如反相输入方式的求和电路应用广泛。

2. 减法电路

减法运算放大电路一般有两种实现方法：一种是利用反相信号求和；另一种是利用运放

本身具有的差分特性构成的减法电路。

利用反相电路和加法电路实现的减法运算电路如图 3-15 所示，其中运放 A1 构成的第一级为反相比例运算放大电路，A2 构成的第二级为反相输入方式的加法电路，其输入输出关系为

$$u_{out} = \frac{R_{F2}R_{F1}}{R_3 R_1}u_1 - \frac{R_{F2}}{R_2}u_2$$

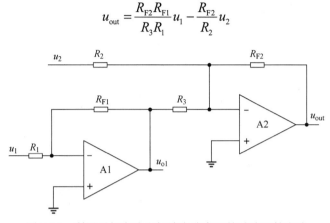

图 3-15　利用反相电路和加法电路实现的减法运算电路

由此可知，实现了两个信号的加权相减运算。

此外，还可以利用运算放大器同相和反相端构成的减法电路，如图 3-16 所示。从电路结构上来看，它是反相输入比例运算放大电路和同相输入比例运算放大电路相结合而构成的电路。由于是线性应用，可以采用叠加原理将运放输出 u_{out} 分为输入信号 u_1 与 u_2 分别单独作用时输出结果值 u_{o1} 与 u_{o2} 的代数和，分析出电路的输入输出关系为

$$u_{out} = (1 + \frac{R_F}{R_1})\frac{R_3}{R_2 + R_3}u_2 - \frac{R_F}{R_1}u_1$$

选取合适的 R_1、R_2、R_3、R_F 电阻，即可实现两个信号的加权相减。差分式放大电路除了可作为减法运算单元，还经常被用作测量放大器，在很多自动化检测仪器中得到广泛应用。

3. 微分电路

图 3-17 所示的微分电路是利用流过电容的电流 i_C 与电容两端的电压 u_C 之间存在着微分关系这一性能，结合运算放大器"虚短""虚断"特性实现的。

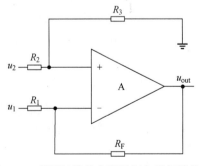

图 3-16　利用运算放大器同相和反相端构成
　　　　　的减法电路

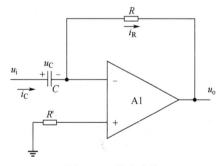

图 3-17　微分电路

电路的输入输出关系为

$$u_o = -i_R R = -i_C R = -RC\frac{du_i}{dt}$$

由此可知，输出电压 u_o 正比于输入电压 u_i 对时间的微分。

微分电路的应用很广泛，在脉冲数字电路中，微分电路常用来做波形变换，如可将矩形波变为尖顶脉冲波；也可做移相电路，如输入为正弦波电压 $u_i = U_{im}\sin\omega t$，通过微分电路后其输出将变成 $u_o = -RC\frac{du_i}{dt} = -\omega RC U_{im}\cos\omega t$，实现了滞后90°的移相效果。

4．积分电路

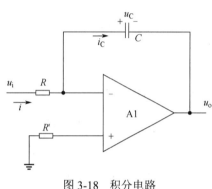

图 3-18　积分电路

积分是微分的逆运算，也是一种应用比较广泛的模拟信号运算电路，它既是组成模拟计算机的基本单元，也是控制和测量系统中常用的重要单元，利用电路的充放电过程可以实现延时、定时，以及各种波形的产生等。只要把微分电路中的 R、C 位置互换，就可以构成基本的积分电路，如图 3-18 所示。

利用电容两端电压和流过电流的关系和理想运算放大器在线性区域的"虚断""虚短"特点，即可得到输入输出关系为

$$u_o = -u_C = -\frac{1}{C}\int\frac{u_i}{R}dt = -\frac{1}{RC}\int u_i dt$$

上式表示输出电压 u_o 为输入电压 u_i 对时间的积分，负号表示它们是反相的，其中 RC 为时间常数，用符号 τ 表示。

特别地，当在电路初始工作时，电容两端已经存在一个初始电压 $U_C(0)$，使输出端电压为 $U_o(0)$，则输出电压应表示为

$$u_o(t) = -\frac{1}{RC}\int u_i dt + U_o(0)$$

3.1.6　信号隔离电路

信号隔离技术是指使用隔离元件在传输链路上切断信号发送端与接收端之间的电气连接。允许发送和接收端外的地或基准电平之差值可以高达几千伏，并且防止了可能损害信号的不同地电位之间的环路电流。隔离可将信号分离到一个干净的信号子系统地，使传感器、仪器仪表或控制系统与电源之间互相隔离，从而保证整个系统装置的工作安全、可靠及稳定。

模拟信号隔离所考虑的电路参量完全不同于数字信号。模拟信号首先要考虑精度或线性度、频率响应、噪声等，然后是对电源的要求，电源要求高隔离、高精度、低噪声。

模拟信号的隔离方案主要有隔离放大器和线性光耦两种。

1．隔离放大器

隔离放大器是一种特殊的测量放大电路，其输入、输出和电源电路之间没有直接电路耦

合，即信号在传输过程中没有公共的接地端。

隔离放大器能在输入与输出之间保持电气隔离的同时，实现输出电压与输入电压的线性传输。隔离放大器符号如图 3-19 所示，其输入和输出之间的信号端口和电源端口都是电气隔离的。

隔离放大器常用于工业自动化和医疗领域，用来防止漏电，保障人身安全；在电力系统等高压危险场合，能保护仪器，避免漏电，消除干扰。

就隔离对象而言，隔离放大器有两端口隔离和三端口隔离两种。两端口隔离（简称两端隔离）是指输入信号部分和输出信号部分电气隔离；三端口隔离是指信号输入、信号输出和电源 3 个部分彼此隔离。隔离的媒介主要有电磁隔离（变压器隔离）、光电隔离和电容隔离 3 种。

变压器耦合隔离放大器（见图 3-20）线性度高、隔离效果好，带宽较窄（在 1kHz 以下）、体积大、工艺复杂、成本高，一般器件的封装为非标准集成电路封装，但把隔离电源也固化在器件内，甚至可实现三端隔离。通过引脚将电源输出，可外接负载，不需要另配隔离 DC-DC 变换器，使用方便，常见的有 AD202、AD204、AD210、AD277、3656 和 GF289 等。

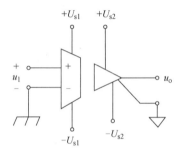

图 3-19　隔离放大器符号

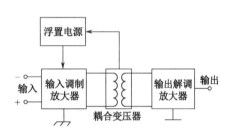

图 3-20　变压器耦合隔离放大器

AD204 为变压器耦合两端口隔离放大器，最大隔离电压为 ±1000V（峰-峰值），最大非线性误差为 ±0.025%。片内集成有隔离电源用来给隔离输入级供电，同时连到引脚，可作为外围电路（如传感器、运放等）电源。AD204 内部框图如图 3-21 所示。

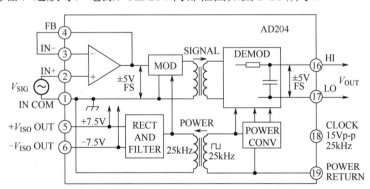

图 3-21　AD204 内部框图

有时用隔离放大器放大信号时，电源由信号输入部分的电路供给，这时采用 AD204 不合适。为了能灵活选择隔离放大器驱动电源所在位置，有些隔离放大器采用三端口隔离方式，即信号输入端口、信号输出端口、驱动电源端口分别电气隔离。

　　光耦合隔离放大器（见图 3-22）结构简单、成本低、带宽可达到 60kHz，但线性度、隔离性能和温度稳定性较差，器件本身不带隔离电源，需另接隔离 DC-DC 变换器，常见型号有 ISO100、BGF01 等。

　　ISO100 是光耦合隔离放大器。采取 LED 产生耦合光，耦合光负反馈回输入端，同时向前传输到输出端的措施，实现了高精确度、线性化和长时间温度稳定性。精细匹配光耦合对放大器采用激光修正，确保了其卓越的统调性能和低失调误差。ISO100 可作为一个电流-电压变换器，能有效地断开输入端与输出端之间公共电流的联系，具有超低漏电流，在 240V、60Hz 时最大漏电流为 0.3μA。ISO100 内部框图如图 3-23 所示。

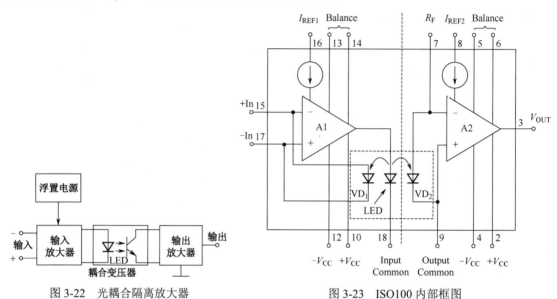

图 3-22　光耦合隔离放大器　　　　　　　　图 3-23　ISO100 内部框图

　　电容耦合隔离放大器引出线少，使用方便，但需使用调制解调技术，其频带宽度不及光电耦合型隔离放大器。

　　ISO124 是一款电容隔离的高精度隔离放大器，该放大器采用了全新的占空比调制-解调技术。信号以数字的形式通过 2pF 差动电容隔离层进行传输。通过数字调制，其隔离层特点不但不会影响信号完整性，而且为隔离层提供出色的可靠性和优秀的高频瞬变抗扰性。两种隔离层电容器都嵌入封装的塑料主体内。ISO124 内部框图如图 3-24 所示。

　　ISO124 易于使用，无须外部组件即可运行。ISO124 器件具有最大 0.010%的非线性值、50kHz 信号带宽和 200μV/℃ VOS 漂移，可工作在±4.5V 至±18V 的电源范围，典型静态电流为±5mA（采用 VS1 时）和±5.5mA（采用 VS2 时），广泛适用于各种测控应用系统中。

2. 线性光耦

　　除了使用专用的隔离放大器，模拟信号的隔离也可以使用线性光耦。线性光耦的隔离原理与普通光耦没有差别，只是将普通光耦的单发单收模式稍加改变，增加一个用于反馈的光接收电路用于反馈。虽然两个光接收电路都是非线性的，但两个光接收电路的非线性特性都是一样的，这样就可以通过反馈通路的非线性来抵消直通通路的非线性，从而达到实现线性隔离的目的。市场上的线性光耦有 HCNR200/201、TIL300、LOC111 等。图 3-25 所示为采用

HCNR200/201 实现模拟信号隔离的应用电路。

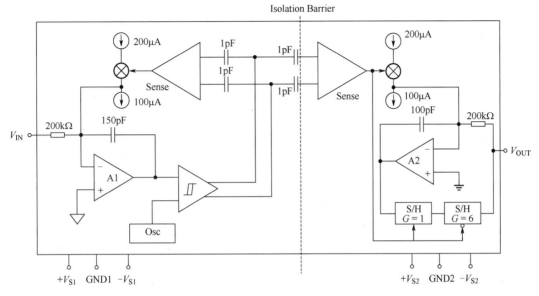

图 3-24　ISO124 内部框图

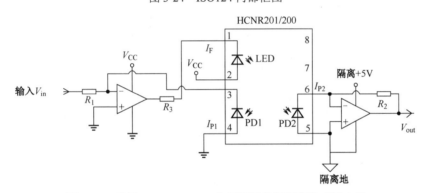

图 3-25　采用 HCNR200/201 实现模拟信号隔离的应用电路

3.1.7　信号滤波电路

　　测控系统中，常用到滤波器实现选择频率的功能，使一部分频率范围内的信号通过，另一部分频率范围内的信号衰减。滤波器主要用来去除无用信号、噪声、干扰信号及信号处理过程中引入的信号，分离不同频率的有用信号，也可以对测量仪器或控制系统的频率特性进行补偿。

　　根据滤波器所处理信号的性质，可分为模拟滤波器和数字滤波器；根据构成滤波器的元件类型，可分为 RC、LC 或晶体谐振滤波器；根据构成滤波器电路的性质，可分为无源滤波器和有源滤波器；根据滤波器的频率筛选特性，可分为低通滤波器（LPF）、高通滤波器（HPF）、带通滤波器（BPF）、带阻滤波器（BEF）和全通滤波器。

1. 滤波器性能参数

考察滤波器性能的主要参数有纹波幅度、截止频率、带宽、品质因数、倍频程选择性等，如图 3-26 所示。

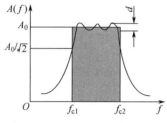

图 3-26　滤波器的主要参数

（1）纹波幅度 d。在通带范围内，实际滤波器的幅频特性可能呈波纹变化，称为波动幅度 d。d 越小越好，一般应小于 -3dB，有时用 d 与幅频特性平均值 A_0 的比值表示。

（2）截止频率 f_c。幅频特性值等于 $0.707A_0$ 所对应的频率称为滤波器的截止频率。以 A_0 为参考值，$0.707A_0$ 对应于 -3dB 点，即相对于 A_0 衰减 3dB。若以信号的幅值平方表示信号功率，则所对应的点正好是半功率点。

（3）带宽 B 和品质因数 Q 值。上下两截止频率之间的频率范围称为滤波器带宽或 -3dB 带宽，单位为 IIz。带宽决定着滤波器分离信号中相邻频率成分的能力——频率分辨力。

对于带通滤波器，通常把中心频率 f_0（$f_0 = \sqrt{f_{c1} \cdot f_{c2}}$）和带宽 B 之比称为滤波器的品质因数 Q。例如，一个中心频率为 500Hz 的滤波器，若其 -3dB 带宽为 10Hz，则称其 Q 值为 50。Q 值越大，表明滤波器频率分辨力越高。

（4）倍频程选择性 W。倍频程选择性是指在上截止频率 f_{c2} 与 $2f_{c2}$ 之间，或者在下截止频率 f_{c1} 与 $f_{c1}/2$ 之间幅频特性的衰减值，即频率变化一个倍频程时的衰减量。

$$W = -20\lg \frac{A(2f_{c2})}{A(f_{c2})}$$

$$W = -20\lg \frac{A(f_{c1}/2)}{A(f_{c1})}$$

2. 运放组成的滤波器结构

RC 无源滤波器的电阻会产生功率损耗，不仅会衰减不需要的信号，也会衰减有用的信号，因此低频信号经常采用有源滤波器。有源滤波器通常是由 RC 网络和运算放大器组成的，主要分为低通、高通、带通和带阻 4 种形式。采用有源滤波器形式，容易实现由低阶滤波器串联构成高阶滤波器。测控系统中，二阶滤波器可以解决很多情况下的滤波需求。

二阶有源低通滤波器电路结构如图 3-27（a）所示。

电路的参数如下。

$$H(s) = \frac{V_0(s)}{V_i(s)} = \frac{\omega_0^2}{s^2 + \frac{\omega_0}{Q}s + \omega_0^2}$$

$$\omega_0 = \frac{1}{\sqrt{R_1 R_2 C_1 C_2}}$$

$$\frac{1}{Q} = \sqrt{\frac{C_2 R_2}{C_1 R_1}} + \sqrt{\frac{C_2 R_1}{C_1 R_2}}$$

不同的 Q 值对应的幅频特性如图 3-27（b）所示。

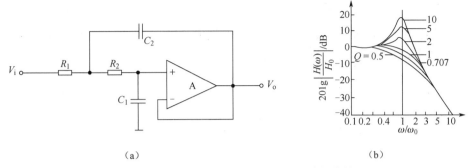

（a）　　　　　　　　　　　　（b）

图 3-27　二阶有源低通滤波器电路结构与特性

高通滤波器在电路结构上将电阻和电容位置互换即可得到，其频率响应和低通滤波器是"镜像"关系，二阶有源高通滤波器电路结构如图 3-28（a）所示。

电路的参数如下。

$$H(s) = \frac{V_0(s)}{V_i(s)} = \frac{s^2}{s^2 + \dfrac{\omega_0}{Q}s + \omega_0^2}$$

$$\omega_0 = \frac{1}{\sqrt{R_1 R_2 C_1 C_2}}$$

$$\frac{1}{Q} = \sqrt{\frac{R_1 C_1}{R_2 C_2}} + \sqrt{\frac{R_1 C_2}{R_2 C_1}}$$

不同的 Q 值对应的幅频特性如图 3-28（b）所示。

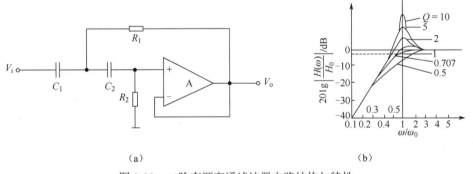

（a）　　　　　　　　　　　　（b）

图 3-28　二阶有源高通滤波器电路结构与特性

带通滤波电路的作用只允许在某一个通频带范围内的信号通过，而比通频带下限频率低和比上限频率高的信号都被阻断。带阻滤波器特性与带通滤波器相反，即在规定的频带内，信号不能通过（或受到很大衰减），而在其余频率范围，信号则能顺利通过，常用于抗干扰设备中。典型的带通和带阻滤波器可以从二阶低通滤波电路中将其中一级改为高通而成，在此不再展开。

3．专用滤波器芯片

除了采用通用运放组成滤波器，还可以采用滤波器芯片来实现滤波功能。通用滤波器

UAF42 是一款内置电容和运放的集成二阶滤波器，通过外置的少量电阻和电容，可以构成灵活的带通、低通和高通滤波器。众所周知，在滤波器设计时，运放的精度和温度稳定性是关键。UAF42 中集成了两片 0.5% 精度的 1000pF 的电容。图 3-29 所示为 UAF42 电路构成的一个 10kHz 的低通滤波器。

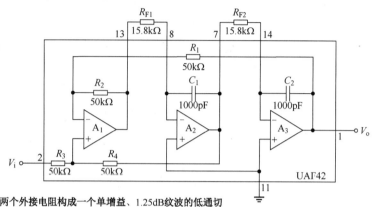

注：UAF 42 和两个外接电阻构成一个单增益、1.25dB 纹波的低通切比雪夫滤波器，根据电阻配置可知，截止频率为 10kHz。

图 3-29　UAF42 电路构成的一个 10kHz 低通滤波器

此外，还可以使用 R-2R 型的 DAC，如 DAC7812 或 TLC7528 来代替 R_{F1} 和 R_{F2}，即可组成程控滤波器。

4．滤波器辅助设计工具

滤波器辅助设计工具可以有效提高滤波器设计的效率，典型的软件有 TI 公司的 FilterPro，Microchip 公司的 FilterLab2.0 等，FilterWizPro、Filter Free、Filter Solution、Matlab 等工具也可以在不同场合完成滤波器的设计。

以 TI 公司的 FilterPro 为例，该工具软件使设计人员能够通过滤波器设计向导便捷地创建并编辑设计方案。用户可使用电压反馈运算放大器设计多反馈（MFB）、Sallen-Key、低通、高通、带通及带阻滤波器。可以通过软件实现各种功能，如调节无源元件容差、查看响应差异、缩放无源组件值，以及查看滤波器性能数据并将其导出到 Excel 等，从而可提供准确、稳健的滤波器设计引擎。

3.1.8　信号变换电路

1．电压-电流变换电路

电流源类信号具有内阻大的特点，对负载的阻抗变化不敏感，在远距离测试系统中，需要把电压信号变换成电流信号进行传输，以消除传输线阻抗对信号的影响；某些测试电路、传感器等需要恒流供电，以消除非线性和线路电阻等带来的误差。

电压-电流（V/I）转换的实质是把电压信号转换为恒流源，而恒流源的内阻远远大于负载的内阻。原则上来说，把电压信号转换为恒流源需采用输出阻抗高的电流负反馈电路。

V/I 转换分为两类：第一类是把输入电压（参考电位为地）信号转换为与负载电阻 R_L 几

乎无关的电流输出（恒流源特性）的信号；第二类是把电压基准转换为恒流源。

第一类电路如图 3-30（a）所示，流过电阻 R_1 的电流为

$$i_o = i_1 = \frac{v_s - v_d}{R_1} = \frac{v_s}{R_1}$$

这样流过负载电阻 R 的输出电流 i_o 仅仅取决于 v_s 和 R_1，而与 R 无关，对于确定的 R_1，i_o 与 v_s 成正比。注意，图 3-30（a）中没有端口与地相连，即负载是浮空的。这一结构的优点是没有共模信号（如噪声）出现在负载上。

运算放大器根本上是电压放大器，它们的载流能力有限，当所需电流超出运算放大器的电流输出能力后，就需要对图 3-30（a）做出改进以提高电流输出能力，如图 3-30（b）所示。

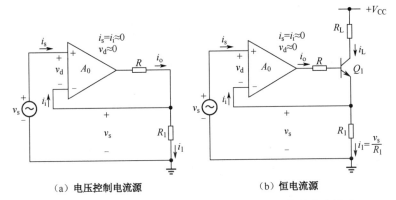

（a）电压控制电流源   （b）恒电流源

图 3-30 输入电压信号转换为与负载电阻 R_L 无关的电流输出

第二类带稳压基准的 V/I 转换电路如图 3-31 所示。

其输出电流为

$$I = \frac{U_z}{R_1}$$

其中，U_z 为稳压基准器件的电压输出值。

电流-电压（I/V）转换电路与 V/I 电路的作用相反，将电流信号转换为电压信号，如图 3-32（a）所示。

其输出电压 U_o 与电流 I 的关系为

$$U_o = -IR$$

此电路可应用于光电池电流信号的检测，如图 3-32（b）所示。

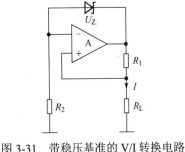

图 3-31 带稳压基准的 V/I 转换电路

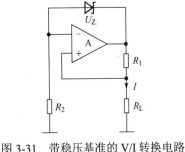

（a）电流放大器（I/V 转换）   （b）光电池 I/V 转换

图 3-32 电流-电压（I/V）转换电路

除了通用运算放大器组成的 V/I、I/V 转换电路，TI 公司还提供专用转换芯片 XTR110、XTR111、XTR300 等常用的 V/I 转换器，ADI 公司提供一系列的电流输出型 D/A 转换器，如

AD420、AD5410 也可以实现 V/I 转换。RCV420 可以将 4～20mA 输入信号转换成为 0～5V 输出信号，实现 I/V 转换。电压输出型的电流检测放大器 INA181、INA300 等也可以实现 I/V 变换。

2．电压-频率变换电路

电压/频率（V/F）变换电路与频率/电压（F/V）变换电路是一对变换电路，经常相伴出现。V/F 转换器能把输入信号电压转换成相应的频率信号，即它的输出信号频率与输入信号电压值成比例，频率-电压（F/V）转换器能把输入频率变化信号线性地转换为电压变化信号。该变换电路在调频、调相、锁相和 A/D 变换、远距离遥测遥控等技术领域得到非常广泛的应用。

通用的 V/F 变换器一般由通用运放和电容组成电荷平衡式或积分复原式 V/F 变换电路，而由通用运放组成的 F/V 变换器一般包括电平比较器、单稳态触发器和低通滤波器，结构比较复杂。因此，在实际应用中可以采用专用芯片来实现两者的关系变换。

TI 公司的 VFC110、LM231、LM331、VFC320、VFC32 可实现 V/F 转换，而 LM2907、LM2917 可以实现 F/V 转换。ADI 公司的 AD654、AD7740、AD7741、AD652、ADVFC32、AD537、AD650 可实现 V/F 转换。

VFC110 是高频 V/F 变换芯片，它内部具有积分器（含阻容元件）、开关电流源、比较器、单稳脉冲定时器、频率输出晶体管、5V 精密基准电压等，其中 5V 精密基准电压可供外接传感器及电桥使用。频率信号 f_{OUT} 集电极开路输出，连接适当的电源和上拉电阻，可方便地与 TTL 和 CMOS 接口，并可与光电隔离器件及脉冲变压器进行输出隔离。VFC110 最大输出频率可达 4MHz，在 2MHz 工作时线性度为 ±0.02%；其工作电源为 ±15V，典型电压输入值为 0～10V，VFC110 电路原理如图 3-33 所示，对于大多数情况，芯片在使用时无须外接其他元件。它可广泛应用于工业控制过程、电压隔离、压控振荡器和调频遥测等领域。

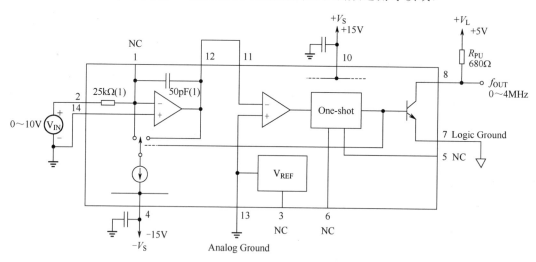

图 3-33　VFC110 电路原理

LM2917 为单片集成频率-电压转换器，芯片中包含了一个高增益的运算放大器/比较器，当输入频率达到或超过某一给定值时，输出可用于驱动开关、指示灯或其他负载。内含的转速计使用充电泵技术，对低纹波具有频率倍增功能。另外，LM2917 还带有完全的输入保护电路。在零频率输入时，LM2917 的输出逻辑摆幅为零，可应用于超速/低速检测、频率/电压转换（转速计）、测速表、手持式转速计、速度监测器、巡回控制、车门锁定控制、喇叭控制、触摸或声音开关等场合。LM2917 典型应用电路如图 3-34 所示。

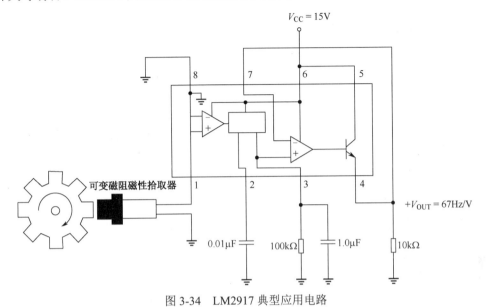

图 3-34　LM2917 典型应用电路

3.1.9　波形发生电路

在工程实践中，广泛使用各种类型的信号发生器，根据波形分类，有正弦波信号发生器和非正弦波信号发生器。从电路结构上看，它们是不需要外加输入信号而自行产生信号输出的电路。按照自激振荡的工作原理，采取正、负反馈相结合的方法，将一些线性和非线性的元件与集成运放进行不同组合，或者进行波形变换，即可灵活地构成各具特色的信号波形发生电路。

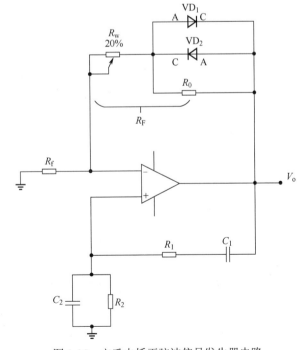

图 3-35　文氏电桥正弦波信号发生器电路

1. 正弦波信号发生器

文氏电桥正弦波信号发生器电路如图 3-35 所示。图中 R_1、C_1、R_2、C_2 串并联选频网络构成正反馈支路，R_F、R_0 构成负反馈支路，电位器 R_w 用于调节负反馈深度以满足起振条件和改善波形，并利用二极管 VD_1、VD_2 正向导通电阻的非线性自动调节电路的闭环放大倍数以稳定波形的幅值。即当振荡刚建立时，振幅较小，流过二极管的电流也小，其正向电阻大，负反馈减弱，保证了起振时振幅增大；但当振幅过大时，其正向电阻变小，负反馈加深，保证了振幅的稳定。二极管两端并联电阻 R_0 用于适当削弱二极管的非线性影响，以改善波形的失真。

由分析可知，为了维持振荡输出，必须使 $1+R_F/R_f=3$。为了保证电路起振，应使 $1+R_F/R_f$ 略大于 3，即 R_F 略大于 R_f 的 2 倍，R_F 可由 R_w 进行调整。

当 $R_1=R_2=R$，$C_1=C_2=C$ 时，电路振荡频率为

$$f = \frac{1}{2\pi RC}$$

R 的阻值与运放的输入电阻 r_i、输出电阻 r_o 应满足以下关系：$r_i>R>r_o$；为了减小偏置电流的影响，应尽量满足 $R=R_F/\!/R_f$。在工程设计中，往往在确定了 C 值以后，由上式计算出电阻 R 值，并采用电位器调试，以满足输出频率要求。为了提高电路的温度稳定性，VD_2 应尽量选用硅管，其特性参数尽可能一致，以保证输出波形正负半波对称的要求。在振荡频率较高的应用场合，应选用增益带宽积（GBP）较高的集成运放。

2．占空比可变的矩形波信号发生器

一个由运放组成的占空比可变的矩形波信号发生器电路如图 3-36 所示。由于存在 R_2、R_3 组成的正反馈，因此电路的输出电压 V_o 只能取 U_z 或 $-U_z$（U_z 为稳压管的稳压值），V_o 极性的正负决定着电容 C 上是否充电或放电。输出电压幅度由双向稳压管限幅所决定，并保证了输出方波正负幅值的对称性，R_4 为稳压管的限流电阻。

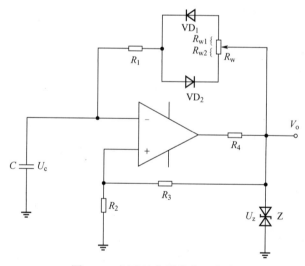

图 3-36　矩形波信号发生器电路

当 V_o 为正值时，二极管 VD_1 导通，VD_2 截止，电容 C 充电的时间常数为

$$\tau_1=(R_{w1}+R_{VD1}+R_1)C$$

当 V_o 为负值时，二极管 VD_2 导通，VD_1 截止，电容 C 放电的时间常数为

$$\tau_1=(R_{w2}+R_{VD2}+R_1)C$$

RC 电路总的充放电时间常数为

$$\tau = \tau_1+\tau_2=(R_w+R_{VD1}+R_{VD2}+2R_1)C$$

设 $t = t_1$ 时，U_c 的初始值为 $-\dfrac{R_2}{R_2 + R_3} U_z$，在 τ_1 时间内电容充电到 U_c 的值为 $\dfrac{R_2}{R_2 + R_3} U_z$，根据电容器电压随时间变化规律

$$U_c(t) = U_z \left[1 - \left(1 + \frac{R_2}{R_2 + R_3} \right) e^{-\frac{t}{\tau_1}} \right]$$

当 $t = T_1$（负脉冲宽度）时，$U_c = \dfrac{R_2}{R_2 + R_3} U_z$ 时，上式为

$$\frac{R_2}{R_2 + R_3} U_z = U_z \left[1 - \left(1 + \frac{R_2}{R_2 + R_3} \right) e^{-\frac{t}{\tau_1}} \right]$$

解上式可得

$$T_1 = \tau_1 \ln \left(1 + 2 \frac{R_2}{R_3} \right)$$

同理，正脉冲宽度

$$T_2 = \tau_2 \ln \left(1 + 2 \frac{R_2}{R_3} \right)$$

周期

$$T = T_1 + T_2 = (\tau_1 + \tau_2) \ln \left(1 + 2 \frac{R_2}{R_3} \right) = (R_w + R_{VD1} + R_{VD2} + 2R_1) C \ln \left(1 + 2 \frac{R_2}{R_3} \right)$$

占空比

$$\frac{T_2}{T_1} = \frac{R_{w2} + R_{VD2} + R_1}{R_{w1} + R_{VD1} + R_1}$$

　　除此以外，运算放大器还可以用来产生三角波、锯齿波、阶梯波等波形，在此不再一一展开。

3.1.10　功率放大电路

　　功率放大器是指在给定失真率条件下，能产生最大功率输出以驱动某一负载（如扬声器、电机）的放大器。功率放大器分为功率运算放大器、Class AB 音频功率放大器、Class D 音频放大器、功率 PWM 驱动器等。

　　OPA541 是 TI 公司的单片功率运算放大器，其封装及内部框图如图 3-37 所示，工作电压高达 540V，且可连续输出 5A 大电流（峰值电流高达 10A），内有过流保护电路，可用在伺服放大、音频功放和大功率电源中。除此以外，TI 公司的 LM675、OPA549、OPA569、TLE2301等，APEX 公司的 PA03、PA194 等，ST 公司的 L165 也是常见的功率运算放大器。

　　在驱动 MOSFET、IGBT 等功率开关器件时，常需要足够大的电流使开关迅速开启和关断，减少过渡时间。脉宽调制（PWM）功率驱动器是一种特殊的功率放大电路，专为在低电压至中等幅度的高压（范围为 5～60V）电路中需要大电流时的应用而设计。此类应用的负载包括电子机械式负载，如螺线管、线圈、制动器及继电器。产品集成了功率晶体管，与非集成的分离式电路相比，节约了可观的电路板面积。与线性驱动器的运作不同，脉宽调制运作的效率高

达 90%，有效地降低了功率浪费和热耗散，降低了对电源的要求。TI 公司的 DRV59x 系列的器件可通过模拟或数字控制，工作电压为 2.8～5.5V，内置全桥（H-bridge）输出开关串接至负载，单电源供电，允许双向电流流动。

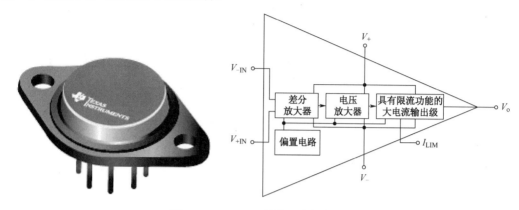

图 3-37   OPA541 封装及内部框图

DRV595 是一款高效、高电流功率驱动器，非常适合电源电压在 4.5～26V 之间的系统内驱动多种负载，最大可产生±4A 的输出电流。PWM 运行和低输出级导通电阻大大降低了放大器内的功率耗散。DRV595 具有短路、过热、过压和欠压等保护电路，故障被报告给处理器，从而避免过载情况下对器件造成的损坏。在 DRV595 中，信号比较、信号控制、信号调制、逆变电路 4 个模块已经集成化，它的信号控制模块采用 PI 算法，信号调制模块采用 PWM 型，逆变电路模块采用全桥结构，DRV595 内部框图如图 3-38 所示。DRV595 广泛应用于电力线通信（PLC）驱动器、热电冷却器（TEC）驱动器、激光二极管偏置、电机驱动器、伺服放大器等领域。

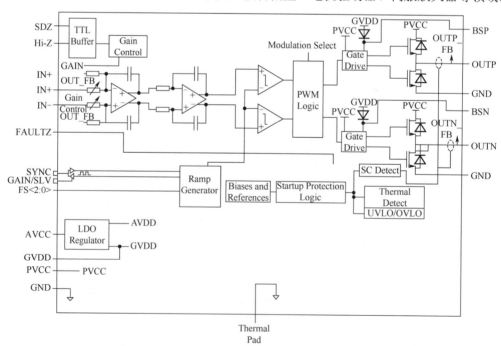

图 3-38   DRV595 内部框图

3.2 信号转换

测控系统涉及两种信号量：模拟信号和数字信号，它们之间的相互转换涉及模数转换器（ADC）和数模转换器（DAC）。ADC 是将连续的模拟信号转换为时间离散、幅度离散的数字化信号，从而可以被数字信号处理器或微控制器使用。DAC 与 ADC 相反，主要是将数字量转换为模拟量。

3.2.1 ADC 类型

由于输入的模拟信号在时间上是连续量，因此一般的 A/D 转换过程为取样、保持、量化和编码，如图 3-39 所示。

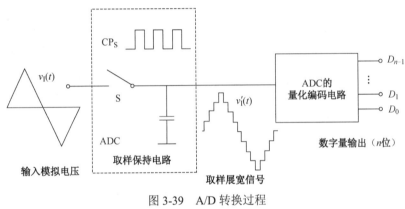

图 3-39 A/D 转换过程

常用的 ADC 分为逐次逼近型（SAR 型）、电容阵列逐次比较型、积分型、Δ-Σ 调制型、并行比较型及压频变换型。

1. 逐次逼近型（SAR 型）

SAR 型 ADC 由一个比较器和 D/A 转换器通过逐次比较逻辑构成，从 MSB 开始，顺序地对每一位将输入电压与内置 D/A 转换器输出进行比较，经 n 次比较而输出数字值。其电路规模属于中等，优点是速度较高、功耗低，在低分辨率（<12 位）时价格较便宜，但高精度（>12位）时价格很高。图 3-40（a）所示为逐次逼近型（SAR 型）ADC 的经典结构框图，首先在 S/H 模块中将模拟信号采样保持住，然后逐次比较寄存器最高位置 1，指示 D/A 转换器输出对应电压到比较器反相端与 V_{IN} 比较，若 V_{IN} 大于该电压，则比较器输出为 1，逐次比较寄存器采样到 1 保存最高位 MSB 为 1，反之为 0。依次比较直到最后一位，届时储存数据并输出，如图 3-40（b）所示。由上述过程可以看出，SAR 寄存器位数越多，逼近的越准确，但是所需的转换时间越长。

2. 电容阵列逐次比较型

电容阵列逐次比较型是为了提高 SAR 型 ADC 的总体转换速度，减少内部 DAC 的建立时间对速度的影响而提出的新型结构，如图 3-41 所示。现代 SAR 型 ADC 多数采用电荷重分配的 CDAC 输入结构，将采样保持与 DAC 合为一体。A/D 在内置 D/A 转换器中采用电容矩阵方式，也可以称为电荷再分配型，其转换方法依然采用 SAR 型 A/D 的对分法逐次逼近来实现。

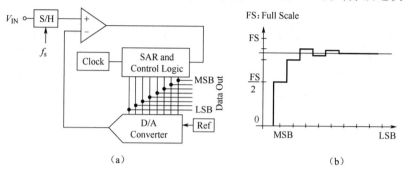

图 3-40 SAR 型 ADC 的经典结构框图和转换过程

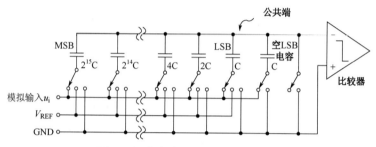

图 3-41 电容阵列逐次比较型 ADC

3. 积分型

积分型 ADC 是将输入电压转换成时间（脉冲宽度信号）或频率（脉冲频率），然后由定时器/计数器获得数字值。双积分型 A/D 转换器框图如图 3-42 所示。在实现过程中，未知的输入电压是被施加在积分器的输入端，并且持续一个固定的时间段（所谓的上升阶段），然后用一个已知的反向电压施加到积分器，这样持续到积分器输出归零（所谓的下降阶段）。也就是说，输入电压的计算结果实际是参考电压的一个函数，定时上升阶段时间和测得的下降阶段时间。下降阶段时间的测量通常是以转换器的时钟为单位，所以积分时间越长，分辨率越高。同样地，转换器的速度可以靠牺牲分辨率来获得提升。这种类型的 A/D 转换器可以获得高分辨率，但是通常这样做会牺牲速度。因此，这些转换器不适合用在音频或信号处理的场合。通常的典型应用就是数字电压计和其他需要高精度测量的仪表。

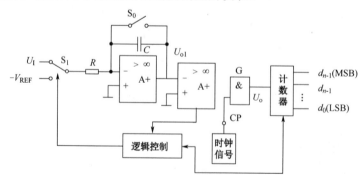

图 3-42 双积分型 A/D 转换器框图

4．Δ-Σ 调制型

Δ-Σ 调制型 ADC 通常包括两个模块：Δ-Σ 调制器和数字信号处理模块。Δ-ΣADC 内部结构如图 3-43 所示。从图中可以看出，原理上近似于积分型，将输入电压转换成时间（脉冲宽度）信号，用数字滤波器处理后得到数字值。电路的数字部分基本上容易单片化，因此容易做到高分辨率。

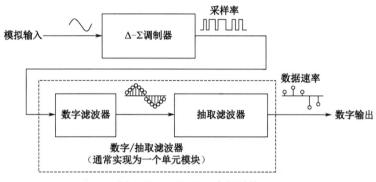

图 3-43　Δ-Σ ADC 内部结构

5．并行比较型

并行比较型 ADC 采用多个比较器，仅作一次比较而实行转换，又称为 Flash（快速）型，图 3-44 所示为 3 位并行比较型 ADC 结构。由于转换速率极高，n 位的转换需要 2^n-1 个比较器，因此电路规模极大，价格也高，适用于视频 A/D 转换器等速度特别高的领域。

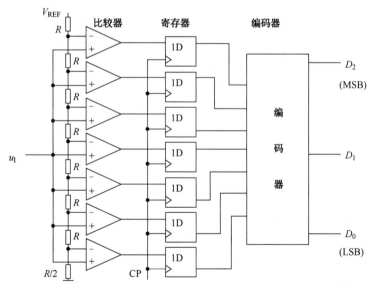

图 3-44　3 位并行比较型 ADC 结构

6．压频变换型

压频变换型 ADC 是通过间接转换方式实现模数转换的，其原理是首先将输入的模拟信号转换成频率，然后用计数器将频率转换成数字量。从理论上讲，只要采样的时间能够满足输出频率分辨率要求的累积脉冲个数的宽度，这种 A/D 的分辨率就可以无限增加。其优点是分辨率高、功耗低、价格低，但是需要外部计数电路共同完成 A/D 转换。

7. 流水线结构（Pipeline）

流水线结构 ADC 是一种高效和强大的模数转换器，由若干级级联电路组成，每一级包括一个采样/保持放大器、一个低分辨率的 ADC 和 DAC 及一个求和电路，其中求和电路还包括可提供增益的级间放大器。n 位转换器分成两段以上的子区（流水线）来完成。首级电路的采样/保持器对输入信号取样后先由一个 m 位分辨率粗 A/D 转换器对输入进行量化，然后用一个至少 n 位精度的乘积型 D/A 转换器产生一个对应于量化结果的模/拟电平并送至求和电路，求和电路从输入信号中扣除此模拟电平，并将差值精确放大某一固定增益后交下一级电路处理。经过各级这样的处理后，最后由一个较高精度的 K 位细 A/D 转换器对残余信号进行转换。将上述各级粗、细 A/D 转换器的输出组合起来即构成高精度的 n 位输出。

逐次逼近型、积分型、压频变换型等 ADC 主要应用于中速或较低速、中等精度的数据采集和智能仪器中。流水线结构 ADC 主要应用于高速情况下的瞬态信号处理、快速波形存储与记录、高速数据采集、视频信号量化及高速数字通信技术等领域。Δ-Σ 型 ADC 主要应用于高精度数据采集领域。

3.2.2 ADC 技术指标

1. 转换精度

单片集成 A/D 转换器的转换精度是用分辨率和转换误差来描述的。

分辨率以输出二进制数的位数表示分辨率，n 位 ADC 能分辨出 $\dfrac{U_{im}}{2^n-1}$，其中 U_{im} 为最大输入模拟电压。例如，若 12 位 ADC 且 U_{im} =3.3V，则分辨率为 $\dfrac{3.3}{2^{12}-1}$ =0.8mV。显然位数越多，分辨率越高。若双极性 ADC 且输入电压范围（$-U_{im}$～$+U_{im}$）位数为 n，则分辨率为 $\dfrac{2U_{im}}{2^n-1}$。

转换误差表示 A/D 转换器实际输出的数字量和理论上的输出数字量之间的差别。

2. 转换速度

转换速度是指完成一次转换所需的时间。转换时间是指从接到转换控制信号开始到输出端得到稳定的数字输出信号所经过的这段时间。采用不同的转换电路，其转换速度是不同的。并行比较型比逐次逼近型 ADC 快得多，双积分型 ADC 转换速度最慢。低速的 ADC 为 1～30ms，中速的 ADC 为微秒级，高速的 ADC 约为纳秒级。

3. 信噪比（SNR）

A/D 转换器的噪声特性用信噪比（SNR）来衡量。SNR 中的 S 是输入基频的有效功率，N 是在奈奎斯特频带范围内除直流分量和基频以外的所有谐波的有效功率之和，即

$$\text{SNR(dB)} = 20\lg\frac{信号有效值}{噪声有效值} = 20\lg(\frac{(2^{N-1}\times q/\sqrt{2})}{q/\sqrt{12}})$$

其中，N 为分辨率；SNR 是通过计算得到的值，它代表了信号有效值和噪声有效值之间的比值。

4. 信纳比（SINAD）

信纳比是指信号与噪声加谐波失真比，是 ADC 满量程单频理想正弦波输入信号与输出信号的奈奎斯特带宽内的全部其他频率分量的总有效值之比。

$$\text{SINAD} = 20\lg(\frac{P_s}{P_N + P_D})$$

其中，P_s 是基波信号功率，P_N 是所有噪声频率分量的功率之和，P_D 是所有失真频率分量的功率之和。因此，SINAD 肯定会小于 SNR 的值。

5. 输入动态范围（D）

输入动态范围是指 A/D 转换器所能分辨的最大信号和最小信号的比值，用 dB 表示。对于 n 位的 A/D 转换器来说，它的输入动态范围为

$$D = 20\lg(2^n - 1)$$

6. 谐波失真（THD）

谐波失真是指预先给定谐波分量的功率和与输出信号的功率之比，与谐波（常取 2～5 次或 2～7 次谐波）幅度的均方根值的平方及基波幅度的均方根值平方之比相关。

$$\text{THD} = 20\lg\sqrt{\frac{v_{f2}^2 + v_{f3}^2 + \cdots + v_{f7}^2}{v_{f1}^2}}$$

THD 也可以由 FFT 的谱图得到。

7. 有效位（ENOB）

有效位是一种有助于量化动态范围性能的参数，对于正弦波输入信号，可以利用 SINAD 来估算出 ADC 的有效位数。

$$\text{ENOB} = \frac{\text{SINAD} - 1.76}{6.02}$$

8. 无杂散动态范围（SFDR）

无杂散动态范围（SFDR）是指信号的均方根值与最差杂散信号（无论它位于频谱中何处）的均方根值之比。最差杂散可能是原始信号的谐波，也可能不是。所以，SFDR 值越大说明系统的噪声水平越低，灵敏度越高。

9. 非线性误差

非线性误差包括微分非线性（DNL）和积分非线性（INL）。
DNL：两个相邻代码之间变化 1LSB 时测量值和理想值之间的偏差。

INL：描述了与理想 ADC 的线性传输曲线的偏离，它是对传输函数直线度的测量，且大于微分非线性。

3.2.3　ADC 选型

在挑选 ADC 时，除了需要考虑上述讨论的 ADC 的主要指标，还需要考虑 ADC 与处理器的数据接口等问题，可以通过以下步骤来实现。

1. 确定 ADC 的类型

从前面对几种 ADC 的结构和特点分析，不难发现这几种 ADC 在采样速度、分辨率等方面各有优势，其中 Δ-Σ 型 ADC 由于采用过采样、噪声整形和数字滤波来满足高精度，其有效采样速度受到限制，而分辨率相对比较高；Pipeline 型 ADC 与之相反，其采样速度可以高达 2GSPS，而采样的精度受到了限制；逐次逼近型 ADC，即 SAR 型 ADC 处于两者中间，具有高精度、低功耗的特点，其采样率一般最高可达 5MSPS。

在测控系统中，会遇到各种各样的模拟信号量，不同的信号在带宽和精度上有不同的要求，如图 3-45 所示。

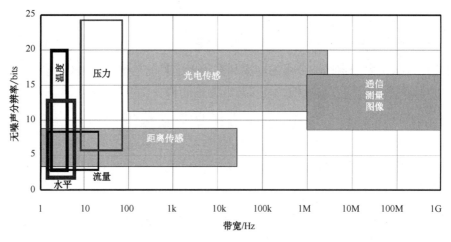

图 3-45　不同信号的特点

结合以上两点，不同类型的 ADC 有着不同的应用场景。在测控系统中，绝大多数都与 SAR 型和 Δ-Σ 型 ADC 打交道，它们超高的直流精度、中等的采样率及低功耗都符合我们的要求。三类 ADC 性能的特点如表 3-1 所示。

表 3-1　三类 ADC 性能的特点

特　　　性	SAR 型 ADC	Δ-Σ 型 ADC	Pipeline 型 ADC
吞吐率	++	++	+++
分辨率	++	+++	+
延迟	+++	−	+
非周期性多通道信号采集 （多路复用）	+++	−	−
功耗	低	低	高

这三类 ADC 在应用场景上也会各有侧重，具体应用场合如表 3-2 所示。

表 3-2　三类 ADC 的应用场合

应用场景	传感器信号	医疗	检测与测量	音频	通信，图像
信号分类	温度、湿度、压力、电压、电流等	生理电信号	工业探伤、颤动检测、电机控制等	交流信号	宽带、高速
信号特点	小信号，变化慢，DC 为主	Hz 级微弱信号的提取，宽动态范围	瞬时采样，DC-kHz 信号	20～20kHz，宽动态范围，低失真度	MHz 信号，大带宽，宽动态范围
SAR 型 ADC	+++	+	+++	+	-
Δ-Σ 型 ADC	+++	+++	—	+++	-
PiPeline 型 ADC					+++

2. 确定 ADC 的采样率和精度

在大致确定选择 ADC 类型后，进一步根据感兴趣信号的频率和带宽确定所需的采样方式是过采样还是欠采样，从而确定 A/D 转换所需的采样率。在精密数据采集信号链中，通常采用过采样的方式来确保时域的精确度，降低带内噪声，前端滤波器通常采用低通滤波器；针对高中频的带通信号，通常采用欠采样的方式，把带通信号搬移到低频段进行处理。

ADC 的精度分为两种情况，高精度采样中关注信号的时域特性，如在针对直流信号的采样中需要确保 ADC 的最小分辨率（LSB）和满量程输入范围满足设计要求，同时要确保整个系统的噪声小于 LSB/2，这些噪声包括驱动运放的噪声以及 PCB 布局布线中引来的噪声。例如，一个电子秤中的压力传感器在 0～2kg 的输入压力下可以输出 20mV 的电压信号，为了满足体重秤精确到 1g 的要求（提供 2kg/1g=2000 个读数），需要模拟处理电路和 ADC 在 20mV 的满量程输出电压信号中能划分出 2000 个区间，此时如果不将信号放大，需要的 ADC 的最小分辨率（LSB）为 20mV/2000=10μV，根据 ADC 最小分辨率的计算公式 $LSB=Fs/2^n$，如果选用的 ADC 满量程输入范围 Fs 为 4.096V，那么可以反推出 n 应取大于 18.65；如果将信号放大 100 倍，则所需的 ADC 的最小分辨率为 2V/2000=1mV。同样，如果 ADC 的满量程输入范围 Fs 为 4.096V，只需一个 12 位的 ADC 就可以满足要求。

而高速应用中关注的是 ADC 的频域特性，即 ADC 的可重复性，主要包括 ADC 的频域指标 SINAD 和 SFDR。

3. 确定 ADC 模拟输入

下面需要看 ADC 模拟输入端的输入信号。在 ADC 的模拟输入端，需要考虑的问题如下。
（1）ADC 的模拟输入端方式是单端输入、伪差分输入还是差分输入？
（2）信号的通道数，是否需要多通道同步采样，还是采用分时复用输入？
（3）信号的极性和 ADC 输入的极性。
（4）信号的大小和 ADC 满量程输入的范围等。

4. 模拟输入端方式

单端信号（Single-end）是相对于差分信号而言的，单端输入是指信号由一个参考端和一个信号端构成，参考端一般为地端。单端信号方式如图 3-46 所示。

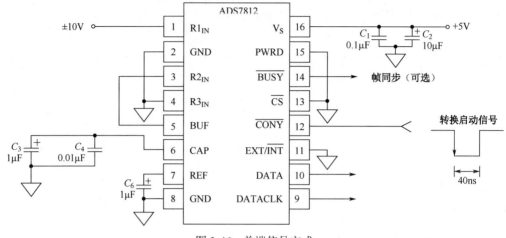

图 3-46　单端信号方式

差分信号（Differential）是将单端信号进行差分变换，输出两个信号，一个与原信号同相，一个与原信号反相。差分信号波形如图 3-47 所示。差分信号有较强的抗共模干扰能力，适合较长距离传输，单端信号则没有此功能。

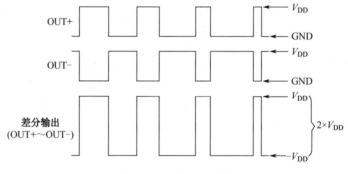

图 3-47　差分信号波形

当信号受干扰时，差分的两根线会同时受到影响，但电压差变化不大；而单端输入的一线变化时，GND 不变，所以电压差变化较大。

差分信号和普通的单端信号相比，最明显的优势体现在以下 3 个方面。

（1）干扰能力强，因为两根差分信号线之间耦合很好，当外界存在噪声干扰时，几乎是同时被耦合到两条线上，而接收端关心的只是两信号的差值，所以外界的共模噪声可以被抵消。

（2）能有效抑制 EMI，同理，由于两根信号的极性相反，它们对外辐射的电磁场可以相互抵消；两信号线耦合得越紧密，泄放到外界的电磁能量越小。

（3）时序定位精确，由于差分信号的开关变化是位于两个信号的交点，而不像普通单端信号依靠高低两个阈值电压判断，因此受工艺、温度的影响小，能降低时序上的误差，同时也更适合用于低幅度信号的电路。目前流行的 LVDS（Low Voltage Differential Signaling）就是这种小振幅差分信号技术。

图 3-48 所示为典型全差分 ADC 电路，全差分即输入和输出均为差分的电路。

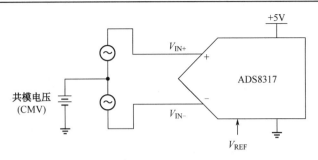

图 3-48　典型全差分 ADC 电路

　　伪差分输入方式如图 3-49 所示，为了既有差分输入的优点又有单端输入简单的优点，通常把信号地连到 ADC 的 V_{IN-} 端来实现一种类似差分的连接。其实质上还是单端输入，因为 V_{IN-} 上的信号并不被采样、保持和转换，而是作为共模抑制端用来消除 V_{IN+} 和地平面上的共模噪声。

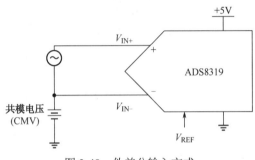

图 3-49　伪差分输入方式

　　差分输入的高精度 SAR 型 ADC 拥有非常卓越的动态特性，因为差分信号天生拥有共模噪声抑制特性，可抑制偶次谐波，并在相同满量程输入的条件减小差分对上的信号摆幅，从而减少失真。

5. 模拟采样通道数

　　根据 ADC 的采样通道数量，可分为单通道采样和多通道采样，单通道比较简单，这里不再赘述。

　　多通道采样分为同步采样和分时复用采样，在对各个输入通道的信号相位有严格同步要求时（如三相交流电的电流和电压信号，其相位关系提供了瞬时功率、功率因数等信息），需要使用多个 ADC 在同一时刻采样，即为同步采样。图 3-50 所示为 ADS8361 的 6 通道同步采样，它在三相电同步采样中得到广泛应用。

　　在测控系统的应用场合中，多数情况下各个通道的模拟信号间是没有相位关系的，如温度、湿度、压力信号，它们无须用同步采样来保持相位信息，这时采用多路复用器配合一个单通道 ADC 就可以满足多通道采样的需求，图 3-51 所示为 ADS795× 系列的多通道分时复用采样。采用多路复用器和单 ADC 构建的多通道采样系统，应注意各个通道的建立时间和分配到各通道的采样速率是否足够，若使用 Δ-Σ 型 ADC，通道的切换与采样周期同步非常重要，否则会引起数字滤波器的建立错误。

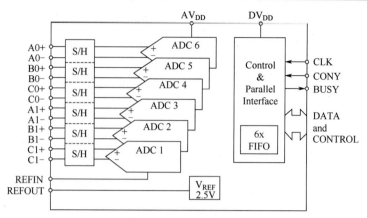

图 3-50　ADS8361 的 6 通道同步采样

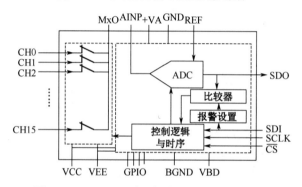

图 3-51　ADS795×系列的多通道分时复用采样

6. 模拟输入极性

单极性信号是指信号幅度范围均在 0V 以上，对应的单极性输入的 ADC 只能接受 0V 以上的信号输入，对于 0V 以下的信号则被忽略。因此，在需要对同时含有正负信号的双极性信号进行处理时，一般是将这些电平抬升到 0V 以上处理，这样就可以被单极性输入的 ADC 所接受。当然，如果 ADC 的输入能够接受双极性信号，就只能考虑输入信号的大小是否满足 ADC 满量程输入的范围。

7. ADC 满量程输入的范围

应控制给 ADC 的模拟输入信号幅度不超过 ADC 的满量程范围。通常，留出一定的净空是很好的设计习惯，虽然这样会损失一些动态范围，但是对控制运放的输出级失真和 ADC 输入级饱和/失真都有很好的帮助。

在某些情况下输入信号幅度超过 ADC 满量程，需要在送入 ADC 前对输入信号预先进行调理，否则可能会损害 ADC。调理电路变换输入信号的极性和大小来满足 ADC 的性能指标，并对 ADC 输入端进行过压保护。

8. 确定 ADC 的参考输入

ADC 电路中的参考电压在整个数据转换中处于非常重要的位置，因为 A/D 转换之后的结果是一个数字量，这个数字量 N 和实际的输入电平通过参考电压，即 V_{REF} 来产生关联。

$$N = \frac{V_{\text{IN}}}{V_{\text{REF}}} 2^n$$

从上式中可以清晰地看出 V_{REF} 的准确程度，即参考电压电路提供的参考电压的精度在一定程度上影响了 A/D 转换的精度。

电压基准实际上是非常有用的电路，在 ADC 和 DAC 电路中，它为输入（或输出）模拟电压提供一个恒定参考，从而决定输出（或输入）数字信号的大小；在电源电路中，它给输出电压提供一个参考，结合负反馈电路使得输出恒定；在电压检测和比较电路中，它提供一个门限电压。

9. 确定 ADC 高速数据采集系统中的时钟系统

对于高速数据采集系统，还需要特别关注时钟。高速 ADC 的动态特性的最大瓶颈在于采样抖动，包括采样保持电路的孔径抖动（来自 ADC 自身）和采样时钟的抖动（来自采样时钟电路）。抖动是由于采样时刻的不确定性带来的采样误差，在每个时钟周期采样时刻的不确定性，导致数字化后幅度的不确定性，这种不确定性导致 ADC 采样的可重复性大大降低，而可重复性决定了 ADC 的频域性能。由此可见，频域性能受采样抖动的影响非常大。对于高速数据采集系统中时钟的考虑，更多能干预的是外部采样时钟的抖动性能。此外，时钟幅度和时钟同步也是同样需要考虑的因素。

10. 确定 ADC 的数据输出接口

由于 ADC 是将模拟信号转换为数字信号，那么这些数字信号与后续处理设备，如 MSP430 单片机之间是如何实现数据通信的呢？现代的高精度 ADC 多数采用 SPI 串行输出格式，一些更低采样率的 Δ-Σ 型 ADC 甚至采用更慢的 I^2C 格式输出转换数据。当采样速率超过 2MSPS 后，所需的串行输出时钟太高，对 ADC 和接收端都是极大的挑战，这时才逐渐开始使用并行输出。因此，充分理解 SPI、I^2C 和并行数据的时序，在 ADC 选型中也是非常重要的。

3.2.4　DAC 类型

DAC 包含通用型（general purpose）和双极型（bipolar）两种。一般来说，通用型 DAC 采用电阻串（R-String）结构，其 V_{REF} 不跨越正负电源，通常在一个较窄的范围内，如 2.5V 左右，并且带宽窄，一般在 1MHz 以下。双极型 DAC 的 V_{REF} 范围跨越正负电源，包含地电平；带宽较宽，在某些码制下甚至可达到 10MHz，幅度可达 ±18V，通常将这类双极型 DAC 称为乘法器型（Multiplying）DAC 或 MDAC。因为 MDAC 使用灵活、操作简单，且精度卓越，所以在产业界受到广泛应用。此外，在大学生电子设计竞赛中也经常看到乘法器型 DAC 的题型。

1. 电阻串型 DAC

电阻串型 DAC 采用模拟开关加电阻串的方式对参考输入电压分压，再通过运放缓冲分压结果输出，图 3-52 所示为一个简单的 3 位电阻串型 DAC 电路。由于 3 位数字可以表达 8 种状态，为实现这 8 种状态的控制，通过一个 3 线译码器对 3 组开关的状态进行控制，从而实现不同电压的输出。

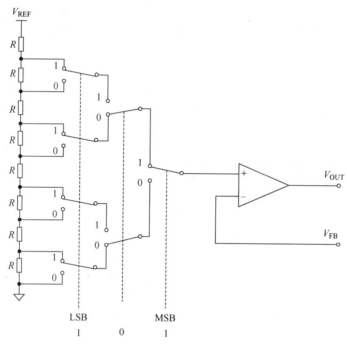

图 3-52   一个简单的 3 位电阻串型 DAC 电路

电阻串型 DAC 的缓冲运放内置在芯片内部，通常采用轨到轨输入/输出运放来实现最大的动态范围，并提供 2 倍的增益从而在低参考电压的条件下获得较大输出动态范围。但是，因为运放的供电和 DAC 供电联系在一起，为单电源供电，所以无法输出负电平，也就不能接受负参考电压输入。电阻串型 DAC 有一个最大的好处就是其传递函数是单调的，即在输入编码和输出电压间可以保持不变的斜率，不会有拐点出现。

2．乘法型 DAC

乘法型 DAC 采用 R-$2R$ 的正向结构，图 3-53 所示为一个 12 位乘法型 DAC 电路。电阻（R-$2R$）梯用于运算放大器反馈电路，提供数字控制电流，电流经转换成输出电压。放大器以低阻抗提供输出。基准电压输入具有恒定的对地电阻 R，源电流 V_{REF}/R 的一半由开关 S1 导引连接至放大器负输入（虚地侧）的 I_{OUT1} 或导引至地（一般称 I_{OUT2}）。同理，剩余电流的一半由开关 S2 导引，以此类推。若开关由一个数字 D（S1 是 MSB）激活，则流经 R_{FB}（$=R$）的 I_{OUT1} 端电流之和为 $D\times 2^{-n}\times V_{REF}/R$。此配置的重要优势在于可最大限度地降低瞬态，因为开关在地和虚地之间切换，而且 R_{FB} 与梯形电阻片内匹配，具备较好的温度跟踪性能。

3．Δ-Σ 型 DAC

与 Δ-Σ 型 ADC 相似，有一类 DAC 也会采用 Delta-Sigma 技术以提高转换的精度。一般来说，多数的音频 DAC 会采用 Δ-Σ 技术以提高音频的输出质量。Δ-Σ 型 DAC 内部包括插值滤波器、Δ-Σ 调制器（包含数字积分器、量化器模块和反馈回路模块）、开关电容 DAC 和模拟低通滤波器。其关键模块为 Δ 调制器，基本工作原理与 Δ-Σ 型 ADC 相似，如图 3-54 所示。输入信号 X1 通过 Δ 调制器被调制成 X2，在调制器内部，首先对输入信号进行积分，当积分后的值大于输入信号 X1 时，X2 输出即为正；反之，X2 输出为负。经过这样的调理可以发现，对 X2 进行积分的结果即为 X3。对于 X2 信号经过一个 1 位的开关电容 DAC 转换为模拟信号，通过积分即可还原出原始数字输入信号对应的模拟信号，再经过低通滤波器滤除高频噪声，将信号平滑，即可得到高精度的模拟输出信号。在实际的 DAC 中，后面的积分工作会移到信号的开始，即 X1 之前进行。这样可以避免 Δ-Σ 调制器对较快变化的输入信号延迟响应，也解决了 Δ-Σ 调制器无法响应对直流信号的问题。

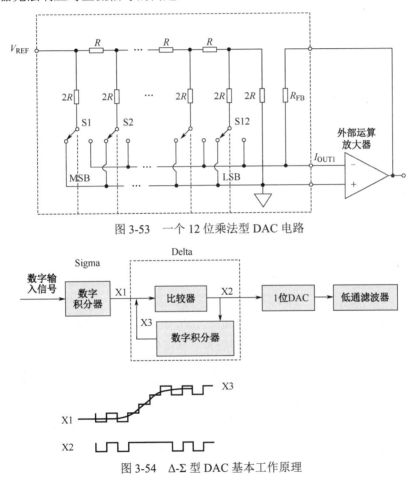

图 3-53   一个 12 位乘法型 DAC 电路

图 3-54   Δ-Σ 型 DAC 基本工作原理

4. 电流引导型 DAC

与高速 ADC 对应，高速 DAC 被广泛应用于波形产生、测试设备及无线基础设施中，高速 DAC 的制造是基于亚微米 CMOS 或 BiCMOS 的工艺，已经达到了一个全新的性能水准，实现了 1GSPS 的刷新率及 14 位，甚至 16 位的分辨率。为了达到如此高的刷新率和分辨率，DAC 采用了一种带分段电流源的电流导引型（Current Steering）架构。

此类单片电路 DAC 的核心单元是电流源阵列（Array），其设计用于输送出满刻度输出电流，典型值为 20mA。内置的解码器在每次 DAC 刷新时驱动差分电流开关。如图 3-55 所示，电流引导型 DAC 中的电流源阵列有两个电流输出，两路输出互补，使得输出的电流总量为一个恒定值。数字输入导引源自各个电流源的电流，输出到相应信号输出电流的差分输出端。相较于电压输出，这种方法可以保证更高的速度。

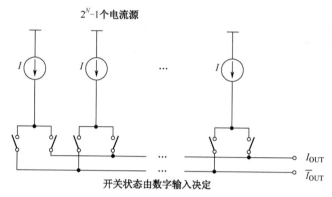

图 3-55　电流引导型 DAC 中的电流源阵列

5. PWM DAC

采用控制器的脉冲宽度调制（Pulse Width Modulation，PWM）信号来实现 D/A 变换也是一种常见的方法，在低成本设计中应用非常广泛。

PWM 是一个周期固定但占空比可调的信号，如图 3-56 所示。

图 3-56　PWM 信号

在整个 PWM 周期中，高电平持续时间（T_{ON}）所占的比例称为占空比。显然，T_{ON} 时间直接影响该周期的直流电压均值，T_{ON} 时间越长，直流电压均值越大。该对应关系可理解为直流电压均值与 PWM 的占空比是呈线性关系的。

如果在微控制器输出端对 PWM 信号进行合适的滤波，那么可以产生可变的直流参考电压。微控制器输出端带滤波的 PWM 信号如图 3-57 所示。

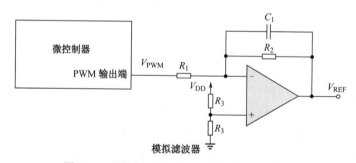

图 3-57　微控制器输出端带滤波的 PWM 信号

所使用的模拟滤波器的截止频率决定了 PWM DAC 的带宽。PWM 占空比的分辨率直接影响 DAC 的分辨率。

3.2.5　DAC 技术指标

DAC 有着与 ADC 类似的性能指标，在这里仅做简单的介绍。

1. 分辨率

与 ADC 类似，DAC 的分辨率以其能分辨的最小模拟输出量来衡量，可以用能分辨的最小输出电压与最大输出电压之比表示。分辨率也可以定义为 D/A 转换器模拟输出电压可能被分离的等级数。n 位 DAC 最多有 2^n 个模拟输出电压，位数越多，D/A 转换器的分辨率越高，所以一个 n 位 D/A 转换器的分辨率可表示为

$$R_{es} = \frac{V_{LSB}}{V_m} = \frac{1}{2^n - 1}$$

其中，V_{LSB} 是数字量最低有效位为 1、其余位为 0 对应的模拟电压；V_m 是数字量所有位全为 1 对应的模拟电压。由此可知，分辨率取决于 D/A 转换器的位数。

例如，一个满量程为 10V 的 DAC，若是 12 位的，则其分辨率为 $10 \times \frac{1}{2^n - 1} = 2.44\text{mV}$，若是 16 位的，则可以达到 153μV 的分辨率输出。

2. 转换精度

转换精度是指对给定的数字量，D/A 转换器实际值与理论值之间的最大偏差。

$$\varepsilon_{max} < (1/2)R_{es}$$

偏差是由于 D/A 转换器中各元件参数值存在误差，如基准电压不够稳定或运算放大器的零漂等因素的影响而产生的，如失调误差、比例系数误差和非线性误差等，如图 3-58 所示。其中，D_1 表示给定的数字量，v_O 表示 DAC 输出电压值。由此可知，转换精度取决于 D/A 转换器各个部件的制作误差。

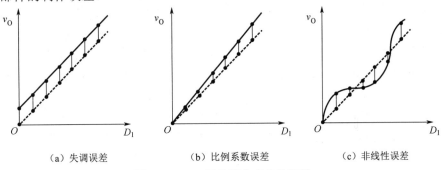

（a）失调误差　　　　　　（b）比例系数误差　　　　　　（c）非线性误差

图 3-58　D/A 转换器中存在的误差

3. 输出电压

输出电压为 DAC 输出的电压范围，不同型号的 DAC 输出电压范围相差很大。电压输出范围为 5～10V，高者可达到 30V；对于电流输出型 DAC，输出电流一般在 20mA 左右，高者可达到 3A。

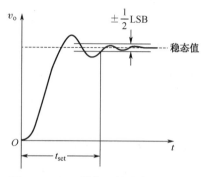

图 3-59　D/A 转换器的建立时间示意

4. 转换速度

D/A 转换器的转换速度用建立时间来衡量，建立时间是指从送入数字信号起，到输出电流或电压达到稳定值所需要的时间。一般为数字输入从全 0 变为全 1 开始，到输出电压稳定在 $V_{\mathrm{max}} \pm \dfrac{1}{2} V_{\mathrm{LBS}}$ 范围内为止。D/A 转换器的建立时间示意如图 3-59 所示。

5. 温度系数

温度系数是指输入不变条件下，输出模拟电压随温度变化产生的变化量。一般用满刻度输出条件下温度每升高 1℃，输出电压变化的百分数作为温度系数。

3.2.6　DAC 选型

DAC 和 ADC 是两个对称相反的过程，它们的选型过程需要考虑的事情也是类似的。DAC 的输入为数字信号，对应着 ADC 的输出，需要考虑数字信号的输入方式，即与处理器的数据通信接口；DAC 的模拟输出则对应着 ADC 的模拟输入，需要考虑单极性、双极性、单端和差分、多通道等特性；与驱动 ADC 的输入一样，在 DAC 之后也必须放置一个低通滤波器来消除高次谐波。

目前很多处理器内部集成了 DAC 模块，对于一般的情况下，如果能够满足使用需求，也是 DAC 选型需要考虑的选择之一。

1. 确定所需 DAC 的类型

前面已经对各种不同结构类型的 DAC 做了简单的介绍。一般来说，在高精度控制回路应用中，DAC 多采用 R-2R MDAC，这种结构能完成较高电压输出。MDAC 厂商能设计高精度的器件，达到 1LSB 积分非线性和微分非线性误差。MDAC 还要求外置一只快速建立时间（小于 0.3μm）、乘法带宽（Multiplying Bandwidth）大于 10MHz、电流输入电压输出的运算放大器。

电阻串型 DAC 适用于便携式仪表、闭环伺服控制、过程控制和数据采集系统。电阻串型 DAC 可确保在整个输入编码范围内的模拟输出的单调性，具有较好的非线性微分（DNL）性能和非常低的功耗。这种 DAC 产生的毛刺干扰通常要低于其他类型的 DAC。但是，非线性积分（INL）性能取决于电阻阵列匹配，并受芯片布局影响较大；电阻串型 DAC 的噪声也取决于电阻串阵列的热噪声，而且噪声相对较高。

2. 确定所需的分辨率和建立时间

DAC 的刷新速度和建立时间与 ADC 的采样速度和建立时间有相近的含义。对于刷新速度（或采样速度）Fs 来说，在产生（或采集）频率为 F 的交流信号时是非常重要的指标，Fs 必须高于 2 倍的 F，否则无法重建信号。

建立时间在直流测量中是一个非常重要的指标。对于 ADC 来说，对采样保持器上的电容充电到期望精度需要一定的时间，如果建立时间大于采样时间，那么得不到真正准确的结果；对于 DAC 来说，缓冲运放的输出达到期望精度也是需要时间的，如果在信号建立到期望精度之前就被后端系统获取，可能会产生误动作；对于多通道系统来说，在各个通道间切换时可能会产生阶跃信号，阶跃信号稳定到期望精度也需要一定的时间。当输入或输出信号发生跳变时（如 DAC 的数字输入改变），信号需要一定时间才能稳定到所需的精度（指定了稳定精度之后建立时间才有意义，如定义输出达到输入 99.999%所需的时间为建立时间才是有效的）。

3．确定 DAC 的数据输入接口

DAC 的数字编码输入方法也与 ADC 类似，低速高精度的 DAC 通常采用 SPI/I²C 方式串行控制，当刷新率上升到 MSPS 时，并行 DAC 开始出现，这类 DAC 通常用来完成波形发生等工作。

4．确定 DAC 的参考电压输入端

DAC 中的参考电压输入可以参考 ADC 部分。

5．确定高速 DAC 的时钟

在时钟接口方面与 ADC 类似，若想增大信噪比（SNR），减小时钟抖动，可以选用高质量时钟来驱动它们。

6．确定 DAC 的模拟输出端

DAC 的模拟输出可能是电压或电流，若对电压输出进行了缓冲，则输出阻抗将很低。而电流输出和未缓冲的电压输出将存在较高的阻抗，还可能具有电抗性分量及纯粹的电阻性分量。在有些 DAC 架构的输出结构中，输出阻抗与 DAC 上的数字编码成函数关系。

理论上，电流输出应当连接到电阻为零欧姆的地电位。在实际应用中，该输出将采用非零阻抗和电压。多数高速 DAC 都具有电流输出，旨在直接驱动源和负载端接电缆。

差分输出可以直接驱动变压器的初级绕组，并且通过将输出绕组的一侧接地，可以在次级绕组处产生单端信号。现代电流输出 DAC 通常具有数个差分输出，以便实现高共模抑制并减少偶数阶失真产物。

3.3 数字信号处理

测控系统中，自然信号经过传感器采集、运算放大器调理、ADC 转换之后，就转换成了数字信号，可以被处理器识别、处理，在这个过程中，一般情况下会涉及数字信号处理，主要包括以下几个方面。

（1）非线性校正：数字信号与原始自然信号在数值上不是线性关系，或者不是简单的函数关系，这时就需要经过一定的算法转换成合理的映射关系。

（2）信号滤波：在信号采集转换过程中，不可避免地带入了测控对象的环境噪声或采集过程中引入的噪声信号，就需要对采样值进行滤波。

（3）在图像处理上有一些特殊的处理方法，如边缘检测、图像分割等。

3.3.1　非线性校正

在数据采集与处理系统中，一般总希望传感器的输出和输入呈现简单的线性关系，这样当用仪表来检测和显示测控系统中的某个物理量时，能得到均匀的刻度，不仅读数看起来清楚方便，而且仪表在整个范围内灵敏度一致。但是在实际工程中，计算机从模拟量输入通道得到的现场信号与该信号所代表的被测物理量之间不一定是线性关系，经常存在着非线性关系。例如，在温度测量中，热电阻及热电偶的输出信号与温度之间就存在着非线性关系。为了保证这些参数能有线性输出，需要进行非线性校正，将输出信号与被测物理量之间的非线性关系变为线性关系，这个过程就称为非线性校正或标定，如图 3-60 所示。

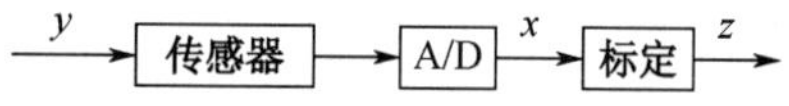

图 3-60　非线性校正过程

在图 3-60 中，y 为被测量的"真值"，x 为由 A/D 送入处理器的原始测量数据，z 是经过校正处理后，处理器输出给显示器或控制器的数值。

1. 查表法

在测控系统中，有些非线性参数不一定能用一般的算术运算求出，有时会涉及指数运算、三角函数、微积分运算，甚至更复杂的运算，会影响处理器的运算实时性和复杂性，对这种情况，可以将事先计算好的结果存在数据表中，然后通过查表的方法来进行线性化处理。

查表法就是将"标定"实验获得的 n 对数据 $(x_i, y_i)(i = 1, 2, \cdots, n)$ 在内存中建立一张输入/输出数据表，再根据 A/D 数据 x_i 通过查表得到 y_i，并将查得的 y_i 作为显示数据。

查表是一种非数值计算方法，利用这种方法可以完成数据补偿、计算、转换等工作，它具有回避复杂数学运算和无规则数学运算等优点，查表程序的繁简程度及查询时间的长短，除与表格的长短有关之外，很重要的因素在于表格的排列方法。表格一般有两种排列方法：一是无序表格，即表中的数是任意排列的；二是有序表格，即表中的数是按一定的顺序排列的，如表中各项均按大小顺序排列等。表的排列不同，查表的方法也不同。通常查表的方法有顺序查表法、计算查表法和对分查表法等。

顺序查表法是针对无序排列表格的一种方法，即按照顺序从第一项开始逐项查找，直到找到所要查找的关键字为止。顺序查表法虽然比较"笨"，但对无序表格或较短表格而言，仍是一种比较常用的方法。

计算查表法通常用于要搜索的内容与表格的排列有一定关系的表格。对于这种表格，为了提高查表速度，可以不采用从头至尾逐一进行比较的方法，只要根据所给的元素 x_i，通过一定的计算，求出元素 x_i 所对应数值的地址，然后将该地址单元的内容 y_i 取出即可。这种有序表格要求各元素在表中排列的格式及所占用的空间必须一致，而且各元素是严格按顺序排列的。计算查表法的速度快，特别是当表中的元素较多时，其优越性更为显著。但它对表的要求比较严格，不是任何表格都可以采用此方法的。

对分查表法是一种在实际应用中常使用的方法。对于那些满足从大到小或从小到大的排列顺序，且难以用计算查表法进行查找的比较长的表格，可以采用对分查表法。对于从小到大顺序来说，若元素大于中间值，则下一次取中间值至最大值区间的中间值进行比较；否则，取最小值至中间值区间的中间值进行比较。依次类推，直到查找完为止。对分查表法的速度要比顺序查表法快很多倍，而且对表格的要求不是很严格。实际应用中，大多数表格都能满足从大到小或从小到大的排列顺序。因此，这是一种快速而有效的方法。

查表法能避免复杂计算，而且查表所得数据为标定数据，不存在误差；但是查表法需要在整个测量范围内标定实验测得很多的测试数据。

2. 插值法

如果非线性关系不能用数学公式精确表达，那么还可以根据线性插值原理进行线性化处理。线性插值法是代数插值法中最简单的形式，也是计算机处理非线性函数应用最多的一种方法。

插值法是从标定或校准实验的 n 对测定数 $(x_i, y_i)(i = 1, 2, \cdots, n)$ 中求得一个函数作为实际的输出读数 x 与被测量真值 y 的函数关系的近似表达式。这个表达式必须满足两个条件。

（1） $z = \varphi(x)$ 的表达式比较简单，便于计算机处理，所以一般为多项式。

（2）在所有选定的校准点（也称插值点）上满足

$$z_j = \varphi(x_j) = f(x_j) = y_j$$

满足上式的 $z = \varphi(x)$ 称为 $y = f(x)$ 的插值函数。插值点实际上就是 $y = f(x)$ 和 $z = \varphi(x)$ 的相交点。

线性插值是从一组数据 (x_i, y_i) 中选取两个代表性点的 $A(x_0, y_0)$、$B(x_1, y_1)$，然后根据插值原理，用直线 AB 代替非线性弧线 AB，如图 3-61 所示，可得直线方程为

$$y'(x) = a_1 x + a_0$$

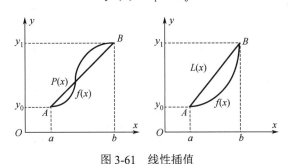

图 3-61　线性插值

根据插值条件，应满足

$$\begin{cases} y_0 = a_1 x_0 + a_0 \\ y_1 = a_1 x_1 + a_0 \end{cases}$$

由上面的方程组，可求出直线方程的参数 a_1、a_0，这样直线方程就求出来了。

$$y'(x) = \frac{y_1 - y_0}{x_1 - x_0}(x - x_0) + y_0$$

由此式可知，插值点 A 和 B 之间的距离越小，$y'(x)$ 与 $y(x)$ 之间的误差越小。因此，线性插值法在实际应用中经常采用多段直线来代替曲线，称为分段插值法，如图 3-62 所示。

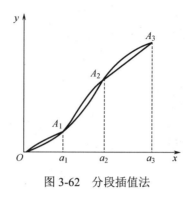

图 3-62　分段插值法

　　分段插值法光滑度不高，为了提高精度，还可以采用其他插值法，如拉格朗日多项式插值法、牛顿插值法等。

3. 曲线拟合法

　　曲线拟合的常用方法一般是基于最小二乘法，常用的曲线拟合方法有直线拟合、二次多项式拟合、三次多项式拟合、半对数拟合回归、Log-Log 拟合回归、四参数拟合、三次样条插值等。

　　最小二乘法（又称为最小平方法）通过最小化误差的平方和寻找数据的最佳函数匹配，利用最小二乘法可以简便地求得未知的数据，并使得这些求得的数据与实际数据之间误差的平方和为最小，使用最小二乘法进行曲线拟合是曲线拟合中早期的一种常用方法，但最小二乘法理论简单、计算量小。使用最小二乘法，选取的匹配函数模式非常重要，若离散数据呈现的是指数变化规律，则应选择指数形式的匹配函数模式；若是多项式变化规律，则应选择多项式匹配模式。如果选择的模式不对，拟合的效果就会很差，这也是使用最小二乘法进行曲线拟合时需要特别注意的一个地方。

　　下面以多项式模式为例，介绍使用最小二乘法进行曲线拟合的完整步骤。假设选择的拟合多项式模式为

$$y = a_0 + a_1 x + a_2 x^2 + \cdots + a_m x^m$$

则离散的各点到这条曲线的平方和 $F(a_0, a_1, \cdots, a_m)$ 为

$$F(a_0, a_1, \cdots, a_m) = \sum_{i=1}^{n} [y_i - (a_0 + a_1 x_i + a_2 x_i^2 + \cdots + a_m x_i^m)]^2$$

最小二乘法的第一步就是对 $F(a_0, a_1, \cdots, a_m)$ 分别求对 a_i 的偏导数，得到 m 个等式

$$-2 \sum_{i=1}^{n} [y_i - (a_0 + a_1 x_i + a_2 x_i^2 + \cdots + a_m x_i^m)] = 0$$

$$-2 \sum_{i=1}^{n} [y_i - (a_0 + a_1 x_i + a_2 x_i^2 + \cdots + a_m x_i^m)] x_i = 0$$

$$\cdots$$

$$-2 \sum_{i=1}^{n} [y_i - (a_0 + a_1 x_i + a_2 x_i^2 + \cdots + a_m x_i^m)] x_i^m = 0$$

这 m 个等式相当于 m 个方程，$a_0, a_1, \cdots, a_m$ 是 m 个未知量，因此这 m 个方程组成的方程组

是可解的，最小二乘法的第二步就是将其整理为针对 $a_0, a_1, \cdots, a_m$ 的正规方程组。最终整理的方程组为

$$a_0 n + a_1 \sum_{i=1}^{n} x_i + a_2 \sum_{i=1}^{n} x_i^2 + \cdots + a_m \sum_{i=1}^{n} x_i^m = \sum_{i=1}^{n} y_i$$

$$a_0 \sum_{i=1}^{n} x_i + a_1 \sum_{i=1}^{n} x_i^2 + a_2 \sum_{i=1}^{n} x_i^3 + \cdots + a_m \sum_{i=1}^{n} x_i^{m+1} = \sum_{i=1}^{n} x_i y_i$$

$$\cdots$$

$$a_0 \sum_{i=1}^{n} x_i^m + a_1 \sum_{i=1}^{n} x_i^{m+1} + a_2 \sum_{i=1}^{n} x_i^{m+2} + \cdots + a_m \sum_{i=1}^{n} x_i^{2m} = \sum_{i=1}^{n} x_i^m y_i$$

最小二乘法的第三步就是求解这个多元一次方程组，得到多项式的系数 $a_0, a_1, \cdots, a_m$，就可以得到曲线的拟合多项式函数。

曲线拟合利用最小二乘法原理，对 n 个实验数据 (x_i, y_i) 选用 m 次多项式

$$y = f(x) = a_0 + a_1 x + a_2 x^2 + \cdots + a_m x^m) = \sum_{j=1}^{m} a_i x^j \ (x_i, y_i)$$

作为描述这些数据的近似函数关系式（回归方程）。如果把数据代入多项式，就可得 n 个方程，简记为

$$V_i = y_i - \sum_{j=0}^{m} a_j x_i^j, (i = 1, 2, \cdots, n)$$

式中，V_i 为在 x_i 处由回归方程计算得到的值与测量得到的值之间的误差。根据最小二乘法原理，为求取系数可得最佳估计值，应使误差 V_i 的平方之和最小，即

$$\varphi(a_0, a_1, \ldots, a_m) = \sum_{i=1}^{n} V_i^2 = \sum_{i=1}^{n} [y_i - \sum_{j=1}^{m} a_j x_i^j]^2 \to \min$$

由此可得下面的方程组

$$\frac{\partial \varphi}{\partial a_k} = -2 \sum_{i=1}^{n} [(y_i - \sum_{j=0}^{m} a_j x_i^j) x_i^k] = 0, (i = 1, 2, \cdots, n)$$

求解计算 $a_0, a_1, \cdots, a_m$ 的线性方程组为

$$\begin{bmatrix} m & \sum x_i & \ldots & \sum x_i^m \\ \sum x_i & \sum x_i^2 & \ldots & \sum x_i^{m+1} \\ \vdots & \vdots & & \vdots \\ \sum x_i^m & \sum x_i^{m+1} & \ldots & \sum x_i^{2m} \end{bmatrix} \begin{bmatrix} a_0 \\ a_1 \\ \vdots \\ a_m \end{bmatrix} = \begin{bmatrix} \sum y_i \\ \sum x_i y_i \\ \vdots \\ \sum x_i^m y_i \end{bmatrix}$$

由上式可求得 $m+1$ 个未知数 a_j 的最佳估计值，完成曲线拟合。

3.3.2　数字信号滤波方法

在测控系统的模拟输入信号中，一般均含有各种噪声和干扰，它们来自被测信号源本身、传感器、外界干扰等。为了进行准确测量和控制，必须消除被测信号中的噪声和干扰。噪声有两大类：一类为周期性的，其典型代表为 50Hz 的工频干扰，对于这类信号，采用积分时间等于 20ms 整倍数的双积分 A/D 转换器，可有效地消除其影响；另一类为非周期的不规则随机信号，对于随机干扰，可以用数字滤波方法予以削弱或滤除。所谓数字滤波，就是通过一定的计

算或判断程序减少干扰信号在有用信号中的比例。数字滤波器克服了模拟滤波器的许多不足，它与模拟滤波器相比有以下优点：数字滤波器是用软件实现的，不需要增加硬设备，因而可靠性高、稳定性好，不存在阻抗匹配问题；模拟滤波器通常是各通道专用，数字滤波器则可多通道共享，从而降低了成本；数字滤波器可以对频率很低的信号进行滤波，而模拟滤波器由于受电容容量的限制，频率不可能太低；数字滤波器可以根据信号的不同，采用不同的滤波方法或滤波参数，具有灵活、方便、功能强的特点。

数字滤波器是将一组输入数字序列进行一定的运算而转换成另一组输出数字序列的装置。设数字滤波器的输入为 $X(n)$，输出为 $Y(n)$，则输入序列和输出序列之间的关系可用差分方程式表示为

$$Y(n) = \sum_{K=0}^{N} a_K X(n-K) - \sum_{K=1}^{N} b_K Y(n-K)$$

其中，输入信号 $X(n)$ 可以是模拟信号经采样和 A/D 变换后得到的数字序列，也可以是计算机的输出信号。具有上述关系的数字滤波器的当前输出与现在的和过去的输入、输出有关。由这样的差分方程式组成的滤波器称为递归型数字滤波器。如果将上述差分方程式中 b_K 取 0，则可得

$$Y(n) = \sum_{K=0}^{N} a_K X(n-K)$$

说明输出只与现在的输入和过去的输入有关。这种类型的滤波器称为非递归型数字滤波器。参数 a_K、b_K 的选择不同，可以实现不同功能的数字滤波器。

1. 算术平均值滤波

算术平均值滤波是要寻找一个 Y，使该值与各采样值 $X(K)(K=1\sim N)$ 之间误差的平方和为最小，即

$$E = \min[\sum_{K=1}^{N} e_K^2] = \min[\sum_{K=1}^{N} (Y - X(K))^2]$$

由一元函数求极限原理得

$$Y = \frac{1}{N} \sum_{K=1}^{N} X(K)$$

这时，该 Y 便满足与各采样值 $X(K)(K=1\sim N)$ 之间误差的平方和为最小。

算术平均值法适用于对一般具有随机干扰的信号进行滤波，这种信号的特点是有一个平均值，信号在某一数值范围附近做上下波动，此时仅取一个采样值作为依据显然是不准确的，如压力、流量、液平面等信号的测量。但对脉冲性干扰的平滑作用尚不理想，因此不适用于脉冲性干扰比较严重的场合。算术平均值法对信号的平滑滤波程度完全取决于 N。当 N 较大时，平滑度高，但灵敏度低，即外界信号的变化对测量计算结果 Y 的影响小；当 N 较小时，平滑度低，但灵敏度高。应视具体情况选取 N，以便既减少占用计算时间，又达到最好的效果，如对一般流量测量，可取 $N=8\sim 16$，对压力等测量，可取 $N=4$。

2. 加权平均值滤波

算术平均值法对每次采样值给出相同的加权系数，即 $1/N$。但有些场合为了改进滤波效

果,提高系统对当前所受干扰的灵敏度,需要增加新采样值在平均值中的比例,即将各采样值取不同的比例,然后相加,此方法称为加权平均值法。一个 N 项加权平均式为

$Y = \sum_{K=1}^{N} C_K X(K)$,其中, $C_1, C_2, \cdots, C_N$ 均为常数且应满足

$$\begin{cases} 0 < C_1 < C_2 < \cdots < C_N \\ C_1 + C_2 + \cdots + C_N = 1 \end{cases}$$

常数 $C_1, C_2, \cdots, C_N$ 的选取是多种多样的,其中常用的是加权系数法,即

$$C_1 = 1/\Delta$$
$$C_2 = e^{-\tau}/\Delta$$
$$\cdots$$
$$C_N = e^{-(N-1)\tau}/\Delta$$

其中, $\Delta = 1 + e^{-\tau} + e^{-2\tau} + \cdots + e^{-(N-1)\tau}$, τ 为控制对象的纯滞后时间。

加权平均值法适用于系统纯滞后时间常数 τ 较大、采样周期较短的过程,它给不同的相对采样时间得到的采样值以不同的权系数,以便能迅速反应系统当前所受干扰的严重程度。但采用加权平均值法需要测试不同过程的纯滞后时间 τ,同时要不断计算各权系数,增加了计算量,降低了控制速度。

3. 滑动平均值滤波

以上平均值滤波算法有一个共同点,即每计算 1 次有效采样值必须连续采样 N 次。对于采样速度较慢或要求数据计算速率较高的实时系统,这些方法是无法使用的。为了克服这一困难,可采用滑动平均值法进行滤波处理。滑动平均值法只采样 1 次,将本次采样值和以前的 N-1 次采样值一起求平均,得到当前的有效采样值。

滑动平均值法把 N 个采样数据看成一个队列,队列的长度固定为 N,每进行一次新的采样,把采样结果放入队尾,而扔掉原来队首的一个数据,这样在队列中始终有 N 个"最新"的数据。计算滤波值时,只要把队列中的 N 个数据进行平均,就可得到新的滤波值。

滑动平均值法对周期性干扰有良好的抑制作用,平滑度高,灵敏度低;但对偶然出现的脉冲性干扰的抑制作用差,不易消除由于脉冲干扰引起的采样值的偏差。因此不适用于脉冲干扰比较严重的场合,而适用于高频振荡系统。通过观察不同 N 值下滑动平均的输出响应来选取 N 值,以便既减少占用时间,又能达到最好的滤波效果。其工程经验值为:流量 N 取 12,压力 N 取 4,液面 N 取 4~12,温度 N 取 1~4。

4. 中值滤波

中值滤波是对某一被测参数连续采样 N 次(一般 N 取奇数),然后把 N 次采样值从小到大或从大到小排队,再取其中间值作为本次采样值。

中值滤波对于去掉偶然因素引起的波动或采样器不稳定而造成的误差所引起的脉冲干扰比较有效,对温度、液位等变化缓慢的被测参数采用此法能收到良好的滤波效果,但对流量、速度等快速变化的参数一般不易采用。

在中值滤波实际应用中,为了防止脉冲干扰,先对 N 个数据进行比较,去掉其中的最大

值和最小值，然后计算余下的 $N-2$ 个数据的算术平均值，即

$$Y = \frac{1}{N-2}\sum_{K=2}^{N-1}X(K)$$

其中，$X(1) \leqslant X(2) \leqslant \cdots \leqslant X(N), N \geqslant 3$。

在实际应用中，N 可取任何值，但为了加快测量计算速度，N 一般不能太大，常取为 4，即为四取二再取平均值法。它具有计算方便、速度快、存储量小等特点，得到了广泛应用。

5．限幅滤波

限幅滤波把两次相邻的采样值相减，求出其增量（以绝对值表示），然后与两次采样允许的最大差值（由被控对象的实际情况决定）ΔY 进行比较，若小于或等于 ΔY，则取本次采样值；若大于 ΔY，则仍取上次采样值作为本次采样值，即

$$Y = \begin{cases} Y(K), & |Y(K)-Y(K-1)| \leqslant \Delta Y \\ Y(K-1), & |Y(K)-Y(K-1)| > \Delta Y \end{cases}$$

限幅滤波主要用于变化比较缓慢的参数，如温度、物理位置等测量系统。具体应用时，关键的问题是最大允差 ΔY 的选取，ΔY 太大，各种干扰信号将"乘虚而入"，使系统误差增大；ΔY 太小，又会使某些有用信号被"拒之门外"，使计算机采样效率变低。因此，门限值 ΔY 的选取是非常重要的。通常可根据经验数据获得，必要时也可由实验得出。

6．限速滤波

限速滤波最多可用 3 次采样值来决定采样结果，设顺序采样时刻 t_1，t_2，t_3 的采样值分别为 $Y(1)$，$Y(2)$，$Y(3)$，则

$$Y = \begin{cases} Y(2), & |Y(2)-Y(1)| \leqslant \Delta Y \\ Y(3), & |Y(3)-Y(2)| \leqslant \Delta Y \\ \dfrac{Y(2)+Y(3)}{2}, & |Y(2)-Y(1)| > \Delta Y, \text{且} |Y(3)-Y(2)| > \Delta Y \end{cases}$$

限速滤波较为折中，既顾及了采样的实时性，又顾及了采样值变化的连续性。但这种方法也有明显的缺点：首先，ΔY 的确定不够灵活，必须根据现场的情况不断更换新值；其次，不能反映采样点数 $N>3$ 时各采样值受干扰的情况，因而其应用受到一定的限制。

7．低通滤波

将普通硬件 RC 低通滤波器的微分方程用差分方程来表示，便可以用软件算法来模拟硬件滤波的功能。经推导，低通滤波的传递函数为

$$G(s) = \frac{Y(s)}{X(s)} = \frac{1}{T_r s + 1}$$

离散化之后得

$$Y(K) = \alpha \cdot X(K) + (1-\alpha) \cdot Y(K-1)$$

其中，$X(K)$ 为本次采样值；$Y(K-1)$ 为上次的滤波输出值；α 为滤波系数，其值通常远小于 1；$Y(K)$ 为本次滤波的输出值。

由上式可以看出，本次滤波的输出值主要取决于上次滤波的输出值，本次采样值对滤波输出的影响是比较小的，但多少有些修正作用。

这种算法模拟了具有较大惯性的低通滤波功能，当目标参数为变化很慢的物理量时，效果很好，但不能滤除高于 1/2 采样频率的干扰信号。

除低通滤波之外，同样可用软件来模拟高通滤波和带通滤波。

8．复合数字滤波

为了进一步提高滤波效果，有时可以把两种或两种以上不同滤波功能的数字滤波器组合起来，组成复合数字滤波器，或称为多级数字滤波器。

3.3.3　数字图像处理

图像处理类题目在电子设计竞赛中经常出现，但是在 MCU 处理器的计算能力比较弱时，只能进行相对简单的图像处理操作，本文也仅做简单介绍。经过图像滤波、灰度化、二值化处理后，单片机就可以对图像进行简单分析了，如边缘提取、道路检索、特征物匹配等。

1．图像滤波

由于图像采集的环境、光线等原因，采集到的图像包含一定的噪声信息，需要对图像做滤波降噪处理。

均值滤波是图像处理中最常用的手段。从频率域观点来看，均值滤波是一种低通滤波器，高频信号将会去掉，因此可以帮助消除图像尖锐噪声，实现图像平滑、模糊等功能。理想的均值滤波是用每个像素和它周围像素计算出来的平均值替换图像中的每个像素。采样 Kernel 数据通常是 3×3 的矩阵，如图 3-63 所示。

1	2	5
0	1	7
1	9	6

灰色为中心像素，周围8个像素点，计算9个像素的平均值，替换中心像素值

图 3-63　采样 Kernel 数据

从左到右、从上到下计算图像中的每个像素，最终得到处理后的图像。均值滤波可以加上两个参数，即迭代次数、Kernel 数据大小。一个相同的 Kernel，多次迭代效果就会越来越好。同样，迭代次数相同，Kernel 矩阵越大，均值滤波的效果就越明显。

中值滤波也是消除图像噪声最常见的手段之一，特别是消除脉冲噪声，中值滤波的效果要比均值滤波更好。中值滤波与均值滤波唯一不同的是，不是用均值来替换中心每个像素，而是将周围像素和中心像素排序后，取中值，一个 3×3 的中值滤波矩阵如图 3-64 所示，矩阵中数字排序后为 115,119,120,123,124,125,126,127,150，中值为 124，即用 124 代替矩阵中的数字。

123	125	126	130	140
122	124	126	127	135
118	120	150	125	134
119	115	119	123	133
111	116	110	120	130

图 3-64　中值滤波矩阵

中值和均值滤波后的效果如图 3-65 所示。

（a）3×3 中值滤波后的效果　　　　（b）3×3 操作数，迭代次数为 3，均值滤波后的效果

图 3-65　中值和均值滤波后的效果

除此以外，还有其他的滤波算法，因为 MCU 的运算实现能力所限，在此不做介绍。

2．灰度化与二值化

在图像处理过程中，最常用的彩色模型或颜色空间有 RGB、YUV 和 YCbCr 3 种。在 MCU 图像处理中，以 RGB 较为常见，YUV 和 YCbCr 可以通过公式转换到 RGB 色彩空间。

定义于 RGB 空间的彩色图，其每个像素点的色彩由 R、G、B 3 个分量共同决定。每个分量在内存所占的位数共同决定了图像深度，即每个像素点所占的字节数。以常见的 24 位的深度彩色 RGB 图像来说，其 3 个分量各占 1 个字节，每个分量可以取值为 0～255，这样一个像素点可以有 1600 多万（255×255×255）的颜色变化范围。对这样一幅彩色图来说，其对应的灰度图则是只有 8 位的图像深度（可认为它是 RGB 3 个分量相等），这也说明了灰度图图像处理所需的计算量确实要少。需要注意的是，虽然丢失了一些颜色等级，但是从整幅图像的整体和局部的色彩及亮度等级分布特征来看，灰度图的描述与彩色图是一致的。对于将 RGB 图像进行灰度化，通俗来说就是对图像的 RGB 3 个分量进行加权平均得到最终的灰度值，最常见的加权方法如下。

（1）Gray=B；Gray=G；Gray=R。

（2）Gray=max(B+G+R)。

（3）Gray=(B+G+R)/3。

（4）Gray=0.072169B+0.715160G+0.212671R。

（5）Gray=0.11B+ 0.59G+0.3R。

这 5 种方法中，第一种为分量法，即用 RGB 3 个分量的某一个分量作为该点的灰度值；第二种方法为最大值法，将彩色图像中 3 个分量的最大值作为灰度图的灰度值；第三种方法将彩色图像中的 3 个分量亮度求平均得到一个灰度图；后两种都属于加权平均法，其中第四种是 OpenCV 开放库所采用的灰度权值，第五种是从人体生理学角度所提出的一种权值（人眼对绿色的敏感最高，对蓝色敏感最低）。

二值化就是让图像的像素点矩阵中的每个像素点的灰度值为 0（黑色）或 255（白色），也就是让整个图像呈现只有黑色和白色的效果。在灰度化的图像中灰度值的范围为 0～255，在二值化后的图像中的灰度值范围是 0 或 255。

那么，一个像素点在灰度化之后的灰度值怎样转换为 0 或 255 呢？例如，灰度值为 150，那么在二值化后是 0 还是 255？这就涉及取一个阈值的问题。

MCU 处理的常用阈值选取方法有如下几种。

（1）取阈值为 127[相当于 0～255 的中数，(0+255)/2=127]，让灰度值小于或等于 127 的变为 0（黑色），灰度值大于 127 的变为 255（白色），这样做的好处是计算量小、速度快，但是缺点也是很明显的，因为这个阈值在不同的图片中均为 127，但是不同图片的颜色分布差别很大，所以用 127 作为阈值，效果差强人意。

（2）计算像素点矩阵中的所有像素点的灰度值的平均值 avg，即

$$（像素点 1 灰度值+\cdots+像素点 n 灰度值）/n=像素点平均值 avg$$

然后让每一个像素点与 avg 比较，小于或等于 avg 的像素点就为 0（黑色），大于 avg 的像素点为 255（白色），这样比方法①好一些。

（3）使用直方图方法（也称为双峰法）来寻找二值化阈值，直方图是图像的重要特质。直方图方法认为图像由前景和背景组成，在灰度直方图上，前景和背景都形成高峰，在双峰之间的最低谷处就是阈值所在。选取阈值之后再比较就可以了。

当然，阈值的选取有很多算法去实现，这里只选取容易实现、运算量小的算法介绍，如果有更高的需求可以参照图像处理的相关理论。

3.4　本章小结

测控系统中的信号调理主要处理传感器之后到处理器之前的信号，以及处理器之后到执行器之前的信号，调理过程主要有放大、整形、衰减、变换、隔离、多路复用、滤波等，以实现去除噪声、保证安全性并提高精确度的目的，使其适用于数据采集、控制过程、执行计算或其他应用，主要是以运算放大器电路来实现上述调理功能。

信号转换主要涉及模拟信号和数字信号之间的相互转换即模数转换器（ADC）和数模转换器（DAC）。

经过传感器采集、运算放大器调理、ADC 转换之后，就转换成了数字信号，并会涉及数字信号处理，主要包括：非线性校正、信号滤波等方面，特别是涉及图像方面的测控领域，在对图像处理上，除了基本的图像滤波、灰度化和二值化，还有一些书中未涉及的特殊处理方法，

如边缘检测、图像分割等，读者可自行阅读图像处理相关文献资料。

习　题　3

1．什么是测控系统的信号调理？信号调理的主要目的是什么？

2．集成运放运算误差的主要来源是什么？怎样补偿误差？

3．现在常用的 ADC 有哪几种？各有什么特点？

4．若是分辨率要求小于 0.1%，至少要多少位 D/A 转换器？

5．试结合图像传感器 OV2640、图像处理算法及嵌入式控制器，设计红色小球识别模块并输出红色小球在图像中的坐标位置。

6．称重传感器内部线路采用惠斯顿电桥全桥结构，其原理如图 3-66 所示。R_1、R_2、R_3、R_4 为应变片的电阻值，U_s 为激励电源，U_o 为称重传感器输出电压。

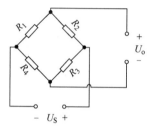

图 3-66　称重传感器内部原理

设计信号调理和转换电路，将压力信号转换成数字量信号。

第 4 章

测控系统中的处理器

　　处理器是测控系统的核心，是控制、辅助系统运行的"大脑"。处理器的应用范围极其广阔，从最初的 4 位处理器，目前仍在大规模应用的 8 位单片机，到最新的受到广泛青睐的 32 位、64 位处理器。处理器直接关系到整个测控系统的性能，很多半导体制造商都在大规模生产，通常可以分为微处理器（MPU）、微控制器（MCU）、DSP 处理器、片上系统、FPGA 处理器等几大类，其中 MPU 不带外围器件（如存储器阵列），是高度集成的通用结构的处理器，目前有许多微处理器（MPU）逐渐演化为微控制器（MCU），这些概念开始融合。

　　TI 公司可以提供 MSP430 系列、ARM 系列、DSP 系列处理器，满足系统的低功耗、高性能等需求，并建立完善的开发生态系统，提供了 LaunchPad 开发套件，使芯片、软件和开发工具有机结合，为测控系统的开发提供可靠的处理器解决方案。

　　本章主要介绍 TI 系列处理器和 FPGA 处理器在测控系统中的应用。

4.1　MSP430 系列

　　MSP430 系列单片机是 TI 公司于 1996 年开始推出的 16 位超低功耗的混合信号处理器（Mixed Signal Processor），其内部典型结构包括中央处理器（CPU）、JTAG 模块、时钟系统模块、存储器模块、性能增强模块和片内外设模块等。MSP430 单片机内部典型结构如图 4-1 所示。

4.1.1　MSP430 单片机的特点

1. 性能卓越

　　MSP430 单片机是 16 位单片机，其采用了高效的精简指令集系统（RISC），共有 51 条指令，使用存储空间统一编址，具有 7 种寻址方式及大量的寄存器。采用冯·诺依曼架构，通过通用存储器地址总线（MAB）和存储器数据总线（MDB）将 16 位 RISC CPU、多种外设和灵活的时钟系统进行完美结合。一个时钟周期就可以执行一条指令（传统的 51 单片机执行一条指令需要 12 个时钟周期），使 MSP430 在 8MHz 晶振工作时，指令速度可达 8MIPS（每秒百万条指令数）。支持高达 25MHz 的时钟晶振，可实现 40ns 的指令周期。16 位的数据宽度，40ns 的指令周期及多功能的硬件乘法器相配合，可实现部分数字信号处理算法（如 FFT 等）。这是其他类型的单片机所无法比拟的。

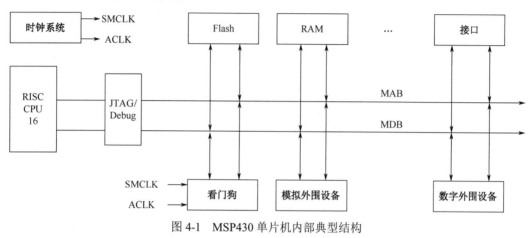

图 4-1　MSP430 单片机内部典型结构

2．功耗超低

MSP430 单片机最显著的特点就是超低的功耗，这主要得益于先进的制造工艺、较低的工作电压（1.8～3.6V）和灵活可控的时钟系统设计。通常，工作电压越低、工作频率越小，单片机的功耗也就越低。在 RAM 数据保持方式下的电流仅为 0.1μA，活动模式下的耗电为 250μA/MIPS。此外，在不同的工作条件下，MSP430 单片机的工作电流会波动，但是能控制在 0.1～400μA 范围之内。

3．资源丰富

MSP430 单片机采用高性能模拟技术，集成了丰富的片上外设资源，视型号不同，可以组合以下功能模块：模拟比较器、硬件乘法器、定时器、10 位/12 位 A/D 转换器、12 位 D/A 转换器、液晶驱动器、DMA、看门狗（WDT）、I^2C 总线、串行口（UART）、I/O 接口等。

这些模块功能强大，使用方便。例如，看门狗可使失控的程序迅速复位，保证了系统运行的可靠性；16 位定时器（Timer-A 和 Timer-B）具有捕获/比较功能，可实现事件计数、时序发生、PWM 产生等功能；MSP430 系列中某些型号采用了一般只有 DSP 中才有的 16 位多功能硬件乘法器、硬件乘-加功能、DMA 等，大大增强了它的数据处理和运算能力，可有效地实现一些数字信号处理的算法；统一的串行通信接口（USCI）可实现异步、同步及多址访问串行通信；10 位/12 位硬件 A/D 转换器具备高达 200kb/s 的转换速率，可满足大多数数据采集的需要。在具体的应用设计中，用户可根据应用需求选择 MCU 获得不同的组合方式，进而为系统的单片解决方案提供极大方便。

4．开发方便

为了便于用户开发，TI 公司提供了灵活方便的开发环境。对于 Flash 型单片机的开发而言，由于其内部集成了 JTAG 调试接口。开发时只需要一个 JTAG 调试器和一台 PC 即可完成程序的下载及在线调试等功能，在软件开发集成环境方面，既可以使用 TI 公司的开发集成环境 Code Composer Studio（CCS），也可以使用第三方软件，如 IAR 公司的 Embedded Workbench For MSP430，以及开源的 GCC430 开发软件。这种以 Flash 技术、JTAG 调试、集成开发环境相结合的开发方式，极大地缩短了产品的开发周期，具有方便、简洁、易学易用的优点。同时，TI 公司推出了 LaunchPad 一系列开发板，提供了在 MSP430 系列器件上进行开发所需的一切内容，可以加速 MSP430 处理器的学习和开发。

5. 成本低廉

使用 MSP430 单片机开发产品具有低成本的特点，主要表现在以下几个方面。

（1）在相同的性能下，单片机本身价格低廉；特别指出的是，有些系列的单片机更是以 8 位单片机的价格实现 16 位单片机的出色性能。

（2）由于单片机内部集成了大量外设，省去了购买部分片外外设的开销，同时降低了设计 PCB 的难度，也缩小了 PCB 的占用面积，使得硬件成本得以降低。

（3）方便快捷的开发环境，缩短产品的开发周期，使得设计开发成本也不同程度地降低。

6. 工作稳定

MSP430 单片机独特的设计结构保证了系统运行的稳定性和可靠性，其表现如下。

（1）目前几乎所有的 MSP430 单片机芯片上均带有看门狗模块，该模块可使运行不正常的程序复位，避免死机，或者在程序"跑飞"的情况下自启动恢复。

（2）除 3×× 与 1×× 系列中的 F11×1、F12×、F13×、F14× 型号之外，其他所有型号的 MSP430 单片机均具有掉电保护（Brown Out Reset，BOR）模块，该模块可在电压较低的情况下使系统自动复位，从而有效避免因工作电压过低引起不可预测的行为。部分单片机还集成了功能更强的电源电压检测（Supply Voltage Supervisor，SVS）模块。

（3）MSP430 单片机中集成了内部数控振荡器（DCO）。当单片机复位时系统默认使用内部时钟源 DCO 提供的时钟信号启动 CPU，以保证程序能够从确定的位置开始执行。从而保证外部晶振有足够的起振和稳定时间，然后由软件配置系统的工作时钟。当外部时钟信号出现故障时，DCO 会自动启动为 CPU 提供时钟信号，进而保证系统正常工作。

（4）MSP430 单片机正常工作的温度范围宽。大多 MSP430 单片机满足工业级器件的要求，工作温度为-40℃～85℃。部分特殊应用类单片机的工作范围更宽，可达-45℃～105℃。

由于 MSP430 的以上特点，使其广泛应用于仪器仪表、自动控制及家用电器中，更适用于一些电池供电的低功耗产品，如智能水表、电表和气表，手持式检测设备，智能传感器等，以及需要较高运算性能的智能仪器设备。

4.1.2　MSP430 单片机的选型

MSP430 单片机家族庞大，数量众多，大致可分为 1×× 系列、2×× 系列、3×× 系列、4×× 系列、5×× 系列、6×× 系列和无线 CC430 系列。

1．1××系列

1××系列单片机是基于 Flash 或 ROM 的超低功耗单片机，最高可以提供 8MIPS 的处理速度；工作电压为 1.8～3.6V，具有高达 60KB 的 Flash 容量和各种高性能模拟及数字外设，基本特征如下。

（1）超低功耗低至：0.1μA@RAM 保持模式；0.7μA@实时时钟模式；200μA/MIPS@工作模式。

（2）待机唤醒时间在 6μs 之内。

（3）Flash 容量：1～60KB；ROM 容量：1～16KB；RAM 容量：512B～10KB。

（4）GPIO 引脚数量：14、22、48 引脚。

（5）其他集成外设：模拟比较器、DMA、硬件乘法器、10 位/12 位 ADC。

此外，还有一类 1××系列单片机，如 MSP430BQ1010 单片机，它作为高级固定功能器件，可构成接收器端的控制和通信单元，用于便携式应用中的无线电源传输，配合使用符合 WPC 的发送器端控制器，可以实现完整的无线电源系统。

2．2××系列

2××系列分为通用型（F2××）和经济型（G2××），其中通用型（F2××）为基于 Flash 的超低功耗单片机，在 1.8～3.6V 的工作电压范围可提供高达 16MIPS 处理速度。内部包含极低功耗振荡器（VLO）、内部上拉/下拉电阻和低引脚数选择。而经济型（G2××）超值系列是具有基于闪存的超低功耗 MCU，目前该系列主要有 G2××1、G2××2 和 G2××3 等子系列。2××系列单片机基本特征如下。

（1）超低功耗低至：0.1μA@RAM 保持模式；0.3μA（F2××）/0.4μA（G2××）@待机模式（VLO）；0.7μA@实时时钟模式；220μA/MIPS@工作模式。

（2）待机唤醒时间小于 1μs。

（3）Flash 容量：0.5～120KB；RAM 容量：128B～8KB。

（4）GPIO 引脚数量：10、16、24、32、48 引脚。

（5）其他集成外设：模拟比较器、10 位/12 位/16 位 ADC。

此外，为了更好地适应汽车电子设备的特殊应用，在部分 G2××和 F2××系列中的单片机进行了特殊设计，使得这些单片机符合 AEC-Q100 标准，并适用于高达 105℃环境温度中。因此，该类 MSP430 单片机可为多种汽车电子设备应用提供灵活解决方案。

3．3××系列

3××系列属于传统的 ROM 或 OTP 器件系列，其工作电压为 2.5～5.5V，内置高达 32KB ROM，可提供 4MIPS 的处理能力，基本特征如下。

（1）超低功耗至：0.1μA@RAM 保持模式；0.9μA@实时时钟模式；160μA/MIPS@工作模式。

（2）待机唤醒时间小于 6μs。

（3）ROM 容量：2～32KB；RAM 容量：512B～1KB。

（4）GPIO 引脚数量：14、40 引脚。

（5）其他集成外设：LCD 控制器、硬件乘法器、14 位 ADC 等。

4．4××系列

4××系列属于 LCD Flash 或 ROM 的系列，提供 8～16MIPS 的处理能力，包含集成 LCD 控制器，工作电压为 1.8～3.6V，具有 FLL 和 SVS，是低功耗测量和医疗应用的理想选择，基本特征如下。

（1）超低功耗低至：0.1μA@RAM 保持模式；0.7μA @实时时钟模式；200μA/MIPS@工作模式。

（2）待机唤醒时间小于 6μs。

（3）Flash/ROM 容量：4～120KB；RAM 容量：256B～8KB。

（4）GPIO 引脚数量：14、32、48、56、68、72、80 引脚。

（5）其他集成外设：LCD 控制器、模拟比较器、12 位 DAC、10/12/16 位 ADC、DMA、硬件乘法器、运算放大器、USCI 模块等。

5．5××系列

5××系列单片机分为 Flash 型（F5××）和 FRAM 型（FR57××）。其中 Flash 型属于 TI 公司推出的基于 Flash 的单片机，具有最低工作功耗，在 1.8～3.6V 的工作电压范围内性能高达 25MIPS。包含有优化功耗的创新电源管理模块和 USB。而 FRAM 型是 TI 公司推出的基于 FRAM 存储功能的单片机，是具备动态分区功能的统一存储器，且存储器访问速度比 Flash 快 100 倍。FRAM 还可在所有功率模式下实现零功率状态保持，这意味着即使断电也可保证写入操作。由于写入寿命能实现 100M 个周期，故不再需要 EEPROM。所有这些功能均可在低于 100μA/MHz 工作功耗的条件下实现。它们的基本特征如下。

（1）超低功耗低至：0.1μA（Flash 型）/320nA（FRAM 型）@RAM 保持模式；2.5μA（Flash 型）/1.5μA（FRAM 型）@实时时钟模式；165μA/MIPS（Flash 型）/82μA/MIPS（FRAM 型）@工作模式。

（2）Flash 容量高达 256KB；RAM 容量高达 18KB；FRAM 容量高达 16KB（FRAM 型）。

（3）GPIO 引脚数量：31、37、38、47、53、63、67、74、87 引脚。

（4）其他集成外设：USB、模拟比较器、DMA、硬件乘法器、10 位/12 位 ADC、RTC、USCI 等。

MSP430F5529 是应用广泛的一款单片机，TI 公司提供了一款 MSP-EXP430F5529 LaunchPad 开发平台，该实验开发平台能帮助设计者快速使用新的 F55xx MCU 进行学习和开发，借助 40 针 BoosterPack 扩展接头可以快速添加外设模块。MSP-EXP430F5529 LaunchPad 如图 4-2 所示。

MSP-EXP430F5529 LaunchPad 采用 MSP430F5529 16 位精简指令集（RISC）MCU，该微控制器具有 128KB 闪存、8KB RAM、高达 25MHz 的 CPU 速度、集成 USB 2.0 PHY、12 位模数转换器（ADC）、定时器、串行通信（UART、I2C、SPI）等，可广泛应用于各种应用，为能量收集、无线传感及自动抄表基础设施（AMI）等应用提供了业界最低工作功耗处理器解决方案。

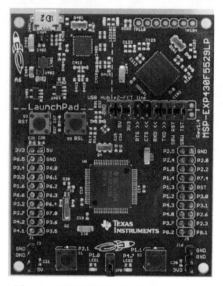

图 4-2　MSP-EXP430F5529 LaunchPad

MSP430F5529 特点如下。

（1）低电源电压范围：从 3.6V 低至 1.8V。

（2）超低功耗。

① 激活模式（AM）。所有系统时钟激活：

8MHz 时为 290μA/MHz、3.0V、闪存程序执行（典型值）。

8MHz 时为 150μA/MHz、3.0V、RAM 程序执行（典型值）。

② 待机模式（LPM3）。

含晶体的实时时钟（RTC）、看门狗、电源监控器可用、完全 RAM 保持、快速唤醒：2.2V 时为 1.9μA；3.0V 时为 2.1μA（典型值）。

低功耗振荡器（VLO）、通用计数器、看门狗、电源监控器可用、完全 RAM 保持、快速唤醒：3.0V 时为 1.4μA（典型值）。

③ 关闭模式（LPM4）。完全 RAM 保持、电源监视器可用、快速唤醒：3.0V 时为 1.1μA（典型值）。

④ 关断模式（LPM4.5）。3.0V 时为 0.18μA（典型值）。在 3.5μs（典型值）内从待机模式唤醒。

（3）16 位精简指令集计算机（RISC）架构，扩展内存，高达 25MHz 的系统时钟。

（4）灵活的电源管理系统：内置可编程的低压降稳压器（LDO），电源电压监控、监视和临时限电。

（5）统一时钟系统。

① 针对频率稳定的锁相环（FLL）控制环路。

② 低功耗低频内部时钟源（VLO）。

③ 低频修整内部基准源（REFO）。

④ 32kHz 晶振（XT1）。

⑤ 高达 32MHz 的高频晶振（XT2）。

（6）具有 11 个捕捉/比较寄存器的 16 位定时器 Timer A，7 个捕捉/比较影子寄存器的 16 位定时器 Timer B。

（7）通用串行通信接口。

① USCI_A0 和 USCI_A1 均支持：增强型通用异步收发器（UART）支持自动波特率检测；IrDA 编码和解码。

② USCI_B0 和 USCI_B1 每个都支持：I^2C 和同步串行外设接口（SPI）。

③ 全速通用串行总线（USB）：集成的 USB-物理层（PHY）；集成 3.3V 和 1.8V USB 电源系统；集成 USB-锁相环（PLL）。

（8）具有内部基准、采样保持和自动扫描功能的 12 位 SAR ADC。

（9）硬件乘法器支持 32 位运算。

（10）3 通道内部 DMA。

（11）具有 RTC 特性的基本计时器。

6. 6×× 系列

6×× 系列属于 TI 公司新推出的基于 Flash 的单片机，具有极低的工作功耗，在 1.8~3.6V 的工作电压范围内性能高达 25MIPS，包含有优化功耗的创新电源管理模块、LCD 和 USB。其基本特征如下。

（1）超低功耗低至：0.1μA@RAM 保持模式；2.5μA@实时时钟模式；165μA/MIPS@工作模式。

（2）待机唤醒时间小于 5μs。

① Flash 容量高达 256KB；RAM 容量高达 18KB。

② GPIO 引脚数量：72、74、90 引脚。

③ 其他集成外设：USB、LCD、DAC、模拟比较器、DMA、硬件乘法器、12 位 ADC、RTC、电压管理模块等。

7. 无线 CC430 系列

无线 CC430 系列单片机将微处理器内核、外设、软件和射频收发器紧密集成，从而创建出真正简便易用的适用于无线应用的片上系统解决方案。它具有低于 1GHz 的射频收发器，工作电压为 1.8~3.6V，可以提供高达 20MIPS 的处理能力。其基本特征如下。

（1）超低功耗低至：1μA@RAM 保持模式；1.7μA@实时时钟模式；180μA/MIPS@工作模式。

（2）Flash 容量高达 32KB；RAM 容量高达 4KB。

（3）GPIO 引脚数量：10、15、30、32、44、48、64 等引脚。

（4）其他集成外设：模拟比较器、定时器、掉电保护、电源管理模块、12 位 ADC、RTC、USCI 等。

4.2　Cortex-M 系列

ARM 采用 32 位精简指令集（RISC）处理器架构，但也配备 16 位指令集，一般比等价

32 位代码节省 35%，但能保留 32 位系统的所有优势。从 ARM9 开始 ARM 都采用了哈佛体系结构，这是一种将指令与数据分开存放在各自独立的存储器结构，独立的程序存储器与数据存储器使处理器的处理能力得到较大提高。ARM 多采用流水线技术，此技术通过多个功率部件并行工作来缩短程序执行时间，使指令能在多条流水线上流动，从而提高处理器的效率和吞吐率。

对于 ARM 处理器而言，其目前有 Classic 系列、Cortex 系列。

Classic 系列处理器由 3 个子系列组成：ARM7 系列（基于 ARMv3 或 ARMv4 架构）、ARM9 系列（基于 ARMv5 架构）和 ARM11 系列（基于 ARMv6 架构）。

Cortex-M 系列处理器包括 Cortex-M0、Cortex-M0+、Cortex-M1、Cortex-M3、Cortex-M4、Cortex-M7、Cortex-M23、Cortex-M33、Cortex-M35P 等子系列。该系列主要针对成本和功耗敏感的应用，如智能测量、人机接口设备、汽车和工业控制系统、家用电器、消费性产品和医疗器械等。

Cortex-R 系列处理器包括 Cortex-R4、Cortex-R5、Cortex-R7、Cortex-R8、Cortex-R52 等子系列，面向如汽车制动系统、动力传动解决方案、大容量存储控制器等深层嵌入式实时应用。

Cortex-A 系列处理器包括 Cortex-A5、Cortex-A7、Cortex-A8、Cortex-A9、Cortex-A12、Cortex-A15、Cortex-A17、Cortex-A32、…、Cortex-A75、Cortex-A76 等子系列，用于具有高计算要求、运行丰富操作系统及提供交互媒体和图形体验的应用领域，如智能手机、平板电脑、汽车娱乐系统、数字电视等。

通常来说，作为工业控制处理器，可以选择 Cortex-M 系列处理器，其中 M0 比较简单便宜，适合替代 51 单片机，Cortex-R 处理器可以取代 ARM9 作为具有带操作系统的控制系统；Cortex-A 系列处理器更加常用的场合是消费电子。

BeagleBone Black 是一款社区支持的低成本开发平台，面向 ARM® Cortex™-A8 处理器开发人员和业余爱好者。不到 10 秒即可启动 Linux，5 分钟内即可开始 Sitara™ AM335x ARM Cortex-A8 处理器的开发。BeagleBone Black 通过板载闪存随 Ångström Linux 发行版提供，以开始进行评估和开发。BeagleBone Black 支持包括 Ubuntu、Android、Fedora 等 Linux 发行版和操作系统，以及其他基于 ARM 处理器的板卡，如树莓派（Raspberry Pi）、香橙派（Orange Pi）、香蕉派（Banana Pi）等。在测控系统特别是图像采集处理等方面有着广泛的应用。BeagleBone Black 板卡如图 4-3 所示。

图 4-3　BeagleBone Black 板卡

ARM 处理器的家族非常庞大，在测控系统中，应用比较广泛的有 Cortex-M 系列的 MSP432 和 Tiva 系列。

4.2.1　MSP432 系列

TI 公司于 2015 年 3 月推出了 MSP432 单片机，该系列单片机凭借 32 位的 48MHz Cortez-M4F

内核及周围设备，与 16 位 RISC（精简指令集）的 MSP430 单片机相比，MSP432 单片机采用的是 32 位 RISC，此单片机可提供更高性能，是 M3 内核的两倍；极低功耗是 MSP432 单片机的另一个重要特点，充分利用 TI 公司在超低功耗 MCU 方面的独特技术，在实现优化性能的同时降低了功率的损耗，在工作模式下功耗仅为 95μA/MHz，而待机功耗仅为 850nA，其中包括 RTC（实时时钟）的功耗。同时，用户能够充分利用 MSP430 和 ARM 的工具链获得最佳的高性能和低功耗。现在，由于 MSP430 平台的延伸，MSP430 和 MSP432 之间的代码可以无缝移植，即用户可以将现有的基于 MSP430 平台的项目移植到 MSP432 平台。

MSP432 单片机具有以下主要特点。

1. 强大的处理能力

由于性能是测控系统的一个关键目标，因此 MSP432 选择了性能最高的 Cortex M 内核。Cortex-M4F 内核包含对完整 ARM 指令集的访问权限，此外还包含 DSP 扩展指令和一个浮点 FPU 模块，可以更高效地执行运算。MSP432 单片机的主频可以高达 48MHz，内置了高性能的外设且独具特色。例如，把 MCU 驱动部分放到只读存储器中而不是闪存中运行，由于只读存储器中的驱动程序执行速度比闪存高 200%，因此可以更快地运行程序，并且可以把节省下来的 Flash 存储器空间直接用于存储用户数据或进行数据计算。另外，单片机内置的模拟模块是 1MSPS 的 14 位 ADC，这可以让用户以更快的速度进行数据采样。

2. 极低功耗

MSP432 单片机在硅片的级别上就进行了低功耗优化。它加入了宽工作电压范围等功能，可在 1.62V 电压下工作，这包括全速代码运行及闪存访问。MSP432 单片机还集成了 DC/DC 稳压器，可以在频率超过 24MHz 时提高工作效率，与以前的 LDO（低压差线性稳压器）相比，可把整个功耗再降 40%。而闪存的缓冲器 NTMA 可以最大限度地缩短 CPU 的执行周期。MSP432 单片机包含一种独特的可选 RAM 保持特性，此特性能够为运行所需的 8 个 RAM 段中的每一段提供专用电源，因此每段的功耗可以减少 30nA，从而降低了总体系统功率。在器件具备低功耗性能的同时，MSP432 单片机也提供了实现低功耗的工具和软件。位于 ROM 中的驱动程序库所需要的功耗也低于在闪存中运行驱动程序的功耗。而 TI 公司提供的 ULP Advisor 和 Energy Trace+等工具可帮助用户优化代码，从而避免在不必要的情况下产生额外的功耗。通过硅片级的低功耗优化和针对低功耗的软件优化，MSP432 单片机的有效功耗和待机功耗分别只有 95μA/MHz 和 850nA，结合 14 位 ADC 使用时，以 1MSPS 的速度运行采样传感器数据，能耗仅有 375μA，非常省电。同时，ADC 的采样速度可调，最低功耗可以低至 200μA。

3. 高性能模拟技术及丰富的片上外设

MSP432 单片机结合 TI 公司的高性能模拟技术，具有非常丰富的片上外设：时钟模块（UCS）、Flash 控制器、RAM 控制器、DMA 控制器、通用 I/O、CRC 模块、定时器、RTC、14 位 ADC、12 位 DAC、比较器、UART、SPI、I^2C、USB 模块等。丰富的片上外设不仅给应用系统设计带来了极大的方便，同时也降低了应用系统的成本。MSP432 系列整体架构框图如图 4-4 所示。

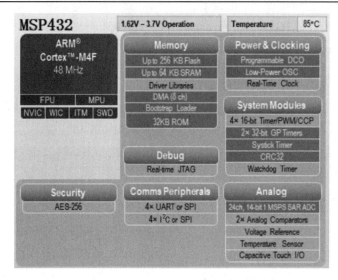

图 4-4　MSP432 系列整体架构框图

4. 高效灵活的开发环境

　　MSP432 单片机具有十分方便的开发调试环境，这是由于其内部集成了 JTAG 调试接口和 Flash 存储器，可以在线实现程序的下载和调试，开发人员只需一台计算机、一个 JTAG 调试器和一个软件开发集成环境即可完成系统的开发。目前针对 MSP432 单片机，推荐使用 CCS 软件开发集成环境，其功能强大、性能稳定、可用性高，是开发 MSP432 单片机软件的理想工具。

　　MSP432 单片机中带 R 的器件具有 256KB 闪存和 64KB SRAM，而带 M 的器件有 128KB 闪存和 32KB SRAM。MSP432 系列单片机部分选型表如图 4-5 所示。TI 公司提供 3 种不同的封装类型，可以根据具体应用来选择。最小的是 5×5mm 的 BGA 封装，此外还有 64QFN 和 100LQFP 封装。

Part Number	Flash (KB)	SRAM (KB)	ADC14 Chan	Comp-0 Chan	Comp-1 Chan	Timer A	eUSCI Chan A: UART/ IrDA/SPI	Chan B: SPI/I2C	20mA Drive I/O	Total I/O	Package Type
MSP432P401RIPZ	256	64	24/ext 2/int	8	8	5, 5, 5, 5	4	4	4	84	100 LQFP 16x16mm
MSP432P401MIPZ	128	32	24/ext 2/int	8	8	5, 5, 5, 5	4	4	4	84	100 LQFP 16x16mm
MSP432P401RIZXH	256	64	16/ext 2/int	6	8	5, 5, 5	3	4	4	64	80 BGA 5x5mm
MSP432P401MIZXH	128	32	16/ext 2/int	6	8	5, 5, 5	3	4	4	64	80 BGA 5x5mm
MSP432P401RIRGC	256	64	12/ext 2/int	2	4	5, 5, 5	3	3	4	48	64 QFN 9x9mm
MSP432P401MIRGC	128	32	12/ext 2/int	2	4	5, 5, 5	3	3	4	48	64 QFN 9x9mm

图 4-5　MSP432 系列单片机部分选型

　　一般来说，在进行 MSP432 单片机选型时，可以考虑以下几个原则。

（1）选择内部功能模块最接近应用系统需求的型号。

（2）若应用系统开发任务重，且时间比较紧迫，则可以首先考虑比较熟悉的型号。

（3）所选型号的 Flash 和 RAM 空间是否能够满足应用系统设计的要求。

（4）在满足系统设计的前提下，尽量选用价格最低的 MSP432 单片机型号。

为了提高 MSP432 处理器开发效率，可以在测控系统中使用 TI 公司的 MSP432P401R LaunchPad 开发板（图 4-6），该开发板采用 Cortex-M4F 内核的 MSP432P401R 处理器，包含带 Energy Trace+技术的板载仿真器，无须其他工具即可进行项目编程和调试，同时还可以测量系统总能耗，可以使用 TI Resource Explorer 在线浏览所有文档及使用在线的 CCS Cloud IDE 进行开发。此外，该开发板还提供其他专业软件开发环境，如 TI 公司提供的基于 Eclipse 的 Code Composer Studio 和 IAR Embedded Workbench。

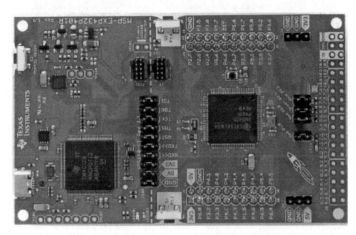

图 4-6　MSP432P401R LaunchPad 开发板

开发板采用低功耗、高性能的 ARM Cortex M4F MSP432P401R 处理器。处理器带浮点运算单元和 DSP 功能，24 通道 14 位差动 1MSPS SAR ADC，32 位硬件乘法器，具有 256KB 闪存、64KB RAM，多达 4 个 I^2C、8 个 SPI、4 个 UART 等通信接口。

开发板具有 40 引脚 BoosterPack 标准连接器，支持 20 引脚 BoosterPack，便于扩展及 BoosterPack 生态系统的开发，并板载 Energy Trace+技术的 XDS-110ET 仿真器。此外，它还具有与用户交互的两个按钮和两个 LED 指示灯，并支持 USB 转串口，便于与计算机连接。

4.2.2　Tiva 系列

Tiva 系列 MCU 可在互联网应用中完美整合 TI 片上高性能模拟产品、稳健的软件产业环境及系统专业技术。Tiva 系列 MCU 由两个子系列构成，分别为 TM4C123×和 TM4C129×系列，两者都采用了 Cortex-M4F 作为其硬件内核。

TM4C123×系列工作主频可达 80MHz，采用 ARM Cortex-M4 浮点内核，其整体架构框图如图 4-7 所示。同时，TM4C123×也包含高达 256KB 的闪存和 32KB 的 SRAM，两个高速 12 位 ADC 最高可达 1MSPS，最多两个 CAN 2.0A/B 控制器，可选的全速 USB 2.0 OTG/主/从设备，最多 40 个 PWM 输出，串行通信有 8 个 UART、6 个 I^2C、4 个 SPI/SSI，智能低功耗设计电源，消耗低至 $1.6\mu A$。

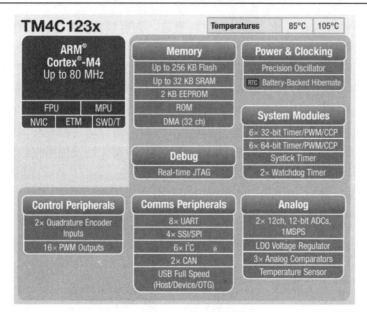

图 4-7　TM4C123×系列整体架构框图

　　TM4C123×系列有很多不同外设功能、不同封装的芯片型号，用户可以根据应用需求选择最合适的型号。图 4-8 所示为 TM4C123×系列单片机部分选型。

Part Number	Flash (KB)	SRAM (KB)	EEPROM (Bytes)	ARM Cortex CPU	Max Speed (MHz)	External Peripheral I/F	LCD Controller Module	10/100 MAC+PHY	10/100 MAC with MII I/F	IEEE 1588	CAN MAC	USB D, H, or O	HS USB PHY I/F (ULPI)	UART	I²C	SSI/SPI Units	Quad-Capable	General-Purpose (Total)	Real-Time Clock (RTC)	Watchdog	PWM Outputs	QEI Channels	Resolution (bits)	Channels	Speed (samples/sec)	Analog/Digital Comparators	Tamper Signals	CRC	AES	DES	SHA/MD5	Battery-Backed Hibernation	Temperature Range (°C)	Pin/Package
TM4C123x MCUs																																		
TM4C1230E6PM	128	32	2K	M4	80	0	0	0	0	0	1	–	0	8	6	4	0	12	1	2	0	0	12	12	1M	2/16	0	0	0	0	0	0	–40 to 85	64 LQFP
TM4C1230H6PM	256	32	2K	M4	80	0	0	0	0	0	1	–	0	8	6	4	0	12	1	2	0	0	12	12	1M	2/16	0	0	0	0	0	0	–40 to 85	64 LQFP
TM4C1231E6PM	128	32	2K	M4	80	0	0	0	0	0	1	–	0	8	4	4	0	12	1	2	0	0	12	12	1M	2/16	0	0	0	0	0	1	–40 to 85	64 LQFP
TM4C1231E6PZ	128	32	2K	M4	80	0	0	0	0	0	1	–	0	8	6	4	0	12	1	2	0	0	12	22	1M	3/16	0	0	0	0	0	1	–40 to 85	100 LQFP
TM4C1231H6PGE	256	32	2K	M4	80	0	0	0	0	0	1	–	0	8	6	4	0	12	1	2	0	0	12	24	1M	3/16	0	0	0	0	0	1	–40 to 85	144 LQFP
TM4C1231H6PM	256	32	2K	M4	80	0	0	0	0	0	1	–	0	8	4	4	0	12	1	2	0	0	12	12	1M	2/16	0	0	0	0	0	1	–40 to 85	64 LQFP
TM4C1231H6PZ	256	32	2K	M4	80	0	0	0	0	0	1	–	0	8	6	4	0	12	1	2	0	0	12	22	1M	3/16	0	0	0	0	0	1	–40 to 85	100 LQFP
TM4C1232E6PM	128	32	2K	M4	80	0	0	0	0	0	1	D	0	8	6	4	0	12	1	2	0	0	12	12	1M	2/16	0	0	0	0	0	0	–40 to 85	64 LQFP
TM4C1232H6PM	256	32	2K	M4	80	0	0	0	0	0	1	D	0	8	6	4	0	12	1	2	0	0	12	12	1M	2/16	0	0	0	0	0	0	–40 to 85	64 LQFP
TM4C1233E6PM	128	32	2K	M4	80	0	0	0	0	0	1	D	0	8	4	4	0	12	1	2	0	0	12	12	1M	2/16	0	0	0	0	0	1	–40 to 85	64 LQFP
TM4C1233E6PZ	128	32	2K	M4	80	0	0	0	0	0	1	D	0	8	6	4	0	12	1	2	0	0	12	22	1M	3/16	0	0	0	0	0	1	–40 to 85	100 LQFP
TM4C1233H6PGE	256	32	2K	M4	80	0	0	0	0	0	1	D	0	8	6	4	0	12	1	2	0	0	12	24	1M	3/16	0	0	0	0	0	1	–40 to 85	144 LQFP
TM4C1233H6PM	256	32	2K	M4	80	0	0	0	0	0	1	D	0	8	4	4	0	12	1	2	0	0	12	12	1M	2/16	0	0	0	0	0	1	–40 to 85	64 LQFP

图 4-8　TM4C123×系列单片机部分选型

　　TM4C129×系列是 TM4C123×的增强版本，其工作主频为 120MHz。与 TM4C123×相比，TM4C129×拥有更大的 SRAM 及闪存。TM4C129×最大的改进是其集成了以太网控制器、LCD 控制器及片内数据保护功能。其中，片内数据保护功能集成了硬件 AES/DES/SHA 加密算法。TM4C129×的强悍性能，使得其可支持多路可控制输出、多事件管理；适用于照明、传感、运动、显示与开关等传感器聚合的应用。TM4C129×系列产品引脚与引脚（Pin to Pin）兼容，可充分满足不同应用存储器的需求：256KB 的集成 SRAM 与 6KB 的 EEPROM 支持更强的功能性，而 512KB～1MB 的可扩展闪存存储器支持 100000 次程序循环写入，可大大延长其可靠工作的时间。图 4-9 所示为 TM4C129×系列整体架构框图。

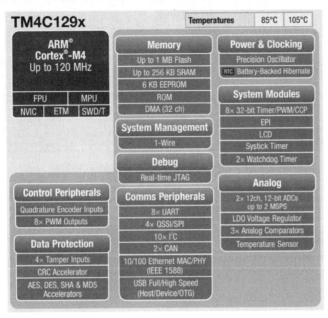

图 4-9　TM4C129×系列整体架构框图

TM4C129×系列有不同外设功能、不同封装的芯片型号，用户可以根据应用需求选择最合适的型号。图 4-10 所示为 TM4C129×系列单片机部分选型。

Part Number	Flash (KB)	SRAM (KB)	EEPROM (Bytes)	ARM Cortex CPU	Max Speed (MHz)	External Peripheral I/F	LCD Controller Module	10/100 MAC-PHY	10/100 MAC with MII I/F	IEEE 1588	CAN MAC	USB D, H, or O	HS USB PHY I/F (ULP)	UART	I²C	SSI/SPI Units	Quad-Capable	General-Purpose (Total)	Real-Time Clock (RTC)	Watchdog	PWM Outputs	QEI Channels	Resolution (bits)	Channels	Speed (samples/sec)	Analog/Digital Comparators	Tamper Signals	CRC	AES	DES	SHA/MD5	Battery-Backed Hibernation	Temperature Range (°C)	Pin/Package
TM4C1292NCPDT	1024	256	6K	M4	120	1	0	0	1	1	2	0	1	8	10	4		8	1	2	8	1	12	20	2M	3/16	4	1	0	0	0	1	–40 to 105	128 TQFP
TM4C1292NCZAD	1024	256	6K	M4	120	1	0	0	1	1	2	0	1	8	10	4		8	1	2	8	1	12	24	2M	3/16	4	1	0	0	0	1	–40 to 105	212 BGA
TM4C1294KCPDT	512	256	6K	M4	120	1	0	1	0	1	2	0	1	8	10	4		8	1	2	8	1	12	20	2M	3/16	4	1	0	0	0	1	–40 to 105	128 TQFP
TM4C1294NCPDT	1024	256	6K	M4	120	1	0	1	0	1	2	0	1	8	10	4		8	1	2	8	1	12	20	2M	3/16	4	1	0	0	0	1	–40 to 105	128 TQFP
TM4C1294NCZAD	1024	256	6K	M4	120	1	0	1	0	1	2	0	1	8	10	4		8	1	2	8	1	12	24	2M	3/16	4	1	0	0	0	1	–40 to 105	212 BGA
TM4C1299KCZAD	512	256	6K	M4	120	1	1	0	1	1	2	0	1	8	10	4		8	1	2	8	1	12	24	2M	3/16	4	1	0	0	0	1	–40 to 105	212 BGA
TM4C1299NCZAD	1024	256	6K	M4	120	1	1	0	1	1	2	0	1	8	10	4		8	1	2	8	1	12	24	2M	3/16	4	1	0	0	0	1	–40 to 105	212 BGA

图 4-10　TM4C129×系列单片机部分选型

基于 TM4C1294 单片机为核心的 EK-TM4C1294XL LaunchPad 开发板如图 4-11 所示，开发板上设有两个用户按键、4 个 LED、复位键和唤醒键。网络接口由第三方 Exosite 公司提供，每个评估板上都装有 Exosite 平台，允许用户创建和自定义属于自己的物联网功能。开发板片内预装的快速启动应用使用户在任何地点都可以通过网络浏览器远程监测和控制评估板,为网络化远程开发调试提供可能。

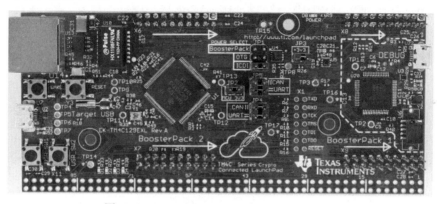

图 4-11　EK-TM4C1294XL LaunchPad 开发板

EK-TM4C1294 XL LaunchPad 开发板主要特性如下。

（1）板载 TM4C1294NCPDT MCU 是 120MHz 32 位 ARM Cortex-M4 CPU,具有浮点运算、1MB 闪存、256KB SRAM、6KB EEPROM、集成式 10/100 以太网 MAC+PHY、数据保护硬件、8 个 32 位计时器、两个 12 位 2MSPS ADC、运动控制 PWM、USB Host/Device/OTG 及大量其他串行通信接口。

（2）两个可堆叠 BoosterPack XL 连接站点。

（3）基于云的 Exosite 快速入门应用。

（4）板载程序调试接口（ICDI）。

（5）多重开发工具链支持：CCS、Keil、IAR、Mentor 和 GCC。

4.3　DSP 处理器

数字信号处理器（Digital Signal Processing, DSP）芯片是一种特别适合数字信号处理运算的微处理器,其应用领域已涉及计算机外设、通信、工业控制、航空航天、精密仪器、家用电器、数码相机等。

4.3.1　DSP 的特点

DSP 的主要特点如下。

（1）采用数据总线与地址总线分离的哈佛结构及改进的哈佛结构,比传统的冯·诺依曼结构有更高的指令执行速度。

（2）采用流水线操作,从而在不提高时钟频率的条件下减少了每条指令的执行时间。

（3）片内有多条总线,可同时进行取指令及多个数据存取操作。

（4）有独立的乘法器和加法器,使得同一时钟周期内可以完成相乘、累加两个运算。这样,在数字信号处理时所做的滤波、矩阵运算等需要大量乘法累加运算时,就可以用硬件来完成，加快了运算的速度。

（5）带有中断、DMA 控制器、串行通信口、定时器等丰富的片内外设。

正是由于 DSP 所具有的哈佛结构、流水线操作、专用的硬件乘法器、特殊的 DSP 指令及快速的指令周期等特性，使得 DSP 在数据处理功能和运算速度上要比普通单片机强得多。DSP 比 16 位单片机单指令执行时间快 8～10 倍，乘法运算快 16～30 倍。

4.3.2　DSP 的分类

世界上第一个单片 DSP 芯片是 1978 年 AMI 公司发布的 S2811，随后，1979 年 Intel 公司发布了商用可编程器件 2920，1980 年日本 NEC 公司推出了第一个带有硬件乘法器的 DSP 芯片 μPD7720。1982 年，美国德州仪器（TI）公司推出了第一代 DSP 芯片，迄今已成为世界上最大的 DSP 芯片供应商。其他 DSP 生产厂商还有 Agere Systems、Motorola、Analog Devices 等。

TI 公司的 DSP 芯片主要可以归纳为以下三大系列。

（1）TMS320C2000 系列：包括 C2834×/F28×××等。

（2）TMS320C5000 系列：包括 C54×/C55×/OMAP 等。

（3）TMS320C6000 系列：包括 C62×/C64×/C67×等。

TMS320C2000 实时控制 MCU 采用专有的 32 位内核（C28×CPU），可提供外单周期操作和高达 300MIPS 的速度，外加经高度优化的外设和中断管理总线。TMS320C200 系列 DSP 的内部结构框图如图 4-12 所示。这些实时单芯片控制解决方案具有强大的集成外设，专为各种控制应用而设计，主要面向数字控制领域，如电话、数字相机、售货机、空调、数字电机控制、工业自动化等，目前主推 TMS320F28335。

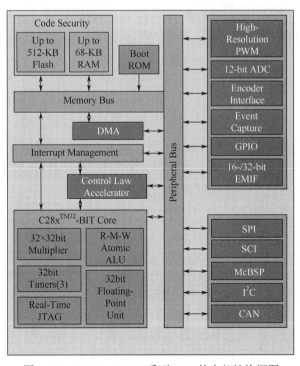

图 4-12　TMS320C2000 系列 DSP 的内部结构框图

　　TMS320F28335 是一款 TMS320C28×系列浮点 DSP 控制器。与以往的定点 DSP 相比，该器件具有精度高、成本低、功耗小、性能高、外设集成度高、数据及程序存储量大、A/D 转换更精确快速等特点。TMS320F28335 具有 150MHz 的高速处理能力，具备 32 位浮点处理单元，6 个 DMA 通道支持 ADC、McBSP 和 EMIF，12 位 16 通道 ADC，有多达 18 路的 PWM 输出，其中有 6 路为 TI 特有的更高精度的 PWM 输出（HRPWM）。得益于其浮点运算单元，用户可快速编写控制算法而无须在处理小数操作上耗费过多的时间和精力，与前代 DSP 相比，平均性能提高 50%，并与定点 C28×控制器软件兼容，从而简化软件开发，缩短开发周期，降低开发成本。基于 DSP 的电机专用集成电路由于在计算速度、容量存储等方面比单片机具有更优的性能，已逐渐代替单片机运用于电机控制系统中，因此 TMS320F28335 在复杂测控系统中占有重要地位。

　　TMS320C5000 系列是定点 DSP 芯片，最高速度可达几百 MIPS，主要面向低功耗、便携式的无线终端产品，如电话、便携式信息系统、寻呼机、助听器等。

　　TMS320C6000 系列最高速度达上千 MIPS，采用了超长指令字结构，使并行处理能力大大增强，该芯片特别适用于图像和视频处理等需要高性能处理的场合，如无线通信基站、多通道电话系统、3D 图像处理与语音系统等。

图 4-13　C2000^{TM} Piccolo LaunchPad
（LAUNCHXL-F28069）

　　TI 公司为 C2000 系列 DSP 也提供了一些 LaunchPad 来加速测控系统的开发，如 LAUNCHXL-F28027、LAUNCHXL-F28069、LAUNCHXL-F28049、LAUNCHXL-F28379 等。以 LAUNCHXL-F28069 为例，如图 4-13 所示。

　　LAUNCHXL-F28069 是一款价格低廉的支持 InstaSPIN™-MOTION 和 InstaSPIN-FOC 的 C2000™ Piccolo LaunchPad 评估平台，可以应用在使用 InstaSPIN™-MOTION 或 InstaSPIN-FOC 解决方案进行电机控制的领域。此 LaunchPad 基于 Piccolo TMS320F28069M，具有许多独有特性，如 256KB 板载闪存、12 位 ADC、

I^2C、SPI、UART、CAN、双路编码器支持及位于片上只执行 ROM 存储器中的 InstaSPIN 库。此 LaunchPad 包含许多板载硬件特性，如集成的隔离式 XDS100v2 JTAG 仿真器使编程和调试简单易行；硬件支持两个 BoosterPack 和双路编码器反馈等。

4.4　FPGA

　　最早的可编程逻辑器件（PLD）是 1970 年制成的可编程只读存储器（PROM），它由固定的与阵列和可编程的或阵列组成。PROM 采用熔丝技术，只能写一次，不能擦除和重写。随着技术的发展，此后又出现了紫外线可擦除只读存储器 UVEPROM 和电可擦除只读存储器 EEPROM。由于其价格便宜、速度低、易于编程，适用于存储函数和数据表格。其后又出现了可编程逻辑阵列（PLA）器件、可编程阵列逻辑（PAL）器件、可擦除可编程逻辑器件（EPLD），

集成密度越来越高。复杂可编程逻辑器件（CPLD）是 20 世纪 80 年代末 Lattice 公司提出了在线可编程技术（ISP）以后，于 20 世纪 90 年代初推出的。CPLD 至少包含 3 种结构：可编程逻辑宏单元、可编程 I/O 单元和可编程内部连线。它是在 EPLD 的基础上发展起来的，采用 EECMOS 工艺制作，与 EPLD 相比，增加了内部连线，对逻辑宏单元和 I/O 单元也有很大改进。现场可编程门阵列（FPGA）器件是 Xilinx 公司 1985 年首家推出的，它是一种新型的高密度 PLD，采用 CMOS-SRAM 工艺制作。FPGA 的结构与门阵列 PLD 不同，其内部由许多独立的可编程逻辑模块（CLB）组成，逻辑块之间可以灵活地相互连接，CLB 的功能很强，不仅能够实现逻辑函数，还可以配置成 RAM 等复杂的形式。配置数据存放在芯片内的 SRAM 中，设计人员可现场修改器件的逻辑功能，即现场可编程。FPGA 出现后受到电子设计工程师的普遍欢迎，发展十分迅速。

4.4.1　CPLD 与 FPGA 的特点

CPLD 和 FPGA 都具有体系结构和逻辑单元灵活、集成度高及适用范围宽的特点。这两种器件兼容了简单 PLD 和通用门阵列的优点，可实现较大规模的电路，编程也很灵活。与 ASIC（Application Specific IC）相比，具有设计开发周期短、设计制造成本低、开发工具先进、质量稳定等优点，用户可以反复地编程、擦除、使用，或者在外围电路不动的情况下用不同软件实现不同的功能及实时在线检验。

CPLD 是一种比 PLD 复杂的逻辑元件，它是一种用户根据各自需要而自行构造逻辑功能的数字集成电路。与 FPGA 相比，CPLD 提供的逻辑资源相对较少，但是经典 CPLD 构架提供了非常好的组合逻辑实现能力和片内信号延时可预测性，因此对于关键的控制应用比较理想。

FPGA 是在 PAL、GAL、EPLD 等可编程器件的基础上进一步发展的产物。它是作为专用集成电路（ASIC）领域中的一种半定制电路而出现的，提供了丰富的可编程逻辑资源、易用的存储/运算功能模块和良好的性能，既解决了定制电路的不足，又克服了原有可编程器件门电路数有限的缺点。

FPGA 和 CPLD 因为结构上的区别，各具特色。因为 FPGA 的内部构造触发器比例和数量多，所以它在时序逻辑设计方面更有优势；而 CPLD 因具有与或门阵列资源丰富、程序掉电不易失等特点，适用于组合逻辑为主的简单电路。

总体来说，由于 FPGA 资源丰富且功能强大，因此在产品研发方面的应用突出。当前新推出的可编程逻辑器件芯片主要以 FPGA 类为主，随着半导体工艺的进步，其功率损耗越来越小，集成度越来越高。测控系统中的应用也基本以 FPGA 为主。

4.4.2　FPGA 的选型

FPGA 的生产厂家主要有 Xilinx、Altera、Actel、Lattice、Microsemi 等。其中，Xilinx 与 Altera 两家公司共占有近 90%的市场份额。Altera 的开发软件有 MAX+PLUSII、QuartusII 和 Quartus Prime，2015 年 12 月被芯片巨头 Intel 公司以 167 亿美元完成收购。Xilinx 是 FPGA 的发明者，拥有世界一半以上的市场，提供 90%的高端 65nm FPGA 产品，开发软件为 ISE 和 Vivado。Actel 主要提供非易失性 FPGA，其产品主要基于反熔丝工艺和 FLASH 工艺，主要应用于军用和宇航领域。

Intel（Altera）公司的 FPGA 主要有 Stratix、Arria、Cyclone、MAX 系列。其中 Cyclone 系列侧重低成本应用，容量中等，性能可以满足一般的逻辑设计要求；Startix 系列侧重于高性能应用，容量大，性能满足各类高端应用。

Xilinx 公司是 All Programmable FPGA、SoC、MPSoC 和 3D IC 的全球领先企业，致力于实现新一代更智能的、互联的和差异化的系统与网络。Xilinx 公司当前的 FPGA 产品按工艺划分为 45nm、28nm、20nm、16nm。45nm 的主要是 Spartan 系列，Spartan 系列适合中低端应用，成本比较低。28nm 产品主要是 7 系列，有 Artix-7、Kintex-7 和 Virtex-7 这 3 个系列。其中 Artix-7 面向中低端用户；Kintex-7 面向中端用户；Virtex-7 面向高端用户。20nm 是 UItraSCALE 系列，有 Virtex 和 Kintex 两个系列。16nm 是 UItraSCALE+系列。图 4-14 所示为 Xilinx 公司 FPGA 产品的主要发展历程。

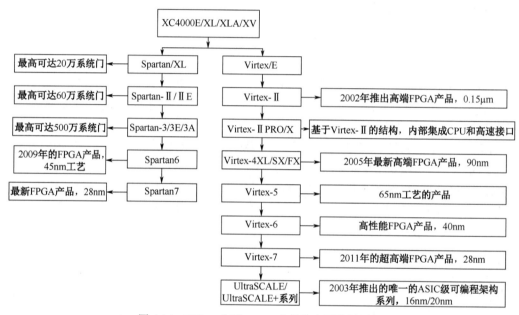

图 4-14　Xilinx 公司 FPGA 产品的主要发展历程

当选择一款 FPGA 芯片时，首先要确定系统设计需要多少 FPGA 资源，然后根据评估的资源数量选择合适的 FPGA 型号。选择 FPGA 具体型号时需要考虑引脚数量、逻辑资源、片内存储器、DSP 资源、功耗及封装形式。

以最新的 Spartan-7 为例，资源列表如表 4-1 所示。

表 4-1　Spartan-7 系列的资源列表

资　　源	功　　能
逻辑单元	6～102KB
片上存储器	0.2～5.3MB
峰值 DSP 性能	11～176 GMAC/s
峰值 I/O 数据速率	1250Mb/s
峰值存储器接口速率	800Mb/s

由表 4-1 可知，Spartan-7 FPGA 资源丰富，将高性能 28nm 可编程架构与低成本的小尺寸封装完美结合，在实现高性能的同时确保小型化 PCB 尺寸。逻辑、存储器、DSP、I/O 和存储器接口电路及高性能、低功耗 28nm 工艺的结合，使得 Spartan-7 器件能执行多种功能，如传感器接口、电机控制及协议桥接等。成熟的 Vivado Design Suite 提供众多省时功能，使设计人员在 Spartan-7 FPGA 上花较少的工作就能构建出复杂的低成本设计，因此在高需求复杂的测控系统中有着广泛的应用。

4.5　本章小结

处理器是测控系统的核心，是控制、辅助系统运行的"大脑"，本章简单介绍了测控系统中常见处理器（如 MSP430、MSP432、Tiva、DSP、FPGA）的特点，给测控系统的处理器选型提供一定的参考。

习　题　4

1．MSP430F5529 单片机在测控系统中应用广泛，请简述它们的特点。

2．MSP432 系列单片机有什么特点？

3．DSP 处理器的总线结构和单片机相比有什么异同？为什么更适合处理数字信号？

4．FPGA 的设计中，一般什么时候使用到 DSP 资源？

5．结合自己的处理器使用经验，谈一谈从选型到实现的过程。

第5章

电气执行机构

执行机构是测控系统的"手"和"脚"，它们的作用是接受控制器送来的控制信号，改变被控介质的大小，从而将被控变量维持在所要求的数值上或一定的范围内。它是一种工业自动化仪表，如继电器、舵机、步进电机等。

5.1　继电器

继电器是电气控制系统中常用的执行元件和控制器件，具有独特的电气、物理特性，其断态的高绝缘电阻和通态的低导通电阻，加上继电器标准化程度高、通用性好、可简化电路等优点，在自动控制、遥控、保护电路等方面得到广泛的应用。它可以用较小的电流来控制较大的电流，用低电压来控制高电压，用直流电来控制交流电等，并且可实现控制电路与被控电路之间的电气隔离。

继电器的种类很多，按输入信号的性质可分为电压继电器、电流继电器、时间继电器、温度继电器、速度继电器、压力继电器等；按工作原理可分为电磁式、感应式、电动式、热和电子式等。

电磁式继电器是最常用的继电器之一，其结构如图 5-1 所示。它是利用电磁吸引力推动触点动作的，由铁芯、线圈、衔铁、动触点、静触点等部分组成。平时，衔铁在弹簧的作用下向上翘起，当工作电流通过线圈时，铁芯被磁化，将衔铁吸合向下运动，推动动触点与静触点接通，实现了对被控电路的控制。根据线圈工作电压的不同，电磁式继电器分为直流继电器、交流继电器和脉冲继电器等类型，在工程项目和大学生电子设计竞赛的测控系统中，直流继电器应用较为普遍。

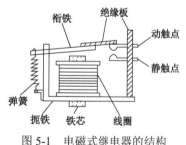

图 5-1　电磁式继电器的结构

5.1.1　继电器参数

若要用好继电器，正确选型是很重要的，对被控对象的性质、特点和使用要求要有透彻的了解，并进行周密考虑。对所选继电器的原理、用途、技术参数、结构特点、规格型号要掌握和分析。在此基础上应根据项目实际情况和具体条件正确选择继电器。

测控系统常用的继电器主要参数包含线圈参数和触点参数两部分。

1．线圈参数

（1）额定工作电压（Nominal Coil Voltage）是指继电器正常工作时线圈所需要的电压。根据继电器的型号不同，可以是交流电压，也可以是直流电压。

（2）吸合电压（Pick Up Voltage）是继电器触点吸合的最小线圈电压。

（3）释放电压（Drop Out Voltage）保证继电器触点释放的最大线圈电压。

（4）吸合电流（Pick Up Current）是指继电器能够产生吸合动作的最小电流。在正常使用时，给定的电流必须略大于吸合电流，这样继电器才能稳定地工作。而对于线圈所加的工作电压，一般不要超过额定工作电压的 1.5 倍，否则会产生较大的电流而把线圈烧毁。

（5）额定工作电流（Nominal Operating Current）是指额定电压下正常工作时线圈需要的电流值。选用继电器时必须保证其额定工作电压和额定工作电流符合要求。

（6）线圈电阻（Coil Resistance）是指继电器中线圈的直流电阻，一般定义为在 20℃时测量的结果，该值与温度正相关。

2．触点参数

（1）接触电阻（Initial Contact Resistance）是指继电器中触点接触后的电阻值，可以通过万用表测量。对于许多继电器来说，接触电阻无穷大或不稳定是最容易出现的故障情况。

（2）触点开关电压和电流（Nominal Switching Capacity）是指继电器允许加载的电压和电流。它决定了继电器能控制电压和电流的大小，使用时不能超过此值，否则很容易损坏继电器的触点。

（3）最大承载电流（Max. Switching Current）是在不考虑温升的条件下，继电器触点所能承受的最大电流，一般要大于触点开关电流。

（4）绝缘电阻（Insulation Resistance）是指各隔离部分之间的电阻，包括继电器的线圈和触点，断开触点之间，触点线圈和各个铁芯之间，该值通常意味着"初始绝缘电阻"。由于材料老化和逐渐积累的灰尘，绝缘电阻可能随着时间的推移而下降。

（5）吸合时间（Operate Time）是指从最初线圈开始上电到触点开始闭合的时间，不包括触点反弹。

（6）释放时间（Release Time）是指从最初的线圈掉电到最后触点断开的时间，不包括触点反弹。

（7）触点反弹（Contact Bounce）是指在继电器吸合或释放过程中，由于移动金属和触点之间的碰撞，会产生间歇性开关的现象，一般为毫秒级。

（8）机械寿命（Mechanical Expected Life）是指在正常条件下（线圈电压、温度、湿度等）触点无电流情况下，继电器可以操作的最少次数。

（9）最大开关频率（Max. Switching Frequency）是指在正常条件下，或者不影响电气和机械寿命的条件下，线圈端能加电压的最大频率。

除此以外，还要区分所选继电器是普通的无极性继电器还是磁保持继电器或极化继电器，根据不同的继电器类型选择不同结构的驱动电路。

5.1.2 继电器驱动

直流继电器的线圈额定工作电压有直流电压 3.3V、5V、12V、24V 等，额定工作电流一般从几毫安到几百毫安。因此，仅仅依靠处理器的 I/O 是不足以驱动继电器工作的，因此需要驱动电路使继电器工作。继电器的驱动一般有以下几种方法。

1. 晶体管驱动

S9012（S9013）、S8550（S8050）是常用的三极管，集电极工作电流可以达 300～800mA，是小功率继电器常用的简便易行的驱动方法。

图 5-2 所示为用 NPN 型三极管驱动继电器电路，图中阴影部分为继电器电路，继电器线圈作为集电极负载而接到集电极和正电源之间。当输入为 0V 时，三极管截止，继电器线圈无电流流过，则继电器释放（OFF）；相反，当输入为+V_{CC} 时，三极管饱和，继电器线圈有电流流过，则继电器吸合（ON）。

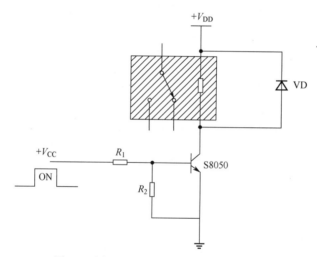

图 5-2 用 NPN 型三极管驱动继电器电路

在图 5-2 中，二极管 VD 起到保护电路的作用，称为续流二极管，当输入电压由+V_{CC} 变为 0V 时，三极管由饱和变为截止，这样继电器电感线圈中的电流突然失去了流通通路，若无续流二极管 VD，将在线圈两端产生较大的反向电动势，极性为下正上负，电压值可达一百多伏。这个电压加上电源电压作用在三极管的集电极上足以损坏三极管。故续流二极管 VD 将这个反向电动势放电，使三极管集电极对地的电压最高不超过+V_{DD}+0.7V。

为了使三极管可靠地工作在截止和饱和状态，图 5-2 中电阻 R_1 和 R_2 的取值必须使电路控制端输入为+V_{CC} 时的三极管能够可靠地饱和，即应满足

$$\beta I_b > I_{es}$$

同时，图 5-2 中继电器动作时处理器 I/O 输出为高电平，就要求有一定的输出电流能力，而一般情况下，处理器 I/O 的灌电流驱动会比拉电流驱动能力大。所以，可以将图 5-2 中的

NPN 三极管替换成 PNP 三极管，如图 5-3 所示。

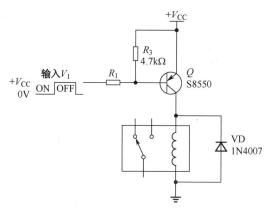

图 5-3　用 PNP 三极管驱动继电器电路

与图 5-2 比较，NPN 三极管变为 PNP 三极管，电流方向、电压极性和继电器控制逻辑都应有所变化。当输入为 0V 时，三极管饱和导通，从而使继电器线圈工作，继电器吸合；相反，当输入为+V_{CC} 时，三极管截止，继电器释放。

2．集成电路驱动

晶体管驱动适用于继电器比较少的场合，当电路中继电器数量较多，用分立元件就显得电路复杂，元器件过多。因此驱动多个继电器时就可以用专用芯片，这种集成驱动芯片有很多，以常见的 ULN2003 为例，这是一种单通道驱动电流可达 500mA 的阵列芯片，有 7 路脉冲输出端，即可以驱动 7 个继电器，每个信号输出端与输入端口对应。图 5-4 所示为 ULN2003 驱动继电器，从图中可以看出每个输出端都反向并联了一个续流二极管，外加电路就不需要了。

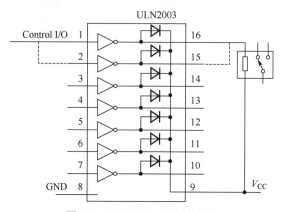

图 5-4　ULN2003 驱动继电器

当 Control I/O 上输入高电平时，ULN2003 的 1 号引脚输出低电平，继电器线圈有电流通过，继电器触点吸合；当 Control I/O 上输入低电平时，ULN2003 的 1 号引脚输出高电平，继电器线圈两端无电流通过，继电器触点释放。当需要更大的驱动电流时，可以通过两个通道并联的方式来实现（图 5-4 中虚线部分）。

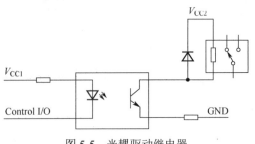

图 5-5　光耦驱动继电器

3．光耦驱动

光耦电路可以做到电气隔离和电平转换，这在继电器应用电路中有着很重要的作用。因为继电器在闭合或断开瞬间会对电路产生电磁干扰，光耦驱动电路可以有效降低继电器对电路其他部分的影响。

图 5-5 所示为光耦驱动继电器，当 Control I/O 上输入一个低电平时，光耦的光敏二极管导通，发出光线，受光器接受光线之后就产生光电流，从输出端流出，从而实现了"电—光—电"转换，继电器线圈有电流流过，继电器触点吸合；当 Control I/O 上输入一个高电平时，光耦的光敏二极管截止，"电—光—电"通道断开，继电器线圈无电流流过，继电器触点断开。

当然，为了隔离，也可以将光耦和晶体管或光耦和 ULN2003 组合在一起进行驱动。

4．H 桥驱动电路

上述继电器的驱动电路采用单晶体管或 IC 的单通道实现，适用于单稳态继电器驱动，测控系统中还有一种继电器就是磁保持继电器或极化继电器。与普通继电器不同的是，这类继电器的触点断开、闭合状态平时由永久磁铁所产生的磁力所保持。当继电器的触点需要断开或闭合状态时，只需用正（反）直流脉冲电压激励线圈，继电器在瞬间就完成了断开与闭合的状态转换。因此，上述驱动电路就不再适合，需要引入 H 桥电路进行驱动。

H 桥驱动原理如图 5-6 所示，S1、S2、S3、S4 构成"H"桥的 4 个桥臂，若 S1 和 S4 导通时，继电器线圈左边接正电压右边接地；S2 和 S3 导通时，继电器线圈左边接地右边接正电压，即可实现用正（反）直流脉冲电压激励线圈完成断开与闭合的状态转换。需要注意的是，一边的上下两个桥臂不能同时导通，否则会导致电源与地短接。

开关 S1、S2、S3、S4 可以是晶体管，也可以是集成芯片，图 5-7 所示为三极管组成的继电器 H 桥驱动电路，Ho1、Ho2 和 Lo1、Lo2 分别是驱动晶体管工作的两组互锁的驱动信号。

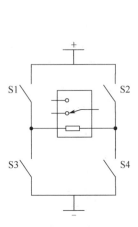

图 5-6　H 桥驱动原理

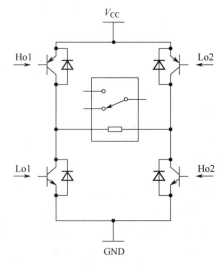

图 5-7　三极管组成的继电器 H 桥驱动电路

5.2 电动机

电动机是测控系统中常见的执行机构，主要作用是产生驱动转矩，而电动机的控制包括启动、运转、方向控制、速度控制、位置控制、转矩控制等，本节主要就有刷直流电机、无刷直流电机、舵机和步进电机进行分析。

5.2.1 有刷直流电机

有刷直流（Brushed DC，BDC）电机（见图 5-8）是一种直流电动机，有刷电动机的定子上安装有固定的主磁极和电刷，转子上安装有电枢绕组和换向器。直流电源的电能通过电刷和换向器进入电枢绕组，产生电枢电流，电枢电流产生的磁场与定子主磁场相互作用产生电磁转矩，使电机旋转带动负载。

图 5-8　有刷直流电机

转子（也称为电枢）由一个或多个绕组构成。当这些绕组受到激励时，会产生一个磁场。转子磁场的磁极将与定子磁场的相反磁极相吸引，从而使转子旋转。在电机旋转过程中，会按不同的顺序持续激励绕组，因此转子产生的磁极绝不会与定子产生的磁极重叠。转子绕组中磁场的这种转换称为换向。

BDC 电机不需要控制器来切换电极绕组中电流的方向，而是通过机械的方式完成 BDC 电机绕组的换向。在 BDC 电机的转轴上安装有一个分片式铜套，称为换向器。随着电机的旋转，碳刷会沿着换向器滑动，与换向器的不同分片接触。这些分片与不同的转子绕组连接，当通过电机的电刷上电时，就会在电机内部产生动态的磁场。注意，电刷和换向器由于两者之间存在相对滑动，因此是 BDC 电机中最容易损耗的部分。

图 5-9 所示的两极有刷直流电机的定子上装设了一对直流励磁的静止的主磁极 N 和 S，在转子上装设电枢铁芯。定子与转子之间有一气隙。在电枢铁芯上放置了由两根导体（A 和 X）连成的电枢线圈，线圈的首端和末端分别连到两个圆弧形的换向片上。换向片固定在转轴上，它们之间互相绝缘，也与转轴绝缘，在换向片上放置着一对固定不动的电刷（B1 和 B2），当电枢旋转时，电枢线圈通过换向片和电刷与外电路接通。

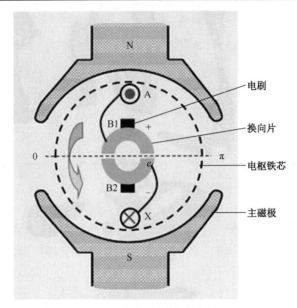

图 5-9　两极有刷直流电机

1．有刷直流电机的驱动

在实际应用中，当需要电机转动和改变电机的速度时，需要驱动电路对 BDC 电机进行控制。

1）启停和方向控制

驱动 BDC 电机的方法有很多，有些应用场合仅要求电机往一个方向运转。图 5-10 所示为采用 MOSFET 单方向驱动 BDC 电机的电路，其中图 5-10（a）采用低侧驱动，图 5-10（b）采用高侧驱动。两个电路的电机两端都跨接一个二极管，目的是防止反电磁通量电压损坏 MOSFET。反电磁通量是在电机转动过程中产生的，当 MOSFET 关断时，电机的绕组仍然处于通电状态，会产生反向电流。VD_1 必须具有合适的额定电流值，以能够承受这一电流。图 5-10 中的电阻 R_1 和 R_2 对于两个电路的工作很重要。R_1 用于保护控制端口（Control）免遭电流突增的破坏，R_2 用于确保在输入引脚处于三态时，Q_1 关断。

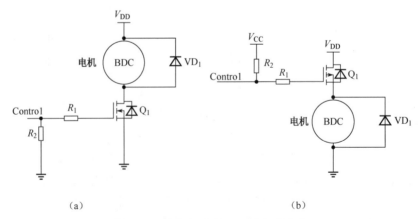

（a）　　　　　　　　　　　　　　　　（b）

图 5-10　单方向驱动 BDC 电机的电路

当 BDC 电机需要双向控制时，即需要正反转控制时，就需要使用 H 桥电路，它能够使电机绕组中的电流沿两个方向运动。双向 BDC 电机驱动（H 桥）电路如图 5-11 所示，Q_1、Q_2、Q_3 和 Q_4 构成 4 个桥臂，当 Q_1、Q_4 导通时，电机中电流从左向右；当 Q_2、Q_3 导通时，电机中电流从右向左。标注有箭头的 I_{FWD} 显示了该配置下电流的流向。

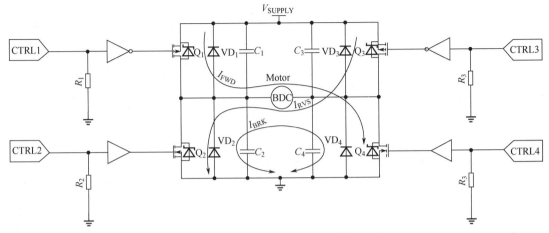

图 5-11　双向 BDC 电机驱动（H 桥）电路

同样地，每个 MOSFET 的两端都跨接一个二极管（$VD_1 \sim VD_4$）。这些二极管保护 MOSFET 免遭 MOSFET 关断时由电机线圈反电动势产生的电流尖峰的破坏。只有在 MOSFET 内部的二极管不足以承受反电磁通量电流时，才需要这些二极管。电容（$C_1 \sim C_4$）是可选的。这些电容的值通常不大于 10pF，它们用于减少由于换向产生的辐射干扰。

表 5-1 所示为 H 桥电路的不同驱动模式。在前向和后向模式中，桥的一端处于地电势，另一端处于供电电压 V_{SUPPLY}。在惯性滑行（Coast）模式中，电机绕组的接线端保持悬空，电机靠惯性滑行直至停转。刹车（Brake）模式用于快速停止 BDC 电机。在刹车模式下，电机的接线端接地。当电机旋转时，它充当一个发电机。将电机的引线短路相当于电机带有无穷大负载，可使电机快速停转。

表 5-1　H 桥电路的不同驱动模式

	Q_1(CTRL1)	Q_2(CTRL2)	Q_3(CTRL3)	Q_4(CTRL4)
前向	导通	断开	断开	导通
后向	断开	导通	导通	断开
惯性滑行	断开	断开	断开	断开
刹车	断开	导通	断开	导通

设计 H 桥电路时，当电路的输入不可预测时，必须将所有的 MOSFET 偏置到关断状态。这将确保 H 桥每侧上下两个桥臂上的 MOSFET 绝不会同时导通，否则将导致电源短路，最终损坏 MOSFET，致使电路无法工作。

2）速度控制

BDC 电机的速度与施加给电机的电压成正比，当使用数控技术时，脉宽调制（PWM）信号（见图 5-12）被用来改变电机的平均电压。电机的绕组充当一个低通滤波器，因此具有足够频率的 PWM 信号将会在电机绕组中产生一个稳定的电流。平均电压、供电电压和占空比的

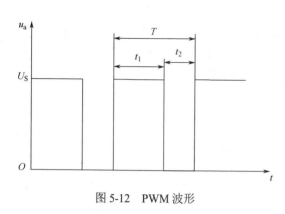

图 5-12　PWM 波形

关系由以下公式给出。

$$V_{\text{AVERAGE}}=D\times V_{\text{SUPPLY}}$$

速度和占空比 D 之间成正比关系，其中 $D=t_1/T$。

例如，如果额定 BDC 电机在 12V 时以转速 15000rpm 旋转，那么当给电机施加占空比为 50%的信号时，电机将（理想情况下）以 7500rpm 的转速旋转。PWM 信号的频率是考虑的重点，频率太低会导致电机转速过低，噪声较大，并且对占空比变化的响应过慢；频率太高，则会因开关设备的开关损耗而降低系统的效率。一般在 4～20kHz 范围内调整输入信号的频率。这个范围足够高，电机的噪声能够得到衰减，并且此时 MOSFET（或 BJT）中的开关损耗也可以忽略。

在 PWM 调压调速中，改变占空比有以下 3 种方法。

（1）定宽调频法：该方法保持高电平时间 t_1 不变，改变斩波周期 T，进而改变电压波形的占空比，调整平均电压。

（2）调宽调频法：该方法保持低电平宽度 t_2 不变，通过改变 t_1 来改变占空比，此时斩波频率（或周期 T）是变化的。

（3）定频调宽法：该方法同时改变 t_1 和 t_2 来改变占空比，但保持斩波频率（或周期 T）不变。

这 3 种方法都可以实现调压，前两种方法在调速过程中都改变了斩波频率，对电路的实现有一定的困难。另外，当斩波频率在一个宽范围内变化时，可能与系统固有频率重合或接近，严重时会引起振荡，因此这两种方法应用较少，大多采用定频调宽法。

3）闭环控制

通常，电机的控制是一个闭环系统，图 5-13 所示为典型的闭环电机控制系统，可以根据不同的应用场合进行适当调整，如在调速系统中可以省去位置检测反馈环路。

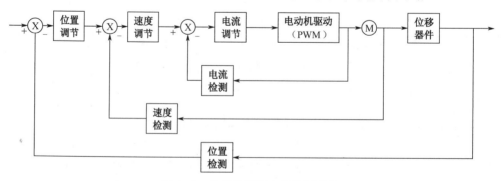

图 5-13　典型的闭环电机控制系统

图 5-13 中的最内环为电流补偿环节，目的是补偿负载的突然变化引起的电流变化。一定的电流补偿可以加快系统的响应，如果负载突然加大，就会导致速度降低，由于机械惯性的影响，这个过程需要一定时间，导致整个系统调节时间较长。当负载加大时，由驱动器加大驱动

电流，即给予一定补偿，平衡负载的增大，即提高驱动力矩，这样对转速的影响会比较小。加入电流非线性补偿环节的另一个作用是对启动特性有利。在电动机启动时，由于静摩擦和系统惯性的影响，需要比较大的启动电流才能快速启动，正反馈作用和限幅功能的结合，可以使电流迅速达到最大值并在整个启动过程中维持最大值，在转速达到一定值后，负载力矩趋于正常，电流恢复到正常，电动机控制系统的这种特性通常称为"恒流启动特性"。

直流电动机控制系统的速度控制环节是系统中最主要的环节，通常由测速电动机或光电编码器提供转速反馈信号，速度调节器对速度进行控制来达到系统要求的静态和动态指标。一般情况下，控制器要采用一定的控制算法（如 PID、模糊控制等）。

位置反馈环节通常由位置或位移传感器提供位置信息，如光栅、编码器等，调节器控制拖动机构的运行状态，完成定位功能，位置调节环节中经常根据系统惯量和即时速度预先设定升/降速曲线，许多系统还根据定位的距离，设定预减速区间，系统会根据当时的运动状态来决策调速方式，以获得最快的位置定位，同时减少对机械部件的冲击。

2．常用有刷直流电机驱动器芯片

测控系统中，有刷直流电机可以采用分立 MOS 开关管搭建 H 桥来驱动，也可以采用专用控制芯片来实现。

DRV8873 器件是 TI 公司提供的用于驱动有刷直流电机的集成式驱动器 IC。两个逻辑输入控制 H 桥驱动器，该驱动器包含 4 个能够以高达 10A 的峰值电流双向驱动电机的 N 沟道 MOSFET。该器件由单一电源供电，支持 4.5～38V 的宽输入电源范围。该器件可通过 PH/EN 或 PWM 接口轻松连接至控制器电路。该控制器可利用电流镜来监控负载电流，不需要使用高功率电阻器来检测电流。同时提供了低功耗睡眠模式，可以通过关断大量内部电路来实现极低的静态电流消耗，还提供了用于欠压锁定、电荷泵故障、过流保护、短路保护、开路负载检测和过热的内部保护功能。可通过 nFAULT 引脚和 SPI 寄存器来指示故障状况，图 5-14 所示为处理器、DRV8873 和电机的连接方式。

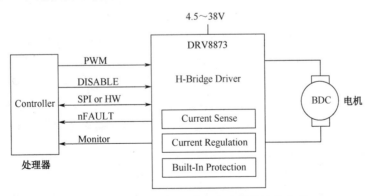

图 5-14　处理器、DRV8873 和电机的连接方式

L298 是一款单片集成的高电压、高电流、双路全桥式电机驱动，最高工作电压可达 46V，输出电流瞬间峰值可达 3A，持续工作电流为 2A；额定功率为 25W。内含两个 H 桥的高电压大电流全桥式驱动器，可以用来驱动直流电机和步进电机、继电器线圈等感性负载；采用标准逻辑电平信号控制；有两个使能控制端，在不受输入信号影响的情况下允许或禁止器件工作，

有独立的逻辑电源输入，使内部逻辑电路部分在低电压下工作；可以外接检测电阻，将变化量反馈给控制电路。使用 L298N 芯片可以驱动一台两相步进电机或四相步进电机，也可以驱动两台有刷直流电机。L298N 电路原理如图 5-15 所示。8 个续流二极管是为了消除电机转动时的尖峰电压保护电机而设计的，由于工作时 L298 的功率较大，可以适当加装散热片。

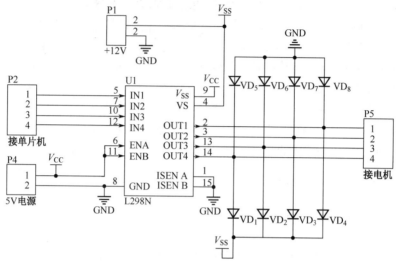

图 5-15　L298N 电路原理

有刷直流电机驱动器芯片还有 DRV8701、STSPIN250 等，在选型时可以根据电机的工作电压、电流等电机参数，以及报警、低功耗等系统功能需求来确定。

3. 减速器

直流电动机的转速一般比较高，在大力矩低转速的应用场合下，要选择力矩电机，这样电机的外径就会增加很多，为了让一般的电机能够胜任较大力矩的应用场合，就需要配上减速器。

减速器是一种装在原动机与工作机之间用以降低转速、增加扭矩的装置，在生产中使用十分广泛，常见的有齿轮减速器、蜗轮蜗杆减速器等。它处在原动机与工作机之间，是一个独立封闭式传动装置。此外，减速器也是一种动力传达机构，利用齿轮的速度转换器，将电机的转速减到所要的转速，并能得到较大转矩。降速同时提高输出扭矩，扭矩输出比例按电机输出乘减速比，但要注意不能超出减速器额定扭矩。同时，减速器啮合间隙会带来额外控制误差。

5.2.2　无刷直流电机

四轴飞行器是近年来比较热门的项目，常见的旋翼电机就是无刷直流电动机，如图 5-16 所示。无刷直流电动机（BLDC）是在有刷直流电动机基础上发展起来的，以电子换向器取代了机械换向器，它的电枢线圈经由电子"换向器"接到直流电源上，因此可把它归为直流电动机的一种。但是相比于直流电动机，无刷直流电动机具有两个显著的特点：第一，无刷直流电动机具有直流电动机的优良特性；第二，虽然无刷直流电动机用直流电源供电，但是没有传统意义上的电刷和换向器，它的绕组中电流的通、断和方向的变化是通过电子换向电路实现的。

所以无刷直流电机既具有直流电机良好的调速性能等特点，又具有交流电机结构简单、无换向火花、运行可靠和易于维护等优点，电机结构相对简单，降低了电机的制造和维护成本。

图 5-16　无刷直流电机

无刷直流电机有以下 6 个优点。

（1）无刷直流电机的外特性好，能够在低速下输出大转矩，可以提供较大的启动转矩。

（2）无刷直流电机的速度范围宽，任何速度下都可以全功率运行。

（3）无刷直流电机的效率高、过载能力强，使得它在拖动系统中有出色的表现。

（4）无刷直流电机的再生制动效果好，由于它的转子是永磁材料，制动时电机可以进入发电机状态。

（5）无刷直流电机的体积小，功率密度高。

（6）无刷直流电机无机械换向器，采用全封闭式结构，可以防止尘土进入电机内部，可靠性高。

但无刷直流电机不能自动换向，电机控制器成本提高了，有刷直流电机的驱动 H 桥需要 4 只功率管，而无刷直流电机的驱动 H 桥需要 6 只功率管。

无刷直流电动机的工作原理和普通直流电动机一样，如图 5-17 所示。无刷直流电动机转矩的获得也是通过改变相应电枢线圈电流在不同磁极下的方向，从而产生转矩并使转矩总是沿着一个共同方向。它与直流电机有很多共同点，定子和转子的结构差不多，绕组的连线也基本相同。但是，结构上它们有一个明显的区别：无刷直流电机没有有刷直流电机中的换向器和电刷，取而代之的是位置传感器。位置传感器也有相应的两部分，转动部分与电动机本体中转子同轴连接，固定部分与定子相连。

无刷直流电机的位置传感器目前多采用霍尔传感器或光电传感器，为了方便描述，电机定子的线圈中心抽头接电机电源 POWER，各相的端点接功率管，位置传感器导通时使功率管的 G 极接 12V，功率管导通，对应的相线圈被通电。由于 3 个位置传感器随着转子的转动，会依次导通，使得对应的相线圈也依次通电，因此定子产生的磁场方向不断地变化，电机转子也跟着转动起来，这就是无刷直流电机的基本转动原理——检测转子的位置，依次给各相通电，使定子产生的磁场方向连续均匀地变化。

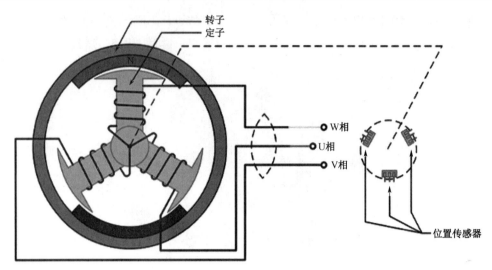

图 5-17　无刷直流电动机工作原理

由上述分析可知，无刷直流电动机本身是一个闭环系统，各绕组的电流通过位置传感器和控制驱动电路，电机就可以转动起来，一般情况下，需要专门的驱动器才能正常驱动无刷直流电机。

1. 无刷直流电机的控制

图 5-18 所示为无刷直流电机单向转动原理，图中使用了 3 个 MOS 管来驱动无刷直流电机，这样电机是可以转起来的，但是由于不能改变各绕组的电流方向，电机只能沿着一个方向转动，因此不能改变旋转的方向。为了改变旋转方向，通常采用 H 桥型电路来改变绕组的电流方向。

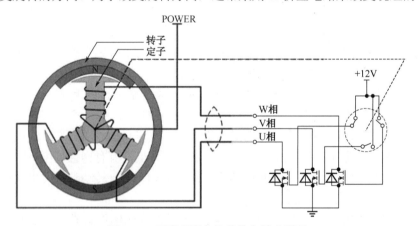

图 5-18　无刷直流电机的单向转动原理

以常见的 3 相绕组的无刷电机为例，在图 5-18 的基础上加上 3 只 MOS 管，成为图 5-19 所示的无刷直流电机全桥驱动电路。以图 5-19（a）所示的 3 相星形全桥绕组连接方式为例，可以看出 3 相星形全桥驱动模式下，必须有两个开关晶体管同时导通，使两个绕组形成回路；不同开关管的组合，可以在绕组上形成两个方向的电流。例如，VT_1、VT_6 同时导通时，A 绕组电流为正，C 绕组电流为负；VT_2、VT_4 导通时，B 绕组电流为正，A 绕组电流为负。

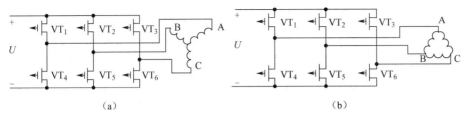

(a)　　　　　　　　　　　　　　　　　　(b)

图 5-19　无刷直流电机全桥驱动电路

表 5-2 和表 5-3 列出了在图 5-19 的连接方式下，电动机正向和反向旋转时导通开关管和绕组的电流流向关系。

表 5-2　星形全桥绕组正向旋转时导通开关管和绕组电流流向关系

导电角/°	0~60	60~120	120~180	180~240	240~300	300~360
导通开关管	VT_1、VT_6	VT_2、VT_6	VT_2、VT_4	VT_3、VT_4	VT_3、VT_5	VT_1、VT_5
A 相电流	+		−	−		+
B 相电流		+	+		−	−
C 相电流	−	−		+	+	

表 5-3　星形全桥绕组反向旋转时导通开关管和绕组电流流向关系

导电角/°	360~300	300~240	240~180	180~120	120~60	60~0
导通开关管	VT_2、VT_4	VT_2、VT_6	VT_1、VT_6	VT_1、VT_5	VT_3、VT_5	VT_3、VT_4
A 相电流	−		+	+		−
B 相电流	+	+		−	−	
C 相电流		−	−		+	+

在实际应用中，可以按照上面两张表的逻辑产生控制电平来驱动开关管的动作，可以产生相位相差 120° 的 PWM 来控制开关管。为了提高控制效果，正弦脉宽调制（SPWM）和空间矢量脉宽调制（SVPWM）也是两种常见的改进 PWM 的控制方式。

SPWM（Sinusoidal PWM）法就是在 PWM 的基础上改变了调制脉冲方式，脉冲宽度时间占空比按正弦规律排列，这样输出波形经过适当的滤波可以做到正弦波输出。SPWM 是一种比较成熟的、使用较广泛的 PWM 法，用脉冲宽度按正弦规律变化而与正弦波等效的 PWM 波形控制开关器件的通断，使其输出脉冲电压的面积与所希望输出的正弦波在相应区间内的面积相等。SPWM 生成原理如图 5-20 所示。

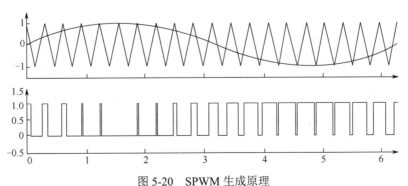

图 5-20　SPWM 生成原理

电压空间矢量 PWM（SVPWM）的出发点与 SPWM 不同，SPWM 调制是从三相交流电源出发的，其着眼点是如何生成一个可以调压调频的三相对称正弦电源，而 SVPWM 是将电动机看成一个整体，用 8 个基本电压矢量合成期望的电压矢量，建立功率器件的开关状态，并依据电机磁链和电压的关系，从而实现对电动机变压变频调速。若忽略定子电阻压降，当定子绕组施加理想的正弦电压时，由于电压空间矢量为等幅的旋转矢量，因此气隙磁通以恒定的角速度旋转，轨迹为圆形。

SVPWM 与 SPWM 的原理和来源有很大不同，SPWM 由三角波与正弦波调制而成，而 SVPWM 可以看作由三角波与有一定三次谐波含量的正弦基波调制而成。相比之下 SVPWM 主要有以下特点。

（1）在每个小区间虽有多次开关切换，但每次开关切换只涉及一个器件，所以开关损耗小。

（2）利用电压空间矢量直接生成三相 PWM 波，计算简单。

2. 常用无刷直流电机驱动器芯片

在测控系统中，与有刷电机一样，无刷电机既可以采用分立 MOS 开关管搭建 H 桥来驱动，也可以采用专用控制芯片来实现。专用的无刷直流电机集成电路包含控制和驱动电动机的基本功能，同时会设置一些关于调压、逻辑、保护和报警灯功能，因此采用专用的无刷直流电机集成芯片构成的电机控制系统具有硬件简单、调试方便、开发周期短、性能稳定等优点。

DRV8302 是 TI 公司提供的一款适用于无刷直流电动机驱动应用的栅极驱动器集成电路。它提供 3 个半桥驱动器，每个半桥驱动器可驱动两个 N 沟道金属氧化物半导体场效应晶体管（MOSFET），如 TI 公司的 CSD18533Q5A、CSD18534Q5A 等型号 NextFET™功率 MOSFET。该器件最高支持 1.7A 拉电流和 2.3A 峰值电流。DRV8302 可通过具有 8～60V 宽工作电压范围的单一电源供电。它采用自举栅极驱动器架构和涓流充电电路来支持 100%占空比。DRV8302 在切换高侧或低侧 MOSFET 时使用自动握手机制，以防止发生电流击穿。高侧和低侧 MOSFET 的集成 VDS 感测用于防止外部功率级出现过流现象。DRV8302 具备两个对电流进行精确测量的分流放大器。这两个放大器支持双向电流感测，最高可提供 3V 可调节输出偏移。DRV8302 还包括输出和开关频率可调节的集成开关模式降压转换器。该降压转换器最高可提供 1.5A 的电流，以满足 MCU 或其他系统的功率需求。凭借硬件接口可配置不同器件参数，包括死区、过流、PWM 模式和放大器设置。报警信号通过 nFAULT 和 nOCTW 引脚报告处理器。图 5-21 所示为 DRV8302 简化电路原理。

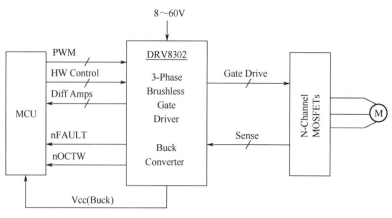

图 5-21　DRV8302 简化电路原理

DRV11873 是一款优秀的小型无传感器无刷直流电机（Sensorless BLDC）驱动芯片，支持 3 线/4 线 BLDC，此驱动器具有驱动电流能力高达 1.5A（持续）和 2A（峰值）的集成功率 MOSFET，DRV11873 专门设计用于低噪声和低外部组件数量的风扇电机驱动应用，无须外部电流感测电阻器即可实现过流保护，同步整流运行模式可增加电机驱动器应用的效率，FG 和 RD 用开漏输出来表示电机状态。DRV11873 可实现 PWM 调节转速、转向控制、转速脉冲输出、锁保护等功能，因此可满足所有的小型 BLDC 需求。

MC33035 是安森美公司推出的第二代高性能无刷直流电机控制专用集成电路，主要组成部分包括转子位置传感器译码电路、带温度补偿的内部基准电源、频率可设定的锯齿波振荡器、误差放大器、脉宽调制（PWM）比较器、3 个非常适用于驱动大功率 MOSFET 的大电流推挽驱动器、欠压封锁保护、芯片过热保护等故障输出电路和限流电路等。MC33035 的典型控制功能包括 PWM 速度控制、使能控制（启动或停止）、正反转控制、相位选择和制动控制等。此外，MC33035 还能有效地控制有刷直流电机。

5.2.3　舵机

舵机最早出现在航模中，是为控制玩具汽车和飞机设计的，可以安装在水平尾舵面用来控制飞机的俯仰角，或者安装在垂直尾舵面用来控制飞机的偏航角；同时在其他地方也有广泛的应用，如船模上用来控制尾舵、智能车中用来转向等。由此可知，凡是需要操作性动作时都可以用舵机来实现。

舵机根据控制信号输出轴旋转角度，一般而言都有最大旋转角度（如 180°）。与普通直流电机的区别为：直流电机是一圈圈连续转动，而舵机只能在一定角度内转动，不能一圈圈地转；普通直流电机无法反馈转动的角度信息，而舵机可以；两者用途也不同，普通直流电机一般是做动力用的，舵机是控制某物体转动一定角度用的，如方向控制和控制机器人的关节等。

一般来讲，舵机主要由舵盘、变速齿轮组、可调电位器、小型直流电机、电子控制板等组成，如图 5-22 所示。电子控制板接收到来自信号线的控制信号，控制电机转动；电机带动一系列变速齿轮组，减速后传动至输出舵盘。舵机的输出轴与可调电位器是相连的，舵盘转动的同时带动可调电位器，可调电位器将输出一个电压信号到电子控制板进行反馈；然后控制电路根据当前位置决定电机转动方向的速度，直到到达目标位置后停止。舵机工作原理框图如图 5-23 所示。

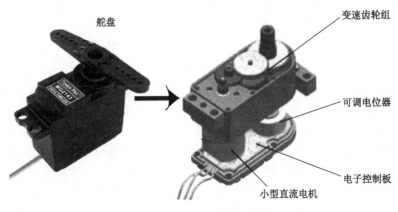

图 5-22　舵机结构

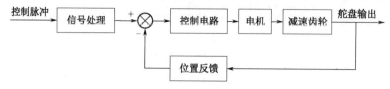

图 5-23　舵机工作原理框图

1. 舵机的技术参数

舵机的规格主要有转速、转矩、电压、尺寸、重量、材料等几个方面。舵机选型时要对以上几个方面进行综合考虑。

（1）转速。转速由舵机无负载的情况下转过 60°角所需时间来衡量，常见舵机的速度一般为 0.11s/60°～0.21s/60°。

（2）转矩。舵机转矩的单位为 kg·cm。可以理解为在舵盘上距舵机轴中心水平距离 1cm 处，舵机能够带动的物体重量。

（3）电压。厂商提供的速度、转矩数据与测试电压有关，在 4.8V 和 6V 两种测试电压下这两个参数有比较大的差别。例如，Futaba S-9001 在 4.8V 时扭力为 3.9kg、速度为 0.22s，在 6V 时扭力为 5.2kg、速度为 0.18s。舵机的工作电压对性能有重大的影响，舵机推荐的电压一般都是 4.8V 或 6V。当然，有的舵机可以在 7V 以上工作，比如 12V 的舵机也不少。较高的电压可以提高电机的速度和转矩。选择舵机还需要看控制器所能提供的电压。

（4）尺寸、重量和材料。舵机的功率（速度×转矩）和舵机的尺寸比值可以理解为该舵机的功率密度，一般同样品牌的舵机，功率密度大的价格高。

塑料齿轮的舵机在超出极限负荷的条件下使用可能会崩齿，金属齿轮的舵机则可能因电机过热损毁或外壳变形。所以材料的选择并没有绝对的倾向，关键是将舵机使用在设计规格之内。用户一般都对金属制的物品比较信赖，齿轮箱期望选择全金属的，舵盘期望选择金属舵盘。需要注意的是，金属齿轮箱在长时间过载下不会损毁，却会引起电机过热损坏或外壳变形，而这样的损坏是致命的、不可修复的。塑料轴的舵机如果使用金属舵盘是很危险的，舵盘和舵机轴在相互扭转过程中，金属舵盘不会磨损，舵机轴会在一段时间后变得光秃，导致舵机完全不能使用。

综上所述，选择舵机需要在计算自己所需转矩和速度，并确定使用电压的条件下，选择有 150%左右甚至更大转矩的舵机。

2. 舵机的控制

以常见的 MG995 舵机为例，输入线一般有 3 根，红色的是电源线，棕色的是地线，这两根线给舵机提供最基本的能源保证。电源有不同的规格，有 3.0～7.2V 的舵机，也有工作电压为 12V、24V 的舵机，分别对应不同的转矩标准，即输出力矩不同，电压高的对应的力矩要大一些，具体要看不同的应用条件。另一根输入线是控制信号线，舵机的控制信号为周期是 20ms 的脉宽调制（PWM）信号，其中脉冲宽度从 0.5～25ms 相对应舵盘的位置为-90°～90°，呈线性变化。也就是说，给它提供一定的脉宽，它的输出轴就会保持在一个相对应的角度上，无论外界转矩怎样改变，直到给它提供另外宽度的脉冲信号，它才会改变输出角度到新的对应位置上。图 5-24 所示为某一舵机转角与脉冲宽度的关系，舵机内部有一个基准电路，产生周期为 20ms、宽度为 1.5ms 的基准信号；有一个比较器，将外加信号与基准信号相比较，判断出方向和大小，从而产生电机的转动信号。由此可知，舵机是一种位置伺服的驱动器，转动范围不能超过 180°，适用于那些需要角度不断变化并可以保持的驱动中，如机器人的关节、飞机的舵面等。

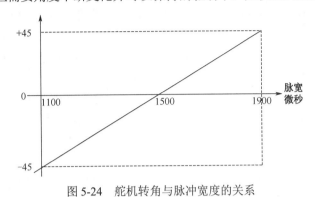

图 5-24　舵机转角与脉冲宽度的关系

舵机具有以下几个特点。

（1）体积紧凑，便于安装。

（2）输出力矩大，稳定性好。

（3）控制简单，便于和数字系统接口。

舵机为随动机构，当其未转到目标位置时，将全速向目标位置转动；当其到达目标位置时，将自动保持该位置。正是因为舵机有很多优点，现在不仅仅应用在航模运动中，已经扩展到各种机电产品中，而且在机器人控制中的应用也越来越广泛。

舵机的控制信号是一个脉宽调制信号，很方便与数字系统进行接口。只要能产生标准控制信号的数字设备都可以用来控制舵机，如 FPGA、单片机等。通过编程就可以让舵机从-90°变化到 90°，或者从 0° 变化到 180°。

5.2.4　步进电机

步进电机也称为脉冲电动机，是数字控制系统中的一种执行元件，如图 5-25 所示，其作用是将脉冲电信号转换为角位移或直线位移。在不过载的情况下，电机的转速、停止的位置只取决于脉冲信号的频率和脉冲数，而不受负载变化的影响。也就是说，每给电机加一个脉冲信号，电机则转过一个步距角。由此可知，步进电动机角位移与脉冲数成正比，速度与脉冲频率成正比，具有同步特性，是一个线性的关系。同时，步进电机具有只有周期性误差而无累积误差的特点，这样使得在速度、位置等控制领域变得非常简单。

图 5-25　步进电机

1．步进电机的分类

步进电机从其工作原理和结构形式上可分为反应式步进电机（Variable Reluctance，VR）、永磁式步进电机（Permanent Magnet，PM）、混合式步进电机（Hybrid Stepping，HS）。反应式步进电机定子上有绕组，转子由软磁材料组成。结构简单、成本低、步距角可小到 1.2°，但它的动态性能差、效率低、发热大，可靠性难保证。永磁式步进电机的转子用永磁材料制成，转子的极数与定子的极数相同，其特点是动态性能好、输出力矩大，但这种电机也存在着精度差，步距角大（一般为 7.5°或 15°）的缺点。而混合式步进电机综合了反应式和永磁式的优点，其定子上有多相绕组、转子上采用永磁材料，转子和定子上均有多个小齿以提高步距精度。其特点是输出力矩大、动态性能好，步距角小，但结构复杂、成本相对较高。这种结构的步进电机应用最广泛。

根据输出转矩大小可分为快速步进电机和功率步进电机，根据励磁相数可分为三相、四相、五相、六相、八相等步进电机。

步进电机的运行性能与控制方式有密切的关系，从控制方式来看，可以分为开环控制系统、闭环控制系统、半闭环控制系统。

在测控系统中，最受欢迎的是两相混合式步进电机，其特点是性价比高，配上细分驱动器后效果良好，能够达到基本步距角为 1.8°/步；配上半步驱动器后，步距角减少为 0.9°，而且可以进一步细分。但是由于摩擦力和制造精度等因素，实际控制精度略低。

2．步进电机的技术参数

1）启动频率

步进电机的启动分为空载启动和负载启动。空载启动频率就是步进电机在空载情况下能够正常启动的脉冲频率，如果脉冲频率高于该值，电机不能正常启动，可能发生失步或堵转，甚至烧毁电机。在有负载的情况下，启动频率更低。如果要使电机达到高速转动，脉冲频率应该有加速过程，即启动频率较低，然后一定加速度升到所希望的高频，即电机转速从低速升到高速。

2）电机固有步距角

电机固有步距角是指步进电机每接收到一个脉冲信号，步进电机所转动的角度。这个数值是电机出厂时给定的值，它不一定是电机实际工作时的真正步距角，真正的步距角与驱动器有关。

3）步距角精度

步进电机每转过一个步距角的实际值与理论值的误差称为步距角精度，即步距角精度=误差/步距角×100%，用百分比表示。

4）失步

电机运转时实际运转的步数，不等于理论上的步数，称为失步。

5）步进电机的相数

步进电机的相数是指电机内部的线圈组数，目前常用的有两相、三相、四相、五相步进电机。电机相数不同，其步距角也不同，一般两相电机的步距角为 0.9°/1.8°、三相的为 0.75°/1.5°、五相的为 0.36°/0.72°。由此可知，在没有细分驱动器的情况下，可以通过选择不同相数的步进电机来满足步距角的要求。如果使用细分驱动器，则"相数"的意义就不那么重要了，只需在驱动器上控制细分数值，就可以改变步距角的精度。

6）保持转矩

当步进电机通电但没有转动时，定子锁住转子的力矩称为保持转矩，它是步进电机最重要的参数之一，通常步进电机在低速时的力矩接近保持转矩。由于步进电机的输出力矩随速度的增大而不断衰减，输出功率也随速度的增大而变化，因此保持转矩就成为衡量步进电机最重要的参数之一。

7）运行矩频特性

电机在一定测试条件下测得运行中输出力矩与频率关系的曲线称为运行矩频特性，步进电机的力矩会随转速的升高而下降。这是电机诸多动态曲线中最重要的，也是选择电机的根本依据。

8）电机的共振点

步进电机在一定的运行频率下会发生共振，为使电机输出力矩大，不失步和整个系统的噪声降低，一般工作点均应偏移共振区远一些。

9）拍数

完成一个磁场周期性变化所需脉冲数或导电状态，或者指电机转过一个齿距角所需脉冲数。

3. 步进电机的控制

前面描述了处理器的脉冲信号可以驱使步进电机按照一定的步进值转动，但是脉冲信号是不能直接驱动步进电机运行的，要借助步进电机驱动器使步进电机运行，步进电机控制原理如图 5-26 所示。步进电机驱动器是一种能使步进电机运转的功率放大器，包含脉冲分配器和功率放大器，有的驱动器还提供细分功能，驱动器能把控制器发来的脉冲信号转换为步进电机的角位移，电机的转速与脉冲频率成正比，所以控制脉冲频率可以精确调速，控制脉冲数就可以精确定位。

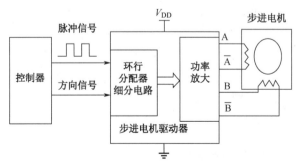

图 5-26　步进电机控制原理

驱动器一般采用光耦隔离处理器和步进电机来达到电气隔离、提高抗干扰能力的目的。驱动器与处理器的接线方式有共阳极接法、共阴极接法和差分式接法，如图 5-27 所示。

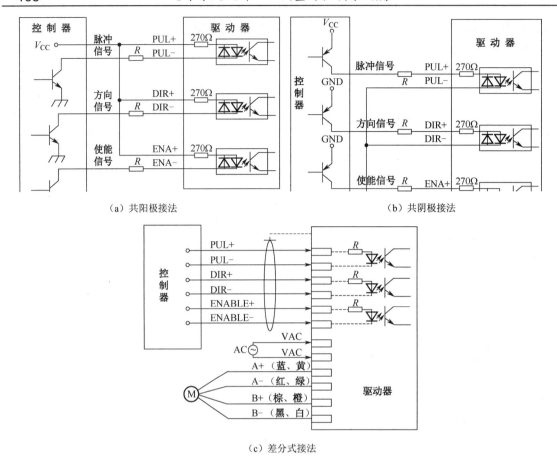

（a）共阳极接法　　　　　　　　　　　　　　　　（b）共阴极接法

（c）差分式接法

图 5-27　驱动器与处理器的接线方式

　　驱动器和电机的连线可以根据电机线数的多少来调整，如图 5-28 所示，驱动器的输出电流也要根据线数来调整：四线电机和六线电机的高速度模式，输出电流设成等于或略小于电机额定电流值；六线电机的高力矩模式，输出电流设成电机额定电流的 7/10 倍；八线电机的并联接法，输出电流应设成电机单极性接法电流的 1.4 倍；八线电机串联接法，输出电流应设成电机单极性接法电流的 7/10 倍。

　　步进电机的驱动在结构上可分为开环控制和闭环控制两种，图 5-28 所示为开环控制，控制器直接发送控制指令，驱动器执行指令驱动步进电机按照指定的速度、脉冲数运行，控制器是不知道步进电机的运行状态的，步进电机故障、失步、失控都无法通知控制器，所以引入闭环控制来解决这些问题。闭环控制主要做失步检测，还可以对步进电机实施矢量控制，可以降低功耗和固有震动，提升控制的可靠性。

　　图 5-29 所示为步进电机基本闭环控制框图，通过电位器或位置编码器将步进电机的位置信号反馈给处理器，检测是否达到控制目标。

　　图 5-30 所示为步进电动机矢量控制位置伺服系统框图，它是比较复杂的闭环矢量控制，以 3 个控制环达到闭环控制的目的。

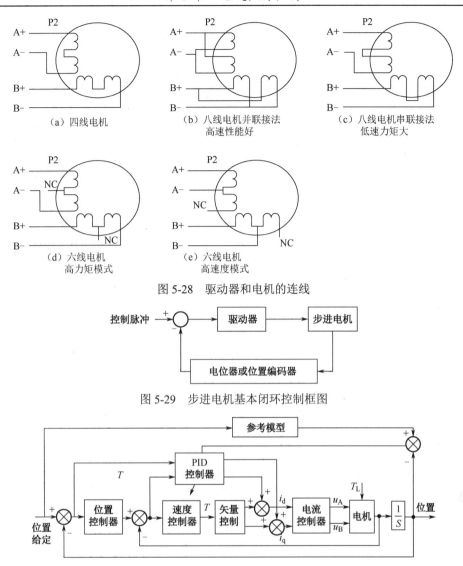

图 5-28　驱动器和电机的连线

图 5-29　步进电机基本闭环控制框图

图 5-30　步进电动机矢量控制位置伺服系统框图

4．步进电机的细分

步距角是步进电机的固有属性，每一个步进电机的步距角在设计完成之后就是固定的。步距角与电机运行的拍数和转子齿数有关，$\theta = 360 / NZ$（以两相电机为例），其中 N 是拍数（一般可以通过线数来确定），Z 是转子的齿数。细分控制是指对步距角再进行详细的分步控制。例如，对一个步距角为 1.8° 的两相四拍步进电机进行四细分控制，就是使得电机转动一步是 1.8 除以 4，即 0.45° 来运转。对于步进电机来说，细分功能完全是由外部驱动电路精确控制电机的相电流产生的，与具体电机无关。细分的本质是通过等角度有规律地插入大小相等的电流合成向量，从而减小合成磁势的角度（步距角），达到细分的目的。

图 5-31 所示为不细分的两相电流波形图，图 5-32 所示为 1/4 细分的电流波形图，由图可知细分的基本目的是把步进电机的每一粗步进行细分，得到较小的步距，使电机各相绕组中的

电流按一定的规律阶梯上升或下降，即分段达到相电流的额定值，然后再分段降为零。

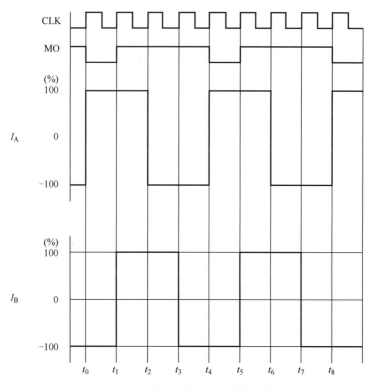

图 5-31   不细分的两相电流波形图

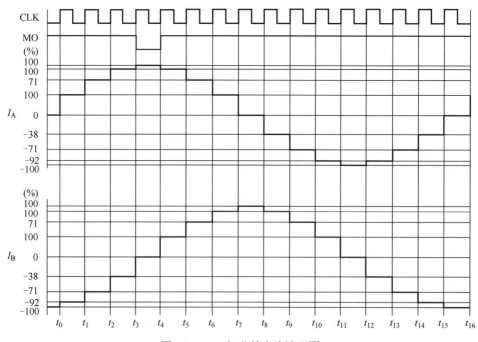

图 5-32   1/4 细分的电流波形图

5. 常用步进电机驱动器芯片

DRV8880 是 TI 公司提供的一款适用于工业应用的双极步进电机驱动器。该器件具有两个 N 沟道 MOSFET H 桥驱动器和一个微步进分度器。

DRV8880 能够驱动高达 2.0A 的满量程电流或 1.4A 均方根电流，可自动调整步进电机以实现最佳电流调节性能，并且能够对电机变化和老化问题进行补偿。此外，该器件还提供慢速、快速和混合 3 种衰减模式。STEP/DIR 引脚提供简单的控制接口，器件可配置为多种步进模式，如从全步进模式到 1/16 步进模式。凭借专用的 nSLEEP 引脚，该器件可提供一种低功耗的休眠模式，从而实现超低静态电流待机。该器件内置欠压、电荷泵故障、过流、短路及过热保护功能，故障状况通过 nFAULT 引脚指示。

TB6600 是东芝公司提供的大功率驱动 IC，拥有最大 50V@5A 驱动能力，最高 16 细分，适用于部分 86 及全系列 57、42 步进电机，芯片自带欠压、过流、短路保护。

DRV8711 器件是 TI 公司提供的一款具有片上 1/256 微步进分度器和失速检测功能的步进电机栅极驱动器，它使用外部 N 沟道 MOSFET 来驱动一个双极步进电机。该器件集成了一个微步进分度器，此分度器能够支持全步长至 1/256 步长的步进模式。8～52V 运行电源电压范围，可通过使用自适应消隐时间和包括自动混合衰减模式在内的多种不同的电流衰减模式，可实现非常平滑的运动系统配置。电机停止转动由一个可选反电势（EMF）输出报告。该器件还提供用于过流保护、短路保护、欠压锁定和过热保护的内部关断功能。故障状况通过 nFAULT 引脚进行指示，并且每种故障状况通过 SPI 总线向处理器报告。

DRV8412 是 TI 公司提供的 6A 单路双极步进 PWM 型电机驱动器，工作电源电压高达 52V。双全桥模式下最高 2×3A 连续输出电流（2×6A 峰值）或并联模式下的 6A 连续电流（12A 峰值）；PWM 工作频率高达 500kHz；集成自保护电路，包括欠压、过温、过载和短路。

5.3　本章小结

继电器、有刷直流电机、无刷直流电机、舵机、步进电机是常见的执行机构，本章在分析它们特点的基础上给出一些参考控制方案。在测控系统实际的执行机构控制方法设计中，要对被控对象的技术参数（如工作电压、电流等）做详细的了解后才能给出适合的方案。当然，除了这些，还有气阀、电子阀等执行机构，但是在教学实践及竞赛中不常用，因此不再赘述，如有需要可参照相关资料自行学习。

习　题　5

1．继电器有哪些驱动方式？不同的驱动方式分别应用于哪些场景？

2．有刷直流电机和无刷直流电机的控制方式有何异同？

3．步进电机的失步是由哪些原因造成的，有什么方法可以避免失步的出现？

4．各列举一个有刷直流电机、无刷直流电机、步进电机的常用芯片（不同于书中），根据数据手册，画出原理图并分析其工作原理。

第 6 章

测控系统中的电源及获取方法

电源作为测控系统中的供电单元或基准源，是测控系统的基本组成部分，因此了解电源的性能和选型对系统的稳定工作至关重要。电源包括电压源和电流源两种，测控系统中一般以电压源为主。电压源又分为直流电压源和交流电压源，其中直流电压源包括线性电压源、开关电压源和基准电压源。本章就从直流电压源的这 3 个方面来讨论电压源的性能和选型。

6.1　直流电压源的主要指标

在直流电压源实际应用和选型中，要关注的技术指标可以分为 3 类：第一类是特性指标，反映直流稳压电源的固有特性，如输入电压、输出电压、输出电流、输出电压调节范围；第二类是质量指标，反映直流稳压电源的优劣，包括稳定度、等效内阻（输出电阻）、纹波电压及温度系数等；第三类是极限指标，反映电源能够安全工作的极限状态，如最大输入电压、最大输出电流。

6.1.1　特性指标

1．输入电压范围

在符合直流稳压电源工作条件的情况下，能够保证稳压电源稳定输出目标电压值的输入电压范围。

2．输出电压范围

在符合直流稳压电源工作条件的情况下，能够正常工作的输出电压范围。该指标的上限由最大输入电压和最小输入－输出电压差所规定，而其下限由直流稳压电源内部的基准电压值决定。

3．最大输入－输出电压差

最大输入－输出电压差表征在保证直流稳压电源正常工作的条件下，所允许的最大输入－

输出之间的电压差值，主要取决于直流稳压电源内部调整晶体管的耐压指标。

4．最小输入－输出电压差

最小输入－输出电压差表征在保证直流稳压电源正常工作条件下，所需的最小输入－输出之间的电压差值。

5．输出负载电流范围

输出负载电流范围又称为输出电流范围，在这一电流范围内，直流稳压电源应能保证符合指标规范所给出的指标。

6.1.2　质量指标

1．电压调整率 S_V

电压调整率是表征直流稳压电源稳压性能优劣的重要指标，又称为稳压系数或稳定系数，它表征当输入电压 V_{in} 变化时 ΔV_{in} 直流稳压电源输出电压 V_O 稳定的程度，通常以单位输出电压下的输入和输出电压的相对变化的百分比表示。

$$S_V = \frac{\Delta V_O / V_O}{\Delta V_{in}} \times 100\% \bigg|_{\substack{\Delta I_O=0 \\ \Delta T=0}} (\% / V)$$

2．电流调整率 S_I

电流调整率是反映直流稳压电源负载能力的一项主要指标，又称为负载调整率。它表征当输入电压不变时，直流稳压电源对由于负载电流（输出电流）变化而引起的输出电压波动的抑制能力，在规定的负载电流变化的条件下，通常以额定输出电压下的输出电压变化值的百分比来表示。

$$S_I = \frac{\Delta V_O}{V_O} \times 100\% \bigg|_{\substack{\Delta V_{in}=0 \\ \Delta I_O=\text{常量}}} (\%)$$

3．温度稳定性 S_T

集成直流稳压电源的温度稳定性是以在所规定的直流稳压电源工作温度 T 最大变化范围内（$T_{min} \leqslant T \leqslant T_{max}$）直流稳压电源输出电压的相对变化的百分比值。

$$S_T = \frac{\Delta V_O}{\Delta T} \bigg|_{\substack{\Delta V_{in}=0 \\ \Delta I_O=0}} (mV / ℃)$$

4．输出电阻 R_O

在输入电压和其他条件不变时，输出电压的变化与输出电流变化的比值。

$$R_O = \frac{\Delta V_O}{\Delta I_O} \bigg|_{\substack{\Delta V_{in}=0 \\ \Delta T=0}} (\Omega)$$

5. 噪声

叠加在直流输出上的随机变化，一般用有效值来表示。在用示波器测量时，交流耦合时所观察到显示波形的有效值即为噪声电压有效值。

6. 最大纹波电压

在额定输出电压和负载电流下，输出电压的纹波（包括噪声）的绝对值大小，通常以峰-峰值或有效值表示。

7. 极限指标

（1）最大输入电压：保证直流稳压电源安全工作的最大输入电压。
（2）最大输出电流：保证稳压器安全工作所允许的最大输出电流。

6.2　线性直流稳压源

线性稳压电源是指调整管工作在线性状态下的直流稳压电源，是一种电源变换装置，一般由降压电路、整流电路、滤波电路和稳压电路组成。降压电路将 220V/50Hz 的交流电压 u_1 降为低电压交流信号 u_2，然后经过整流电路变成脉动较大的直流电压 u_3，滤波电路利用储能元件电容两端的电压不能突变的特性，滤除脉动直流电压 u_3 中含有的纹波，得到平滑的直流电压 u_4，但是这种电压是不稳定的，它会随着输入交流电压的波动、负载的变化、温度的变化而变化。稳压电路的作用就是抑制这种变化，将输出的直流电压受上述因素引起的变化影响降低到最小，维持输出直流电压 u_o 的稳定。直流线性稳压电源的结构框图如图 6-1 所示。

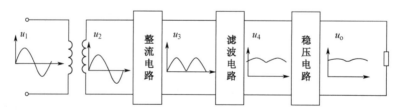

图 6-1　直流线性稳压电源的结构框图

6.2.1　降压电路

降压部分是将电网 220V 正弦交流电压降为低电压交流信号，常见的两种方式有阻容降压和变压器。其中变压器降压是实际中采用较多的方法，但缺点是变压器的体积较大，当受体积等因素的限制时，可采用阻容降压。因阻容降压方式输出端没有与 220V 电压隔离，一旦器件异常就存在安全隐患，因此常采用变压器方式降压。

变压器的选择主要应根据稳压部分的输入电压范围来选择，电压过大易烧坏器件，过小又不能保证稳压部分正常工作。

6.2.2　整流电路

利用二极管的单向导电性将前级变压器输出的交流电压变为脉动的直流电压，常用的整流分为半波整流和全波整流两种。由于半波整流只使得正半周的正弦信号通过，负半周截止，能量的使用效率远低于全波整流，因此常选择全波整流方式。全波整流桥的型号应根据前级输出电压及后级电路带负载能力两个因素来选择，整流桥的反向击穿电压应大于变压器副边输出正弦信号的最大值。

6.2.3　滤波电路

整流部分输出的是脉动的直流电压，滤波部分的作用是将脉动的直流电压的交流分量变小，近似为稳定的直流电压。常用的滤波电路由储能元件 L、C 构成，利用 L、C 具有储存能量的特性实现。因此，滤波输出的脉动电压交流成分的大小取决于 L、C 电路充放电时间的长短。

由于电感体积较大、笨重，因此对于小功率电源一般采用电容进行滤波，其工作原理是整流电压高于电容电压时电容充电，当整流电压低于电容电压时电容放电，在充放电的过程中，使输出电压基本稳定。对于大功率电源，若采用电容滤波电路，当负载电阻很小时，则电容容量势必很大，而且整流二极管的冲击电流也非常大，容易击穿，因此应采用电感进行滤波。

降压、整流及滤波部分电路如图 6-2 所示，接入滤波电路后，输出电压 U_2 平均值取值为变压器输出交流有效值 U_1 的 1.1～1.2 倍，二极管最大承受的反向电压一般取大于 $1.4U_1$，后续稳压部分设计时应将器件最大耐压值放大到 1.5 倍以上。

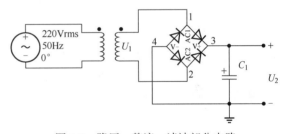

图 6-2　降压、整流、滤波部分电路

6.2.4　稳压及调压电路

稳压及调压部分是整个电路设计的核心，有多种实现方案，主要存在以下 3 种设计方案。

1. 稳压二极管

最简单的稳压可以由稳压二极管实现，当稳压管工作在反向击穿状态时，在一定的电流范围内（或者说在一定功率损耗范围内），端电压几乎不变，这种特性即为稳压特性。但其相对稳定的电压在一定的范围内波动，导致输出电压值不稳定，因此设计电路时应在后级电路设计中考虑隔离负载对稳压输出的影响。

图 6-3 所示为稳压二极管实现的电压输出，图 6-4 所示为稳压二极管实现的双极性电源，是在单极性电源电路基础上通过参考点位的选择实现的。

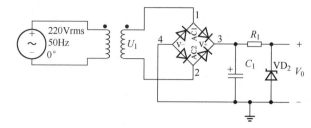

图 6-3　稳压二极管实现的电压输出

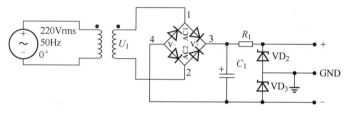

图 6-4　稳压二极管实现的双极性电源

2．线性集成稳压器

电源的发展趋势是集成化、标准化、系列化和小型化。目前，集成线性稳压器已经广泛应用，根据输出电压类别可分为固定正电压输出集成线性稳压器、固定负电压输出集成线性稳压器、可调正电压输出集成线性稳压器、可调负电压输出集成线性稳压器 4 种基本类型，简单归纳为两类：固定输出三端稳压器和可调输出三端稳压器。

1）固定输出三端稳压器

固定正电压输出集成线性稳压器是一种串联调整式稳压器。一般有输入、输出和公共 3 个引出端，输出的电压值为正电压的固定值，如 5V、9V、12V、24V 等。78××/79×× 系列是应用广泛的经典固定输出集成线性稳压器。

LM78××/LM79×× 系列常见的固定输出的三端线性稳压芯片，很多公司都有生产，功能大致相同，指标稍有不同，输出电压值即为 ×× 对应的数值，最大输出电流可达 1.5A。LM78×× 为正电压输出，LM79×× 为负电压输出。LM78×× 系列线性稳压芯片封装如图 6-5 所示，下面以 TI 公司的 LM7805 为例来介绍它的特点和使用方法。

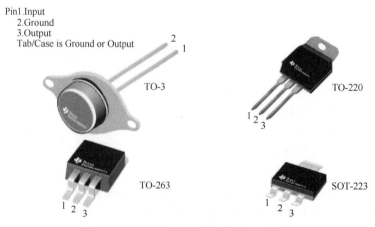

图 6-5　LM78×× 系列线性稳压芯片封装

LM7805 三端稳压 IC 内部电路具有过压保护、过流保护、过热保护功能,这使它的性能很稳定。能够实现 1～1.5A 的输出电流,具有良好的温度系数,主要包括启动电路、基准电压源、误差放大器、调整管、取样电路、保护电路。LM7805 内部功能模块如图 6-6 所示。

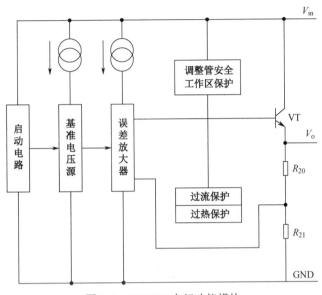

图 6-6　LM7805 内部功能模块

图 6-7 所示为三端稳压器的典型应用,采用 LM7805/LM7905 作为稳压芯片起到稳压效果,直流电压送至三端稳压器的输入端,在输出端即可获得稳定的直流电压。C_i 是稳压器的输入电容,C_o 是输出电容,一般由一个较大的电容(大于 10μF)和一个较小的电容(0.1μF)并联组成,用于实现频率补偿,防止稳压器产生高频自激振荡和抑制电路引入的高频干扰。

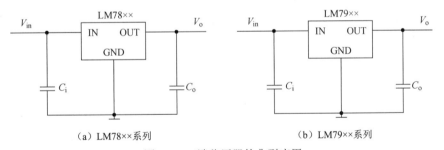

(a) LM78×× 系列　　　　　　　　　　(b) LM79×× 系列

图 6-7　三端稳压器的典型应用

实际使用中,为了防止输出端电压高于输入端电压损坏电路,应设置保护电路。图 6-8 所示为输入端短路保护电路,正常情况下 VD 截止,一旦输入、输出电压反置,C_o 上积存的电荷便经过 VD 对地放电,起到保护作用,防止损坏芯片。

图 6-9 所示为 LM78×× 构成的稳压、调压电路,采用 LM78×× 作为稳压芯片起到稳压调压效果,改变 R_2 的阻值即可调节输出大于 5V 的电压 V_o。

测控系统还会用到正负双极性电源,可以利用三端稳压器 LM78×× 和 LM79×× 搭配来实现双极性电源,在设计时主要应考虑变压器和整流桥连接问题,需采用副边有中间抽头的变压器,将中间抽头作为参考点,利用正、负两种电压输出的稳压器对应实现。正、负电压输出稳压电源如图 6-10 所示，固定输出的三端稳压器构成的可调双极性电源如图 6-11 所示。

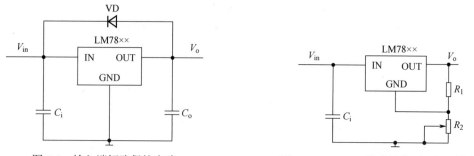

图 6-8　输入端短路保护电路　　　　图 6-9　LM78××构成的稳压、调压电路

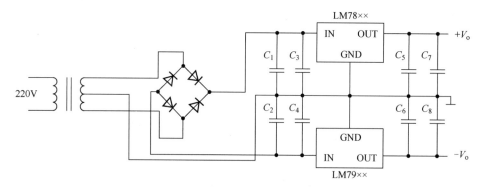

图 6-10　正、负电压输出稳压电源

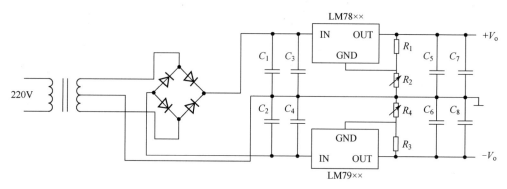

图 6-11　固定输出的三端稳压器构成的可调双极性电源

　　LM78××与 LM79××系列的输出电流的最大值为 1.5A，一般正常工作的电流应不超过 1A，输入电压为 7～20V，要比输出电压高 2V 以上，一般在使用时需要安装散热器。在要求大电流的情况下，该系列的稳压器不能直接使用，此时可采取扩流技术扩大电源的输出电流或改选输出电流更大的稳压芯片。

2）可调输出三端稳压器

　　可调输出三端稳压器的稳定性和电压调整率均优于固定输出的稳压器。目前较普遍的有正电压输出的 LM317 和负电压输出的 LM337。

　　LM317 器件是一款可调节三端正电压稳压器（见图 6-12），能够在 1.25～37V 的输出电压范围内提供超过 1.5A 的电流。它仅需要使用两个外部电阻器来设置输出电压。该器件具有

0.01%的典型线性调整率和 0.1%的典型负载调整率。它包含电流限制、热过载保护和安全工作区保护功能。

图 6-12　LM317 封装

图 6-13 所示为 LM317 设计稳压电路，Output 和 Adjust 间基准电压固定 V_{ref}=1.25V，I_{adj}=50μA，数值很小，很多情况下可忽略，通过调节电位器 R_2 即可实现输出电压的变化。VD_1、VD_2 为两个保护二极管，VD_1 防止在输入输出电压反置时 C_o 反向放电损坏稳压器，VD_2 防止在输出端短路时 C_{adj} 电容电压损坏稳压器。

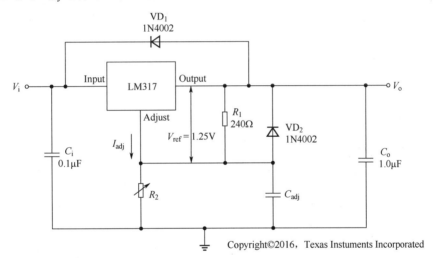

图 6-13　LM317 设计稳压电路

则输出电压为

$$V_o = 1.25 \times (1 + \frac{R_2}{R_1}) + I_{adj} \times R_2 \approx 1.25 \times (1 + \frac{R_2}{R_1})(V)$$

上述三端稳压器构成的电源电路中，R_1 电阻两端电压为基准电压，应通过器件的性能参数来选择 R_1 值。例如，图 6-13 中选择的 LM317 的 V_{out} 输出的最小负载电流为 5mA，此时应选择 $R_1 < \dfrac{V_{ref}}{5mA} = \dfrac{1.25V}{5mA} = 250\Omega$，可选择 240Ω。再根据输出电压的大小来确定 R_2 的大小。同时，要注意输入、输出电压差条件 $V_i - V_o \geqslant 3V$。

图 6-14 所示为可调输出的三端稳压器构成的双极性电源，它是利用 LM317 和 LM337 组成的双极性可调输出线性稳压电源，当稳压电源的输出电流需求大于 LM317 的最大输出电流

时，可采取扩流技术扩大电源的输出电流或改选输出电流更大的稳压芯片。图 6-15 所示为高电流可调输出的三端稳压器构成的双极性电源，可以使最大输出电流达到 4A，同时使用 1.5kΩ 的可调电阻器调整输出电压范围为 4.5～25V。

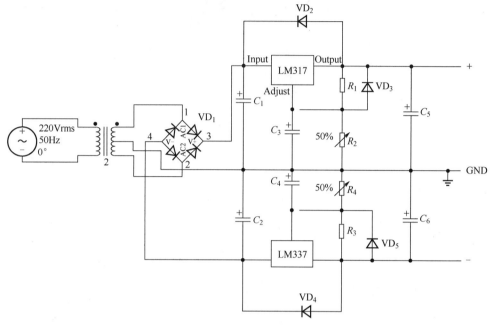

图 6-14　可调输出的三端稳压器构成的双极性电源

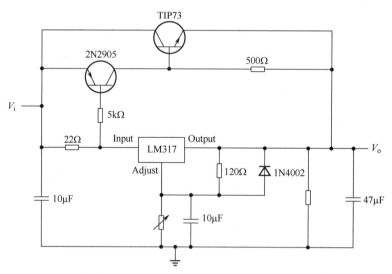

图 6-15　高电流可调输出的三端稳压器构成的双极性电源

3．低压差集成稳压器

前述两种集成稳压器要求输入输出的压差为 2～6V，只有在这样的压差下，稳压器才能输出稳定的电压，起到稳压的作用。但是较大的压差致使稳压器的功耗较高，芯片发热严重，电源效率将降低。对于串联调整型的线性电源，当其输入电压为 V_{in}、输出电压为 V_{out} 时，忽略静态工作电流后的输入电流与输出电流相等，即 $I_{in} = I_{out} = I$，这样，电源的效率 η 与电源总功率 P、输出功率 P_o 的关系为

$$\eta = \frac{P_o}{P} \times 100\% = \frac{I_{out} \times V_{out}}{I_{in} \times V_{in}} \times 100\% = \frac{V_{out}}{V_{in}} \times 100\%$$

当输入电压为 V_{in} 与输出电压为 V_{out} 的差值越大，效率就越低。

与前述高压差稳压器不同的是，低压差稳压器采用电流控制型，并选用低压降的 PNP 型晶体管作为内部调整管，从而把输入-输出压差降低到 0.5V 以下。

低压差集成稳压器也分为固定输出式和可调输出式两种。TI 公司生产的 LM2930\LM2937\LM2990 等三端稳压器是典型的固定式低压差集成稳压器，TPS746 等 TPS 系列的可调低压差集成稳压器也有着广泛的应用。具体用法与前述的 LM78××、LM79××、LM317、LM337 相似，只是输入电压和输出电压差很小，在此不做赘述。

6.2.5　数控线性直流稳压电源

在电类课程实验和电子系统设计中，最常见的基础仪器就是稳压电源。一般情况下，高校实验室配置的稳压电源是数控线性直流稳压电源，具有尺寸大、重量大、低输出噪声等特点，响应速度快，功率较小（一般在几十瓦到 200W 之间）。数控线性直流稳压电源内部如图 6-16 所示。

数控线性直流电源的工作过程是输入电源经变压器降压隔离后整流变换成直流电源，再经过控制电路和单片微处理控制器的控制对线性调整元件进行精细调节，使之输出高精度的直流电压源，一般包含以下模块。

图 6-16　数控线性直流稳压电源内部

（1）电源变压器及整流：将 220V 的交流电变换成所需的直流电。

（2）预稳压电路：采用继电器元件或可控硅元件对输入的交流或直流电压进行预调整和初步稳压，从而降低线性调整元件的功耗，提高工作效率，并确保输出电压源的高精度和高稳定。

（3）线性调整元件：对滤波后的直流电压进行精细调整，使输入电压达到所需要的值和精度要求。

（4）滤波电路：对直流电源的脉动波、干扰、噪声进行最大限度的阻止和吸收，从而确保直流电源的输出电压低纹波、低噪声、低干扰。

（5）单片机控制系统：单片微处理控制器对检测到的各种信号进行比较、判断、计算、分析等处理后，再发出相应的控制指令使直流稳压电源整体稳压系统工作正常、可靠、协调。

（6）辅助电源及基准电压源：为直流稳压系统提供高精度的基准电压源及电子电路工作所需要的电源。

（7）电压取样及电压调节：检测直流稳压电源输出电压值及设定调节直流稳压电源的输出电压值。

（8）比较放大电路：将直流稳压电源的输出电压值与基准源的电压进行比较取得误差电

压信号后,进行放大反馈及控制线性调整元件而确保输出电压稳定。

(9)电流检测电路:取得直流稳压电源输出电流值,用作限流或保护控制。

(10)驱动电路:为驱动可执行元件而设置的功率放大电路。

(11)显示器:直流稳压电源输出电压值及输出电流值的显示。

图6-17所示为一个两路输出稳压电源的原理框图,一路5V固定输出,一路0～30V可调电压输出。

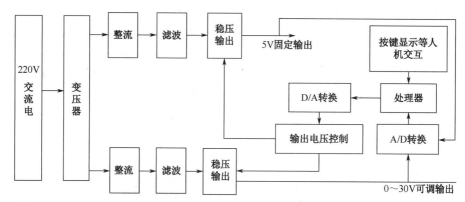

图6-17　两路输出稳压电源的原理框图

稳压电源一般具有多种功能,如多路可调电压输出、输出电流可调、多种工作等模式、可作为电流源使用、过载保护和过压保护、指针式或数字显示设置电压和电流、显示实时输出电压和电流、可编程控制等,是学习、科研、竞赛中最基本的电源供应仪器。

6.3　开关直流稳压源

线性稳压电源的优点是稳定性高、纹波小、可靠性高,易做成多路输出连续可调的电源;缺点是在设计制造大功率高压线性电源时引起了一系列问题,较为突出的是体积庞大、发热严重,应用十分不便,而且体积大、较笨重、效率相对较低,因此常用于低压、低负载场合。为此,人们提出了开关电源的思想,并成功地应用于稳压电源的设计制造中。

开关电源就是利用电子开关器件(如晶体管、场效应管、可控硅闸流管等),通过控制电路,使电子开关器件不停地"接通"和"关断",让电子开关器件对输入电压进行脉冲调制,从而实现电压变换,以及输出电压可调和自动稳压。开关电源原理框图如图6-18所示。

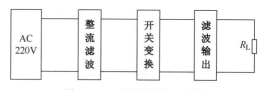

图6-18　开关电源原理框图

目前开关电源已在许多电子设备中取代了线性电源。与线性电源相比,开关电源有如下优点。

(1)开关电源是直接对交流市电电压进行整流滤波调整,然后由开关调整管进行稳压,不需要大功率变压器。

(2)开关电源一般采用功率半导体器件作为开关,通过控制开关的占空比调整输出电压。

以功率晶体管为例，当开关管饱和导通时，集电极和发射极两端的压降接近零，在开关管截止时，其集电极电流为零，所以功耗小、效率高。效率可达 70%～95%，而功耗小，散热器也随之减小。

（3）开关工作频率在几十千赫，所用滤波电容器和电感的容量值较小。因此，开关电源具有重量轻、体积小等特点。

（4）由于功耗小，机内温度低，因此提高了整机的稳定性和可靠性。

特别是在高压大功率应用中，这些优点尤其突出。但是与线性稳压电源相比，开关电源具有较大的纹波，稳压性能不如线性电源，且存在随机的尖峰，对其供电的系统或设备易形成瞬间强干扰，严重时会导致设备工作异常。近年来随着技术的发展，开关电源的上述不足已经或正在得到质的改善，越来越多地应用于测控系统或测量仪器中，与线性直流稳压电源在应用上互补共存。

图 6-18 中的整流滤波电路的工作原理与线性电源相似，在此不做赘述，本节重点讨论开关变换电路。开关变换电路通过控制电子开关器件不停地"接通"和"关断"，让电子开关器件对输入电压进行脉冲调制，从而实现电压变换，达到输出电压可调和稳压的目的。

6.3.1　开关变换器工作原理

对应不同的应用，开关变换电路有多种拓扑结构，按照输入端和输出端是否电气隔离可分为两种：非隔式开关电源和隔离式开关电源。这两种开关电源有不同的主结构，非隔离式开关电源的主结构主要有 Buck 型、Boost 型、Buck-Boost 型、Cuk 型等；而隔离式开关电源的主结构主要有 Flyback 型、正激型、Half-Bridge 型、Full-Bridge 型、有源钳位型等。针对这些不同的开关电源主结构，分别有多种控制方式与之对应，按照控制方式的不同，开关电源又可分为脉冲调制（PWM、PFM、混合式）开关电源和谐振式［包括 ZCS（零电流谐振开关）、ZVS（零电压谐振开关）］开关电源。

1. 开环控制原理

以 Buck 型开关稳压电路为例，图 6-19 所示为实际 Buck 型开关稳压电路，通过占空比 D 可变的开关调制波形（图 6-20）来驱动 VT，VT 导通时 VD 截止，输入电压 U_i 接入电路；VT 关断时 VD 导通续流，U_i 与电路断开。这样，VT 起到一个开关的作用，忽略 VT 的导通压降和功耗，近似等效为理想开关，图 6-19 可简化为图 6-21，并分解成两种工作状态电路。

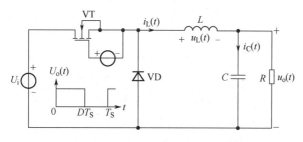

图 6-19　实际 Buck 型开关稳压电路

结合图 6-20 和图 6-21，当在一个开关周期内，在 $t=0～DT_s$ 时，开关接通 1，在 $t=DT_s～$

T_s 时，开关接通 2，电路结构分解为图 6-21（b）和图 6-21（c）两种。

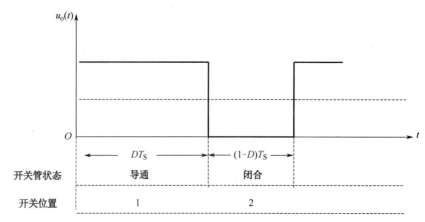

图 6-20　占空比 D 可变的开关调制波形

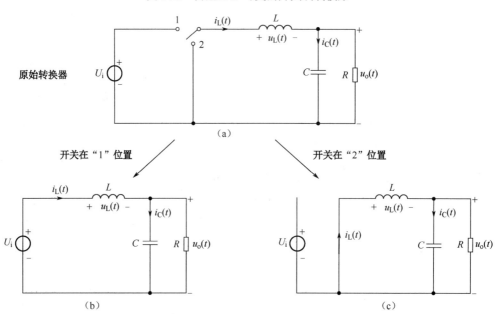

图 6-21　开关稳压 Buck 电路一个周期中的两种工作状态

在图 6-21（b）中，输入电压向电感 L 储能，向电容 C 充电，同时也给负载供电，电感的一端电压为输入电压 U_i，另一端电压为输出电压 $u_\text{o}(t)$，假设 $u_\text{o}(t)$ 的纹波很小，近似为 U_o，则电感两端电压为

$$u_\text{L} = U_\text{i} - u_\text{o}(t) \approx U_\text{i} - U_\text{o}$$

电感两端电压基本恒定，根据电感中电流电压的关系可得电流的变化：

$$\frac{\mathrm{d}i_\text{L}(t)}{\mathrm{d}t} = \frac{u_\text{L}(t)}{L} \approx \frac{U_\text{i} - U_\text{o}}{L}$$

由公式可知，电感电流随时间呈线性上升的趋势。

在图 6-21（c）中，输入电压与输出电压断开，电路依靠存储在电感和电容中的能量向负载供电。此时，电感的一端电压为 0，另一端电压为输出电压 $u_\text{o}(t)$，同样，由于稳压电源电

压基本稳定，假设 $u_o(t)$ 的纹波很小，近似为 U_o，则电感两端电压为

$$u_L = 0 - u_o(t) \approx -U_o$$

电感两端电压基本恒定，同样可得电流的变化：

$$\frac{\mathrm{d}i_L(t)}{\mathrm{d}t} = \frac{u_L(t)}{L} \approx -\frac{U_o}{L}$$

由公式可知，电感电流随时间呈线性下降的趋势。

由此，可得到一个开关周期内的电感电流波形，如图 6-22 所示。

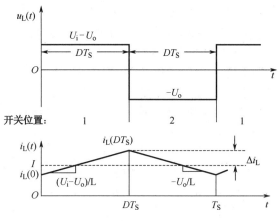

图 6-22　电感电流在开关下的波形

那么，电感上的电流波形为

$$2\Delta i_L = \frac{U_i - U_o}{L} DT_S$$

由此，也可以根据波形参数确定电感大小为

$$L = \frac{U_i - U_o}{2\Delta i_L} DT_S$$

这样，图 6-21（b）和图 6-21（c）构成一个完整的开关周期，在一个开关周期内，电感上的电流满足伏秒平衡定理。

$$i_L(T_S) - i_L(0) = \frac{1}{L}\int_0^{T_S} u_L(t)\mathrm{d}t$$

稳态时，电感电流每周期改变量为 0，即

$$0 = \int_0^{T_S} u_L(t)\mathrm{d}t$$

同样，对于电容上的电压来说，稳态时也满足充电平衡定理。

$$u_C(T_S) - u_C(0) = \frac{1}{C}\int_0^{T_S} i_C(t)\mathrm{d}t$$

稳态时，电容每周期的平均充放电荷总数为 0，即

$$0 = \int_0^{T_S} i_C(t)\mathrm{d}t$$

这样，在启动阶段，电感上的电流上升和下降波形变化较大，而到了稳态之后，电感电流变化波形也就趋于稳定。而输出电容逐渐充电，输出电压从 0 上升到稳态值，电路稳态输出

电压为

$$U_o = U_i \times D$$

占空比 $D \le 1$，所以 $U_o \le U_i$，即该电路为降压型拓扑结构的稳压电路。

此外，还有 Boost 型、Buck-Boost 型拓扑结构的稳压电路，分析过程类似，在此不做赘述。

2．闭环控制原理

上述推导过程表明，在输入电压确定的情况下，占空比 D 确定，输出电压的值也是确定的；如果输入电压变化了，可以通过改变占空比 D 的方法进行输出电压的调节与稳压。但是在输入电压恒定的情况下，输出电压是有波形的，而且一旦负载发生波动，输出电压也会受到影响。因此，可以通过负反馈回路形成闭环控制。

开关稳压电路的闭环控制方法有电压模式和电流模式两种。图 6-23 所示为串联开关型稳压电源的原理框图，图中采集输出电压作为反馈量来进行调节，被称为电压模式。其中，U_{in} 是整流滤波电路的输出电压，也是稳压电路的输入电压，U_B 是比较器的输出电压，利用 U_B 控制调整管 VT，将 U_{in} 变换为矩形波电压 U_E。

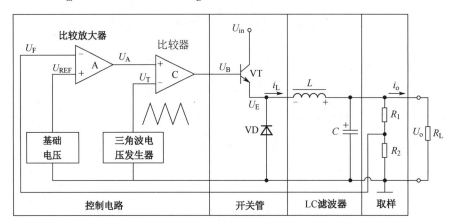

图 6-23　串联开关型稳压电源的原理框图

当 $U_A > U_T$ 时，U_B 为高电平，VT 饱和导通，输入电压 U_{in} 经 VT 加到二极管 VD 的两端，在忽略 VT 的饱和压降的情况下，电压 U_E 等于 U_{in}，此时二极管 VD 承受反向电压而截止，负载中有电流 i_o 流过，电感 L 储存能量，同时向电容器 C 充电，输出电压 U_o 略有增加。

当 $U_A < U_T$ 时，U_B 为低电平，VT 由饱和导通变为截止，电感 L 产生自感电动势，使二极管 VD 导通，于是电感中存储的能量通过 VD 加载在负载 R_L 上，使负载 R_L 上继续有电流通过。此时电压 U_E 等于 $-U_D$，输出电压在电感和电容的作用下是平稳的。

加入电压闭环后，电路能自动调整输出电压 U_O。设在某一正常工作状态时，输出电压为某一预定值 U_{set}，反馈电压 $U_F = F_u U_{set} = U_{REF}$，比较放大器输出 U_A 为零，比较器 C 输出脉冲电压 U_B 的占空比 $D=50\%$，当输入电压 U_{in} 增加时，致使输出电压 U_o 也增加，则 $U_F > U_{REF}$，比较放大器输出电压 U_A 为负值，U_A 与固定频率三角波电压 U_T 相比较，得到 U_B 的波形，其占空比 $D<50\%$，使输出电压下降到预定的稳压值 U_{set}。同理 U_{in} 下降时，U_O 也随着下降，$U_F < U_{REF}$，U_A 为正值，U_B 的占空比 $D>50\%$，从而使输出电压 U_o 上升到预定值 U_{set}。总之，当输入电压 U_{in} 或负载 R_L 变化使 U_O 变化时，控制电路可自动调整脉冲波形 U_B 的占空比 D，

维持输出电压 U_O 保持恒定。

电流模式下的闭环控制比电压模式具有更快的动态响应速度，但是电路结构和控制方式更复杂。电流模式又分为平均电流模式和峰值电流模式两种，在此不做赘述。

6.3.2　集成开关稳压器

集成开关稳压器一般有两大类型。一类是包括调整管在内的集成开关稳压器；另一类是开关电源控制器。开关电源控制器实际上是一个脉冲宽度调制（PWM）控制器，它不包括调整管，经常用于其他脉宽调制场合。常见的开关电源控制器有很多，如 TL494、TL598、UC3842、SG3524 等。而包括调整管在内的集成开关稳压器能够产生固定或可调输出电压，有升压式（Boost）、降压式（Buck）和升压-降压式（Buck-Boost）等类型，具有可调限流、可调开关频率、高度集成等特性，使用方便，用很少的外部器件就能够满足系统的需要，因此广泛应用于各类测控系统中，本节介绍几种常用的集成开关稳压器。

降压型（Buck）DC/DC 转换芯片输出电压比输入电压低，如 TPS54160、LM3475、TPS5430、LM2696 等。

LM2596 是 TI 公司推出的一款降压型（Buck）电源管理单片开关电压调节器，它内含固定频率振荡器（150kHz）和基准稳压器（1.23V），并具有完善的保护电路、电流限制、热关断保护电路等。利用该器件只需极少的外围器件便可构成高效稳压电路，具有很好的线性和负载调节特性。该芯片具有固定输出 3.3V、5V、12V 及可调输出（-ADJ）等电压档次产品，在测控系统中有着非常广泛的应用。其主要特性如下。

（1）输出电压：3.3V、5V、12V 及 ADJ 等，最大输出电压为 37V。

（2）工作模式：低功耗和正常两种模式，可外部控制。

（3）工作模式控制：TTL 电平相容。

（4）器件保护：热关断及电流限制。

LM2596 具有 5 脚 TO-220(T) 和 TO-263(S) 两种封装形式，图 6-24 所示为 LM2596 应用电路，电路输入电压为 12V，输出电压为 5V，最大输出电流可达 3A。

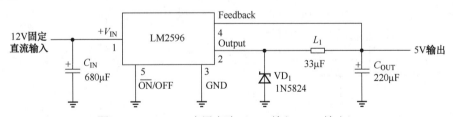

图 6-24　LM2596 应用电路（12V 输入、5V 输出）

TPS5430 是 TI 公司推出的一款 DC/DC 开关电源降压型（Buck）转换芯片，具有良好的特性，其各项性能及主要参数如下。

（1）高电流输出：3A（峰值 4A）。

（2）宽电压输入范围：5.5～36V。

（3）转换效率：最佳状况可达 95%。

（4）宽电压输出范围：最低可以调整降到 1.221V。

（5）内部补偿最小化了外部器件数量。

（6）固定 500kHz 转换速率。

（7）有过流保护及热关断功能。

（8）具有开关使能脚，关断状态仅有 17μA 静止电流。

与其他同类型直流开关电源转换芯片相比，TPS5430 的高转换效率特别值得关注。图 6-25 所示为在 12V 输入电压、5V 输出电压时 TPS5430 转换效率与输出电流的关系曲线，由图可知，在 0.5～2.5A 输出电流范围内，效率高达 90%。

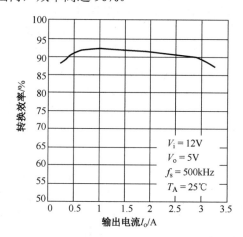

图 6-25　TPS5430 转换效率与输出电流的关系曲线

TPS5430 采取 8 脚 SOIC PowerPAD 封装，以很少的外部器件就可以实现电压转换。图 6-26 所示为 TPS5430 应用电路，可实现 12V 到 5V 的电压转换，最大输出电流为 3A。

升压型（Boost）DC/DC 转换芯片输出电压比输入电压高，如 TPS55340、LM5122、TPS61021A 等。

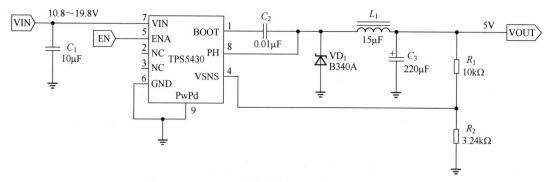

图 6-26　TPS5430 应用电路（12V 输入、5V 输出）

TPS61021A 是 TI 公司推出的高效小型升压电源转换芯片，为使用碱性电池、镍氢电池、锂锰电池或锂离子电池供电的便携式或智能设备提供了一套电源解决方案。TPS61021A 支持 0.5V 输入电压，从而延长了电池的运行时间。TPS61021A 在重负载条件下以 2MHz 开关频率工作，并且可在轻负载时进入省电模式，从而在整个负载电流范围内保持高效率。其各项性能及主要参数如下。

（1）输入电压范围：0.5～4.4V。

（2）启动时的最小输入电压为 0.9V。

（3）可设置的输出电压范围：1.8～4.0V。

（4）效率高达 91%（V_{IN}=2.4V、V_{OUT}=3.3V 且 I_{OUT}=1.5A 时）。

（5）17μA 典型静态电流，−40℃～125℃温度范围内的基准电压精度为±2.5%。

（6）轻负载下可进入脉冲频率调制（PFM）工作模式。

（7）具有输出过压保护、输出短路保护和热关断保护。

TPS61021A 需要使用的外部组件数量较少，因此拥有非常小巧的解决方案尺寸。该器件支持在 2MHz 开关频率下使用低值电感或输出电容。TPS61021A 为由电池或超级电容器供电的便携式或智能设备提供电源解决方案，即使电池电压低至 1.8V，也可以从两节碱性电池串联输出 3.3V 电压和 1.5A 电流。TPS61021A 应用电路如图 6-27 所示。

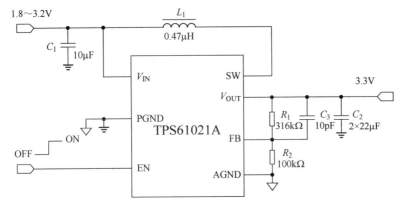

图 6-27　TPS61021A 应用电路（1.8～3.2V 输入、3.3V 输出）

升-降压型（Buck-Boost）DC/DC 转换芯片可以根据需要工作在升压或降压模式，如 TPS63050、TPS63802、TPS63020、MC33063A 等。

TPS63020 是 TI 公司推出的高效小型升降压电源解决方案，是用于便携式电子产品的尺寸小且性能高的 4A 降压/升压转换器。此器件可以在 1.8～5.5V 的输入范围内实现大电流和高效率，并且具有出众的轻载效率，其性能如下。

（1）输入电压范围：1.8～5.5V。

（2）固定和可调输出电压选项：1.2～5.5V。

（3）效率高达 96%，器件静态电流小于 50μA。

（4）高输出电流性能使电池供电设备能够以最高效率生成最大电流。例如，在典型情况下，降压模式下可生成 3.3V 电压、3A 电流（V_{IN}=3.6～5.5V）；升压模式下则可生成 3.3V 电压、超过 2.0A 的电流；降压模式下 3.3V 时的 3A 输出电流（V_{IN}>2.5V）。

（5）降压和升压模式之间的自动转换。

（6）动态输入电流限制，关机期间加载断开连接，具有过温、过压保护。

（7）支持单节锂离子电池、2 节或 3 节碱性电池、镍镉或镍氢电池。

TPS63020 采用小型 VSON 封装，可实现尺寸小于 100mm² 的 DC/DC 转换器解决方案，以很少的外部器件就可以实现电压转换。图 6-28 所示的 TPS63020 应用电路，可实现 2.5～5.5V

输入、3.3V 输出的电压转换，最大输出电流为 1.5A。

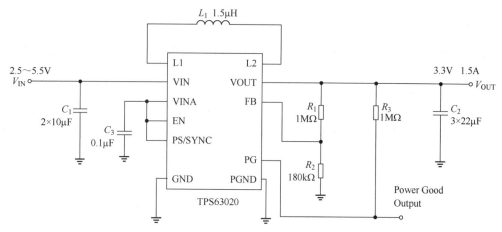

图 6-28   TPS63020 应用电路（2.5～5.5V 输入、3.3V 输出）

在测控系统电源设计中，需要根据系统的电压、电流、电路复杂程度、散热、效率等实际需求，选取合适的 DC/DC 芯片。

6.4   AC/DC 与 DC/DC 模块

在测控系统中，除了根据上述稳压原理、设计整流、电压变换、滤波等电路来实现满足系统要求的线性稳压电源或开关稳压电源，还有一种更简单便捷的获得电源的方法，那就是采用集成的小型化的 AC/DC、DC/DC 电源模块，如图 6-29 所示。

图 6-29   集成电源模块

目前国内外新研制的小型化 AC/DC、DC/DC 电源模块，普遍采用微电子技术，把小型表面安装集成电路与微型电子元器件组装成一体，构成高效率 AC/DC 电源变换模块，其输入、输出端口间绝缘阻抗高，方便系统模块间电气隔离。选择此类电源模块具有如下优点。

（1）设计简单。只需一个电源模块，配上少量分立元件，即可获得电源。

（2）缩短开发周期。模块电源一般备有多种输入、输出选择。用户也可以重复叠加或交叉叠加，构成积木式组合电源，实现多路输入、输出，大大削减了样机开发时间。

（3）变更灵活。产品设计如需更改，只需转换或并联另一个合适的电源模块即可。

（4）技术要求低。模块电源一般配备标准化前端、高集成电源模块和其他元件，因此令电源设计更简单。

（5）模块电源外壳有集热器、散热器和外壳三位一体的结构形式，实现了模块电源的传导冷却方式，使电源的温度值趋近于最小值。同时，又赋予了模块电源美观的包装。

（6）质优可靠。模块电源一般均采用全自动化生产，并配以高科技生产技术，因此品质稳定、可靠。

（7）用途广泛。模块电源可广泛应用于航空航天、机车舰船、军工兵器、发电配电、邮电通信、冶金矿山、自动控制、家用电器、仪器仪表和科研实验等社会生产和生活的各个领域，尤其是在高可靠和高技术领域发挥着不可替代的作用。

集成电源模块可以直接贴装在印刷电路板上，其特点是可为专用集成电路（ASIC）、数字信号处理器（DSP）、微处理器、存储器、现场可编程门阵列（FPGA）及其他数字或模拟负载提供电压源。由于模块式结构的优点较多，因此高性能电信、网络联系及数据通信等系统都广泛采用各种模块。

6.4.1　选型方法

集成电源模块根据输入源的不同可分为 AC/DC、DC/DC 两类，每一类又可根据电压大小、功率大小、封装类型等分为不同的类别，为了系统稳定运行，可以按照以下步骤进行模块的选型工作。

第一步，先确认模块的输入源是交流还是直流；一般情况下，交流输入选用 AC/DC 模块，直流输入选用 DC/DC 模块。

第二步，根据输入电压范围选定标准的参考电压，输入电压范围。

第三步，根据负载大小选择产品的功率和封装类型，一般建议实际使用功率是模块电源额定功率的 30%～80%，这个功率范围内模块电源各方面性能发挥都比较充分而且稳定可靠。负载太轻会造成资源浪费，太重则对温升、可靠性等不利。所有模块电源均有一定的过载能力，但是不建议长时间工作在过载状况下。一般集成电源模块的封装形式有单列直插 SIP 封装、双列直插 DIP 封装、小型卧式封装和导轨封装（DIN）。此外，对于功率稍大的模块还会有接线式封装和导轨式封装。

第四步，根据负载的类型选择合适的输出电压，集成电源模块的输出电压一般为 3.3V、5V、9V、12V、15V、24V、48V、±5V、±12V、±15V 等，也可通过串联组合实现非常规电压需求。例如，采用输出电压为 5VDC 的模块与输出电压为 12VDC 的模块串联组合能够实现 17VDC 的输出电压。

第五步，选择模块的隔离特性。隔离特性是指能够让模块的输入与输出完全为两个独立的（不共地）电源。在工业总线系统中，面临恶劣环境（如雷击、电弧干扰）时进行安全隔离，也起到消除接地环路的作用；在混合电路中，实现敏感模拟电路和数字电路的噪声隔离；对于双路输出的产品，需确定输出的两路是否需要隔离，若需要隔离，则选用双隔离双输出产品。

第六步，考虑模块使用的温度范围，一般厂家的模块电源都有几个温度范围产品可供选用：商品级、工业级、军用级等，在选择模块电源时一定要考虑实际需要的工作温度范围，因为温度等级不同，材料和制造工艺不同，价格就相差很大，选择不当还会影响使用，所以不得不慎重考虑。可以有两种选择方法：一是根据使用功率和封装形式选择，如果在体积（封装形式）一定的条件下实际使用功率已经接近额定功率，那么模块标称的温度范围就必须严格满足实际需要其至略有裕量;二是根据温度范围来选择,如果由于成本考虑选择了较小温度范围的产品,但有时也有温度逼近极限的情况,要选择功率或封装更大一些的产品,这样"大马拉小车",温升要低一些,能够从一定程度上降低风险。降额比例随功率等级不同而不同,一般50W以上为3~10W/℃。总之,要么选择宽温度范围的产品,功率利用更充分,封装也更小一些,但价格较高;要么选择一般温度范围产品,价格低一些,功率裕量和封装形式就要大一些。

第七步,尽量选择具有故障保护功能的模块,有关统计数据表明,模块电源在预期有效时间内失效的主要原因是外部故障条件下损坏。而正常使用失效的概率是很低的。因此,延长模块电源寿命、提高系统可靠性的重要一环是选择保护功能完善的产品,即在模块电源外部电路出现故障时模块电源能够自动进入保护状态而不至于永久失效,外部故障消失后应能自动恢复正常。模块电源的保护功能应至少包括输入过压、欠压、软启动保护和输出过压、过流、短路保护,大功率产品还应有过温保护等。

第八步,关注功耗和效率,在输出功率一定条件下,模块损耗越小,则效率越高,温升就低,寿命更长。除了满载正常损耗,还有两个损耗值得注意:空载损耗和短路损耗(输出短路时模块电源损耗),因为这两个损耗越小,表明模块效率越高,特别是短路未能及时采取措施的情况下,可能持续较长时间。也就是说,短路损耗越小,失效的概率就大大减小。当然损耗越小也更符合节能的要求。

选型时,尽量采用标准规格的模块电源,可以确保产品具有较高的性价比和可靠性,以及模块之间可替换等优势。对于更高隔离、超宽输入电压范围、高温环境、EMC认证等特殊性能需求,则需要仔细研读不同模块的数据手册来确定选型。

6.4.2　应用说明

集成电源模块内部集成整流、电压变换、滤波等电路,对系统来说独立性很强,用很少的外围电路就可以工作。

1. AC/DC 工作电路

图6-30所示为常规AC/DC模块的典型应用电路,左侧是交流输入端,L为火线,N为零线;右侧是直流输出端,$+V_o$和$-V_o$分别为直流电压和地的输出端。

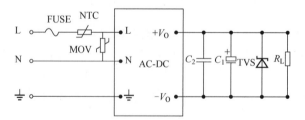

图6-30　常规AC/DC模块的典型应用电路

在图6-30中,FUSE为输入侧保险丝,应选择具有安全认证的慢断保险丝,具体选型请参考技术手册推荐值。保险丝的额定电流取值过大,则起不到保护作用;保险丝的额定电流取值过小,则容易因通电时输入电容充电引起误熔断。MOV为压敏电阻,对产品输入端的浪涌电压进行防护,压敏电阻规格选型建议参考相应技术手册参数。NTC为热敏电阻,可以减少产品在启动过程中的冲击电流，推荐值为 5D-9。如果产品的输入功率较大，推荐选择绕线电阻（具体阻值请参考产品技术手册）。C_1 为输出滤波电解电容，建议使用高频低阻电解电容，容值选择建议参照技术手册的推荐规格值，电容耐压降额大于 80%。C_2 为陶瓷电容，去除高频噪声，推荐值为 1μF/50V。同时，建议使用 TVS 管，使模块在工作状态异常时保护后级电路。

　　AC/DC 模块电源输入保护地通常与设备的机壳或电网中的地线连接。在实际应用中，输出也有直流地线，为了防止雷击浪涌、群脉冲等干扰导致产品输出异常或损坏，因此不建议将输出地与保护地直接相连，可以通过 G_Y 电容连接（一般推荐 1000pF/400V）。图 6-31 所示的 AC/DC 模块保护电路。

　　当电源模块的输出端有双路或三路时，原边应用电路相同，副边可以看作 2 个或 3 个独立变换器来选择滤波参数。图 6-32 所示为三端输出 AC/DC 电路。

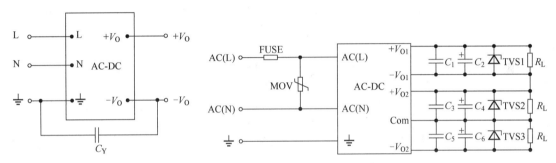

图 6-31　AC/DC 模块保护电路　　　　　　　　图 6-32　三端输出 AC/DC 电路

　　对于常规多路输出的模块电源，一般只对主路进行稳压设计，各个辅路输出电压精度受负载影响较大，因此要求产品的各路均带等比例的平衡负载。

　　例如，若某个双路输出模块产品的主路满载电流为 900mA，辅路满载电流为 100mA，如果在实际使用中主路的负载为 90mA，那么根据负载比例平衡，辅路所需要带的电流为 10mA。如果对辅路电压的精度要求较高，而且辅路负载较轻时，会导致输出电压升高，那么要在辅路后面加一个低压差的线性稳压器来提高系统稳定性。图 6-33 所示为双路输出典型应用。

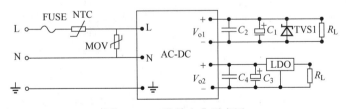

图 6-33　双路输出典型应用

　　当电路工作在电磁兼容比较恶劣的环境时，需要加入更高要求的 EMC 滤波电路，可引入差模滤波电感或 LC 滤波电路来提高可靠性。图 6-34 所示为典型输入 EMC 滤波电路，仅供参考。具体推荐的 EMC 滤波电路、参数请参考对应型号产品的技术手册。

2. DC/DC 工作电路

DC/DC 模块的典型应用电路如图 6-35 和图 6-36 所示，左侧是直流输入端，$+V_{in}$ 为直流电压正端，$-V_{in}$ 为直流电压接地端；右侧是直流输出端，$+V_O$ 和 0V 分别为直流输出电压正端和地的输出端。其中，图 6-35 中为隔离电源模块，图 6-36 中为非隔离电源模块。由图可知，只需两个电容辅助就可以给系统供电。

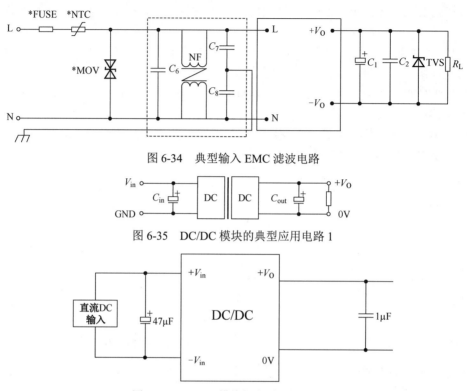

图 6-34　典型输入 EMC 滤波电路

图 6-35　DC/DC 模块的典型应用电路 1

图 6-36　DC/DC 模块的典型应用电路 2

为了防止输入源接反导致电路损坏，可按照图 6-37 所示的输入防反接电路做反接保护，二极管 VD_1 的压降也要尽可能小，以避免在线路上造成太多的损耗，同时反向耐压值要大于输入电压值且留有余量。

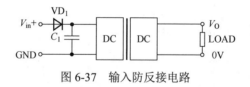

图 6-37　输入防反接电路

如果电源模块常常因为开关动作、电弧、雷击感应串入瞬间高能量的浪涌，短路引起过流或由于电网总线不稳定引起过压，造成模块内部元件损坏甚至烧毁模块，那么可按照图 6-38 所示的输入保护电路接入保护，其中 FUSE 是输入侧保险丝，具体选型要根据不同模块的额定电流或参考技术手册推荐值。若保险丝的额定电流取值过大，则起不到保护作用；若过小，则容易因通电时输入电容充电引起误熔断。MOV 是压敏电阻，对产品输入端的浪涌电压进行防护，建议使用 TVS 管，确保模块免受瞬态高能量的冲击而损坏。

当电源模块应用于电磁兼容比较恶劣的环境或对纹波和噪声敏感的电路时，需要加入更高要求的 EMC 滤波电路，可以在模块输入端和输出端外加滤波器以降低纹波和噪声。图 6-39

所示为典型输入 EMC 滤波电路，引入差模滤波电感和 LC 滤波电路，仅供参考。

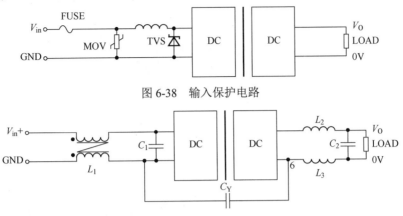

图 6-38　输入保护电路

图 6-39　典型输入 EMC 滤波电路

当电源模块的输出端有双路或三路时，原边应用电路相同，副边可以看作 2 个或 3 个独立变换器来选择滤波参数。图 6-40 所示为双端输出 DC/DC 电路。

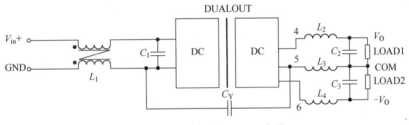

图 6-40　双端输出 DC/DC 电路

直流输出的隔离模块允许多个模块将其中一个模块的"正输出"与另一个模块的"负输出"串联起来使用，这样可以获得一些非常规或较高的电压值。注意，在这种情况下，总输出电流即负载的功耗不能超过输出额定电流最小的模块的标称值。一般情况下，两个模块输出纹波电压不会同步，串联工作将有附加的纹波，输出噪声也会变大，应用中应采取更多的滤波措施。图 6-41 中每个模块的输出端都并联一只反偏二极管（一般采用 0.3V 左右低压降肖特基二极管，压降过大会损坏产品），以免反向电压加到另一个模块上。模块的输入端加 LC 滤波电路，防止模块之间互相串扰，电感一般取 2.2～6.8μH，电容一般取 1.0～4.7μF，根据应用实际电路确定参数。

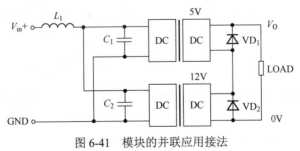

图 6-41　模块的并联应用接法

也可以通过双输出产品得到更高输出电压，如图 6-42 所示的模块串联应用接法是利用二极管串联两路输出使得最终输出 10V 的电压。

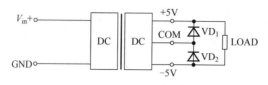

图 6-42　模块的串联应用接法

6.5　基准源

　　基准源是一种可以产生稳定电压或电流的电路，在理想的情况下，产生的电压或电流与负载、电源变化、温度变化和时间无关。基准源是测控系统、仪器、稳压电源等系统工作的参考。测控系统测量、控制的精确性取决于基准源的水平，而稳压或稳流的最终效果同样取决于基准源的水平。基准源可分为基准电压源和基准电流源。

6.5.1　基准电压源

　　基准电压源是模拟集成电路极为重要的组成部分，它为串联型稳压电路、A/D 和 D/A 转换器提供基准电压，也是大多数传感器的稳压供电电源或激励源。另外，基准电压源也可作为标准电池、仪器表头的刻度标准。

　　电压基准源根据与负载连接方式可分为并联型电压基准和串联型电压基准；根据构造方法又可分为齐纳管式基准电压源和带隙温度补偿基准电压源。齐纳管式基准电压源通常采用两端并联拓扑；带隙温度补偿基准电压源通常采用三端串联拓扑。

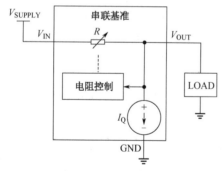

图 6-43　串联型电压基准电路图

1.　串联型电压基准

　　串联型电压基准具有 3 个端子 V_{IN}、V_{OUT} 和 GND，类似于线性稳压器，但其输出电流较低、具有非常高的精度。有的还可能包含一个使能功能，当不需要输出电压时，可以通过外部信号使能或禁用器件，这样可以节省功耗。串联型电压基准从结构上看与负载串联（见图 6-43），可以当作一个位于 V_{IN} 和 V_{OUT} 端之间的压控电阻。通过调整其内部电阻，使 V_{IN} 值与内部电阻的压降之差（等于 V_{OUT} 端的基准电压）保持稳定。因为电流是产生压降所必需的，所以器件需汲取少量的静态电流以确保空载时的稳压。

　　串联型电压基准具有以下特点。

　　（1）电源电压必须足够高，保证在内部电阻上产生足够的压降，但电压过高时会损坏器件。

　　（2）器件及其封装必须能够耗散串联调整管的功率。

　　（3）空载时，唯一的功耗是电压基准的静态电流。

　　（4）相对于并联型电压基准，串联型电压基准通常具有更好的初始误差和温度系数。

串联型电压基准的使用和选型相当简便，只需确保输入电压和功耗在芯片规定的最大值以内。

$$P_{\text{SER}} = \left(V_{\text{SUPPLY}} - V_{\text{REF}}\right)I_{\text{LOAD}} + \left(V_{\text{SUPPLY}} \times I_{\text{Q}}\right)$$

式中，P_{SER} 为串联型电压基准芯片的功耗；V_{SUPPLY} 为电源电压；V_{REF} 为电压基准源芯片提供的基准电压输出；I_{LOAD} 为负载电流；I_{Q} 为电压基准的静态工作电流。

对于串联型电压基准，最大功耗出现在最高输入电压、负载最重的情况下。

$$P_{\text{SER\_MAX}} = \left(V_{\text{SUPPLY\_MAX}} - V_{\text{REF}}\right)I_{\text{LOAD\_MAX}} + \left(V_{\text{SUPPLY\_MAX}} \times I_{\text{Q}}\right)$$

式中，$P_{\text{SER\_MAX}}$ 为串联型电压基准芯片的最大功耗；$V_{\text{SUPPLY\_MAX}}$ 为最大电源电压；$I_{\text{LOAD\_MAX}}$ 为最大负载电流。

常用的串联电压源有 REF30×× 系列、REF62×× 系列、REF34×× 系列、LM4132、LM4128 等。以 REF34×× 系列为例，REF34×× 系列器件是低温漂（6ppm℃）、低功耗、高精度 CMOS 电压基准，具有 ±0.05% 初始精度和低运行电流。该器件还提供 38μV$_{\text{p-p}}$/V 的极低输出噪声，这使得它在用于噪声关键型系统中的高分辨率数据转换器时能够保持较高的信号完整性。REF34×× 系列可以与大多数 ADC 和 DAC 兼容，如 ADS1287、ADS1112 等，后缀 ×× 代表不同的参考电压输出，如 REF3425 输出 2.5V 的基准电压参考，REF3450 输出 5V 的基准电压参考。

REF34×× 采用小型 SOT-23 封装，引脚和内部结构框图如图 6-44 所示。从图中可知，除了输入、输出和 GND 引脚，REF34×× 还有 EN 引脚，当 REF34×× 的 EN 引脚拉高时，器件处于活动模式。当 EN 引脚拉低时，可以将 REF34×× 置于低功耗的关断模式。在关断模式下，器件的输出变为高阻态，静态电流降至 2μA。需要注意的是，EN 引脚的逻辑高电平不得高于 V_{IN} 电源电压。

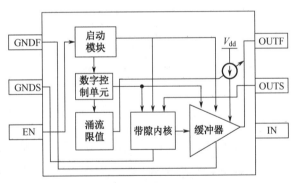

图 6-44　REF34×× 的引脚和内部结构框图

图 6-45 所示为 REF34×× 与 ADS1287 连接的参考设计。可将 1～10μF 电解电容或陶瓷电容连接在输入端，以改善电源电压可能波动的应用中的瞬态响应。再并联一个额外的 0.1μF 陶瓷电容，以降低高频电源噪声。

同样，输出端也必须连接一个至少 0.1μF 的陶瓷电容，以提高稳定性并帮助滤除高频噪声，也可以再并联额外的 1～10μF 电解电容或陶瓷电容，以改善瞬态性能，以应对负载电流的突然变化，但是这样做会增加设备的开启时间。

对于需要负参考电压和正参考电压的应用，REF3425 和 OPA735 可用于提供 5V 电源的双电源参考。图 6-46 所示为 REF3425 和 OPA735 的参考设计，显示了 REF3425 的低漂移性能，补充了OPA735的低失调电压和零漂移,对电路提供2.5V电源参考电压,通过运放转换为-2.5V的电源参考电压,提供了精确的正负参考电压的解决方案。

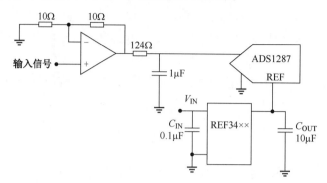

图 6-45　REF34××与 ADS1287 连接的参考设计

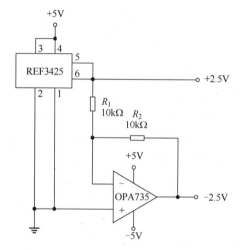

图 6-46　REF3425 和 OPA735 的参考设计

2. 并联型电压基准

　　并联型电压基准有两个端子:OUT 和 GND。它在原理上和稳压二极管相似,但具有更好的稳压特性。类似于稳压二极管,它需要外部电阻,并且与负载并联工作(见图 6-47)。并联型电压基准可以当作一个连接在 OUT 和 GND 之间的压控电流源,通过调整内部电流,使电源电压与电阻 R_1 的压降之差(等于 OUT 端的基准电压)保持稳定。也就是说,并联型电压基准通过使负载电流与流过电压基准的电流之和保持不变,来维持 OUT 端电压的恒定。

　　并联型电压基准具有以下特点。

　　(1)选择适当的 R_1 保证符合功率要求,并联型电压基准对最高电源电压没有限制。

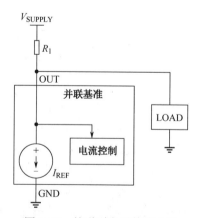

图 6-47　并联型电压基准电路

　　(2)电源提供的最大电流与负载无关,流经负载和基准的电源电流需在电阻 R_1 上产生适当的压降，以保持输出电压恒定。

（3）作为简单的二端器件，并联型电压基准可配置成一些新颖的电路，如负电压稳压器、浮地稳压器、削波电路及限幅电路。

（4）相对于串联型电压基准，并联型电压基准通常具有更低的工作电流。

并联型电压基准的使用和选型稍微有些难度，必须计算外部电阻值。R_1 需要保证由电压基准和负载电流产生的压降等于电源电压与基准电压的差值。采用最低输入电源电压和最大负载电流计算 R_1，以确保电路能在最坏的情况下正常工作，如图 6-48 所示。

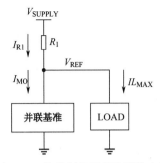

图 6-48　并联型电压基准调整电流
（I_{MO}）以产生稳定的 V_{REF}

下列等式用于计算 R_1 的数值和功耗，以及并联型电压基准芯片的功耗。

$$R_1 = \left(V_{\text{SUPPLY\_MIN}} - V_{\text{REF}}\right) / \left(I_{\text{Q\_MIN}} + I_{\text{L\_MAX}}\right)$$

式中，R_1 为外部电阻阻值；$V_{\text{SUPPLY\_MIN}}$ 为电源电压的最小值；V_{REF} 为电压基准源芯片提供的基准电压输出；$I_{\text{Q\_MIN}}$ 为电压基准芯片的静态工作电流的最小值，$I_{\text{L\_MAX}}$ 为负载电流的最大值。

R_1 上的电流和功耗为

$$I_{\text{R1}} = \left(V_{\text{SUPPLY}} - V_{\text{REF}}\right) / R_1$$

$$P_{\text{R1}} = \left(V_{\text{SUPPLY}} - V_{\text{REF}}\right)^2 / R_1$$

芯片的功耗为

$$P_{\text{SHUNT}} = V_{\text{REF}}\left(I_{\text{Q}} + I_{\text{R1}} - I_{\text{L}}\right)$$

式中，I_{R1} 为 R_1 的电流；P_{R1} 为 R_1 的功耗；V_{SUPPLY} 为电源电压；P_{SHUNT} 为并联型电压基准芯片的功耗；I_{R1} 为电压基准芯片的静态工作电流；I_{L} 为负载电流。

最差工作条件发生在输入电压最大、输出空载时：

$$I_{\text{R1\_MAX}} = \left(V_{\text{SUPPLY\_MAX}} - V_{\text{REF}}\right) / R_1$$

$$P_{\text{R1\_MAX}} = \left(V_{\text{SUPPLY\_MAX}} - V_{\text{REF}}\right)^2 / R_1$$

$$P_{\text{SHUNT\_MAX}} = V_{\text{REF}}\left(I_{\text{Q}} + I_{\text{R1\_MAX}}\right)$$

或

$$P_{\text{SHUNT\_MAX}} = V_{\text{REF}}\left(I_{\text{Q}} + \left(V_{\text{SUPPLY\_MAX}} - V_{\text{REF}}\right) / R_1\right)$$

式中，$V_{\text{SUPPLY\_MAX}}$ 为最高电源电压；$I_{\text{R1\_MAX}}$ 为最差情况下 R_1 的电流；$P_{\text{R1\_MAX}}$ 为最差情况下 R_1 的功耗；$P_{\text{SHUNT\_MAX}}$ 为最差情况下并联型电压基准的功耗。

常见的并联电压源主要有 TL431、LM4040、LM285 等。TL431 是一个有良好的热稳定性能的三端并联电压基准源，它的输出电压用两个电阻就可以任意地设置从 V_{REF}（2.5V）到 36V 范围内的值。该器件的典型动态阻抗为 0.2Ω，在很多应用中用它代替稳压二极管，如数字电压表、运放电路、可调压电源、开关电源等。

TL431 有如下特性。

（1）输出电压可以从 V_{REF}（2.5V）到 36V。

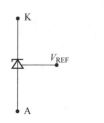

（2）动态输出阻抗低，典型值为 0.2Ω。

（3）阴极电流能力为 0.1～100mA。

（4）全温度范围内温度特性平坦，典型值为 50ppm/℃。

（5）噪声输出电压低。

（6）电压参考误差：±0.4%，典型值@25℃（TL431B）。

TL431 的电路符号如图 6-49 所示，其中 A 为阳极，使用时需接地；K 为阴极，需经过限流电阻接到输入电源，V_{REF} 是输出电压的设定端。

图 6-49　TL431 的电路符号

TL431 的内部功能结构如图 6-50 所示，包括误差放大器、内部 2.5V 基准电压源 V_{REF}、NPN 型晶体管和保护二极管。其中，误差放大器的同相输入端接从电阻分压器上得到的取样电压，反相端则接内部 2.5V 基准电压 V_{REF}，NPN 型晶体管在电路中起到调节负载电流的作用；保护二极管可防止因 K-A 间电源极性接反而损坏芯片。

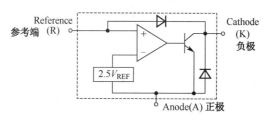

图 6-50　TL431 的内部功能结构

TL431 的典型应用电路如图 6-51 所示，为了将阴极电压输出为可调的基准电压源，必须在阴极和阳极引脚之间接分流电阻桥，其中电阻的公共连接点连接到参考引脚。R_1 和 R_2 是分流电阻桥，并联稳压器配置中的阴极/输出电压为

$$V_o = \left(1 + \frac{R_1}{R_2}\right) \cdot V_{REF} - I_{REF} \cdot R_1$$

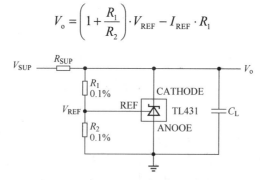

图 6-51　TL431 的典型应用电路

为了使该等式有效，TL431 必须完全偏置，以便它具有足够的开环增益来减轻任何增益误差。由于 I_{REF} 很小，上式可忽略 $I_{REF} \cdot R_1$ 项，得到近似公式为

$$V_o = \left(1 + \frac{R_1}{R_2}\right) \cdot V_{REF}$$

3．串、并联型电压基准的选择

理解了串联型和并联型电压基准的差异，即可根据具体应用选择最合适的器件。为了得到最合适的器件，需要同时考虑串联型和并联型电压基准。在具体计算两种类型的参数后，即可确定器件类型，下面提供一些方法。

（1）负载电流变化，电源电流和负载电流同时减小，一般应选择串联型电压基准。

（2）需要对基准源进行休眠或关断的场合，一般应选择串联型电压基准。

（3）如果需要高于 0.1%的初始精度和 25ppm 的温度系数，一般应选择串联型电压基准。

（4）若要求获得最低的工作电流，或者宽范围输入电压，或者存在大的输入电压瞬变，则选择并联型电压基准。

（5）并联型电压基准在较宽电源电压或大动态负载条件下使用时必须加倍小心。务必计算耗散功率的期望值，它可能大大高于具有相同性能的串联型电压基准。

（6）构建负电压稳压器、浮地稳压器、削波电路或限幅电路时，一般考虑并联型电压基准。

6.5.2　基准电流源

基准电流源可以向负载提供恒定的电流，被广泛应用于传感器、现代通信和电子测量仪器等方面。

基准电流源的获得有两个途径：一个是通过电压基准源的 V/I 变换获得；另一个是通过专用的电流基准源芯片获得。

LM317 组成的恒流源结构很简单，只要外部连接一只电阻，就可以设计成所需要的电流基准源，输出电流 I_{Limit}=1.25/R_1，LM317 基本电路如图 6-52 所示。

并联稳压器 TL431 也可以实现简单实用且精度高的基准电流源电路，如图 6-53 所示。电流计算公式为

$$I_{out} = V_{ref} / R_s$$

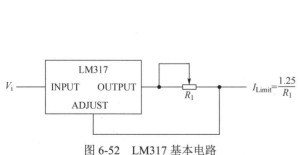

图 6-52　LM317 基本电路

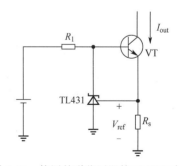

图 6-53　使用并联稳压器的 LM317 电路

LM334 是三端可调恒流源器件，无须独立电源供电即可建立真正的悬浮恒流源，在工作电流内恒流源可调范围比为 10000：1，并且具有 1～40V 宽的动态电压范围，恒流特性非常好，通过外接一只电阻和一只二极管就可以获得零温度漂移的恒流源，LM334 组成的基本恒流源电路如图 6-54 所示。

图 6-54 中 R_{SET} 为恒流源设置电阻，可得

$$I_{\text{SET}} = I_{\text{R}} + I_{\text{BIAS}} = \frac{V_{\text{R}}}{R_{\text{SET}}} + I_{\text{BIAS}}$$

对于给定的设定电流，I_{BIAS} 只是 I_{SET} 的一个百分比，因此可以重写该等式为

$$I_{\text{SET}} = \frac{V_{\text{R}}}{R_{\text{SET}}} \frac{n}{n-1}$$

其中，n 是电气特性中指定的 I_{SET} 与 I_{BIAS} 之比，对于 $2\mu A \leqslant I_{\text{SET}} \leqslant 1mA$，$n$ 通常取 18，因此该等式可以进一步简化为

$$I_{\text{SET}} = \frac{V_{\text{R}}}{R_{\text{SET}}} \times 1.059 = \frac{227\mu V / {}^{\circ}K}{R_{\text{SET}}}$$

上式表明，恒流源只是在恒温时才是恒流的，否则电流随温度变化，或者说当 R_{SET} 确定后，I_{SET} 随温度线性变化（这一特性可以使该器件用于温度测量）。

为了抵消 LM334 温度漂移，只要在图 6-54 所示的电路中再增加一只电阻和一只二极管，就可以构成零温度系数恒流源。零温度系数的电流源电路如图 6-55 所示。

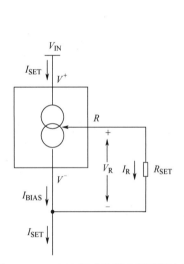

图 6-54　LM334 组成的基本恒流源电路

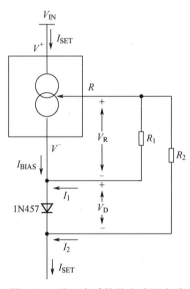

图 6-55　零温度系数的电流源电路

设定电流（I_{SET}）表达式为

$$I_{\text{SET}} = I_1 + I_2 + I_{\text{BIAS}}$$

其中，$I_1 = \dfrac{V_{\text{R}}}{R_1}$，$I_2 = \dfrac{V_{\text{R}} + V_{\text{D}}}{R_2}$，$I_{\text{BIAS}}$ 只是 I_{SET} 的一个百分比，因此此项在计算中可省略。即

$$I_{\text{SET}} = I_1 + I_2$$

LM334 的温度系数（包括 I_{BIAS} 组件）为 $+227\mu V/{}^{\circ}C$，硅二极管正向偏压的温度系数假设为 $-2.5mV/{}^{\circ}C$（为了获得最佳结果，该值应直接测量或来自二极管的制造商）。

为了使 I_{SET} 的温度系数为零，需要满足公式

$$\frac{\mathrm{d}I_{\mathrm{SET}}}{\mathrm{d}T} = \frac{\mathrm{d}I_1}{\mathrm{d}T} + \frac{\mathrm{d}I_2}{\mathrm{d}T}$$

$$\approx \frac{227\mu\mathrm{V}\,/\,°\mathrm{C}}{R_1} + \frac{227\mu\mathrm{V}\,/\,°\mathrm{C} - 2.5\mathrm{mV}\,/\,°\mathrm{C}}{R_2}$$

$$= 0$$

可得

$$\frac{R_2}{R_1} \approx \frac{2.5\mathrm{mV}\,/\,°\mathrm{C} - 227\mu\mathrm{V}\,/\,°\mathrm{C}}{227\mu\mathrm{V}\,/\,°\mathrm{C}} \approx 10$$

确定 R_1 与 R_2 之比后，应确定 R_1 和 R_2 的值以给出所需的设定电流。下面显示了计算 $T=25°\mathrm{C}$ 时设定电流的公式，假设二极管 1N457 正向压降 V_D 为 0.6V，R_1 两端的电压为 67.7mV（64mV+5.9%×64），且 $R_2/R_1=10$，则

$$I_{\mathrm{SET}} = I_1 + I_2 + I_{\mathrm{BIAS}}$$

$$= \frac{V_{\mathrm{R}}}{R_1} + \frac{V_{\mathrm{R}} + V_{\mathrm{D}}}{R_2}$$

$$\approx \frac{67.7\mathrm{mV}}{R_1} + \frac{67.7\mathrm{mV} + 0.6\mathrm{V}}{10R_1}$$

调节不同的 R_1，就可以得到不同大小的电流基准源。

6.6　系统的低功耗设计

测控系统在做电源选型的设计时，一般情况下都需要考虑功耗的问题，始终需要在性能和功耗之间寻找平衡。近年来，无论是测控类市场产品还是科研领域，对低功耗的要求越来越高，低功耗设计的关键是创建能充分利用控制器的各种优点和特性，在功耗预算范围内发挥最佳性能的系统。

那么如何降低功耗进行系统设计，MSP430 的低功耗特性被很多设计者熟悉，简单地说，在处理器不处理事情时进入低功耗状态，在需要处理事情时唤醒 MSP430 单片机，从而降低系统的平均功耗。但是一个产品的低功耗设计，并不仅仅是采用一个低功耗的 MCU 就能解决的问题。产品的低功耗，不仅取决于 MCU 的低功耗，也取决于低功耗的外围硬件电路。

在进行低功耗设计之前，需要了解系统有哪些功耗。系统功耗主要有静态功耗和动态功耗两部分。动态功耗是系统处于活动期间所消耗的能量，在电路的工作状态发生变化时产生，主要包括：由于逻辑跳变引起的电容损耗、由于通路延时引起的竞争冒险功耗、由于电路瞬间导通引起的短路功耗。动态功耗是系统功耗的主要组成部分，静态功耗是系统处于电源供电状态而没有信号翻转时所消耗的功率。低功耗设计也是从这两方面入手，在满足性能的基础上尽量降低动态功耗和静态功耗。

6.6.1　低功耗系统的电源设计

在数字电路设计中，工程师往往习惯于采用最简单的方式来完成电源的设计，如在常见的开发板中，广泛采用了 LM78××、LM2596 等系列三端稳压器，可以满足大多数情况下的电源需求，但在对功耗要求严格的情况下，就必须考虑对采用何种电压变换结构再做设计。通常

来讲，线性稳压源和开关电源是两种常见的电源解决方案。

例如，本章对线性稳压源和开关电源的描述，对于线性稳压源来说，其特点是电路结构简单，所需元件数量少，输入和输出压差可以很大，但其致命弱点就是效率低、功耗高。其效率 η 完全取决于输出电压大小。开关电源的特点是效率高、升降压灵活，但缺点是电路相对复杂、干扰较大。在适当的情况下使用开关稳压芯片，可以有效地节约能量，降低整机功耗。如果对于采用 1.5V 电池供电的产品，就要采用低功耗的升压电路。如果 TI 公司的 TPS603×× 采用电荷泵结构，增加几个外接电容能够在 0.9～1.8V 输入电压范围内保证 3V 或 3.3V 稳压输出，那么自身功耗只有 65μA，并且带有开关引脚 EN，当 EN 接低电平时输出关闭，功耗下降到 1μA 以下。线性稳压源本质上还是一种线性稳压，主要用于压差较小的场合，那么可以看成线性电源，但是这类稳压芯片的静态功耗通常较低，如 TI 公司的 TPS797 系列，静态功耗仅 1.2μA，可以在低功耗设计中使用。

对于在电池不同的电压时，分别要进行升压或降压的电路，可以使用低功耗的升降压稳压电路，如 TI 公司的 TPS630×× 系列芯片，可以在 1.8～5.5V 电压范围内，稳定地输出 3.3V 电压。当然，这种电路比低功耗线性稳压源的功耗要略高，它的静态功耗为 30～50μA。

另外，当产品不需要一直待机时，可以采用受程序控制进行断电的电源开关电路，让产品在不使用时自动断电，从而功耗更低。

对于不需要一直工作的外围器件，当它不工作时，尽量关断该部分电源，以达到更低的功耗。对某些没有关断引脚的电路，可以采用 MOS 管、CMOS 驱动器等电路实现电源开关，对局部的电路进行电源管理。当然，如果能采用低功耗甚至是零功耗的外围电路是更理想的。

6.6.2　低功耗的信号调理电路设计

对于各种传感器，大量信号调理电路被采用。而传统的信号调理电路只考虑信号变换、转换的精度问题，并没有考虑功耗问题。对于低功耗产品设计，不仅要考虑精度、稳定性等指标问题，还要考虑尽可能降低功耗。应采用低功耗的信号调理电路，采用低功耗运放来实现低功耗的同相放大电路或反相放大电路、低功耗的 I/V 变换电路等。在低功耗信号调理电路设计中，对运放有以下特殊的要求。

1．静态工作电流

运放的静态工作电流是指运放不连接任何负载、输入信号不发生变化时的耗电，可以理解为运放自身的功耗。常见运放的静态工作电流一般是毫安级的，而低功耗的调理电路对静态工作电流有更高的要求，需要微安级的运放，如 TLC2712、TLV2252、TLV2241 等。

2．工作电压

运放的电源电压是指运放正电源引脚与负电源引脚之间的电压差，而工作电压是指运放能够正常工作的电源电压范围。常见运放的工作电压一般为 6～36V，而低功耗的调理电路对静态工作电流有更高的要求，一般需要能够在 3～5V 甚至是 2V 左右的单电源下工作，同时轨到轨的低功耗运放在输入幅度较大的应用中也是很好的选择。

同时，失调电压、零点漂移等问题也是低功耗设计中的考虑重点，表 6-1 给出了常用的低功耗运放参数。

表 6-1　常用的低功耗运放参数

型号	运放数	每运放耗电/μA	工作电压/V	轨到轨	最大失调电压/ mV	温漂/（μV/℃）
LPV811	1	0.45	1.6～5.5	In to V-Out	0.37	1
OPA379	1	5.5	1.5～5.5	In to V-Out	1.5	2.7
TLV521	1	0.5	1.7～5.5	In to V-Out	3	1.5
LMC6442	2	1.2	1.8～11	In to V-Out	3	0.4

6.6.3　低功耗 ADC、DAC 电路设计

在测控系统中，ADC 和 DAC 是数据转换的关键部分，当系统需要考虑低功耗设计时，首先考虑在满足系统性能指标要求的前提下，尽量使用处理器内部集成的 ADC 或 DAC 模块，减少外扩数据转换芯片带来的功耗损失。例如，超低功耗处理器 MSP530F5529 单片机内部集成了一个高性能 12 位 ADC，混合信号微控制 MSP430FR2355 内部集成一个 12 位 ADC，还有 4 个可用作 12 位 DAC 的智能模拟组合的可配置信号链模块，可以与单片机系统的低功耗模式配合使用。

当系统处理器芯片集成的 ADC 或 DAC 模块不能胜任系统指标需求时，选择低功耗的 ADC 或 DAC 芯片就势在必行了。

1. 低功耗 ADC 选型与设计

ADC 的功耗除了与 ADC 的选型有关，还与采样率、工作电压等密切相关。一般情况下，采样率越高，功耗也随之升高；降低 ADC 的工作电压也可以有效降低功耗。下面介绍几种常用的低功耗 ADC 芯片。

ADS1120 是 TI 公司提供的一款具有集成 PGA 和基准的 16 位高精度 ADC，采样率高达 2ksps，占空比模式下禁止 PGA 使能后功耗低至 0.4mW，电流消耗低至 120μA。可应用于热敏电阻、热电偶、电阻式温度传感器等温度测量，也可应用于电阻桥式压力传感器、应力计、重力传感器等小信号测量。ADS1120 提供了多种功能，可简化电桥测量的实现，如增益高达 128 的 PGA，差分参考输入等。图 6-56 所示为 ADS1120 电桥测量转换电路。

MAX11905（见图 6-57）为 Maxim 公司提供的 20 位、1.6Msps、单通道、全差分逐次逼近寄存器（SAR）、模/数转换器（ADC），带有内部基准缓冲器，提供优异的静态和动态性能，功耗正比于吞吐率，器件支持 $\pm V_{REF}$ 单极性、差分输入量程。ADC 具有高达 98.3dB 的信噪比（SNR）和 -123dB 的失真度（THD），能够保证 20 位无失码分辨率和 6 LSB INL（最大值）。

2. 低功耗 DAC 选型与设计

DAC 与 ADC 类似，同样要考虑转换速率和工作电压对功耗的影响。下面介绍几种常用的低功耗 DAC 芯片。

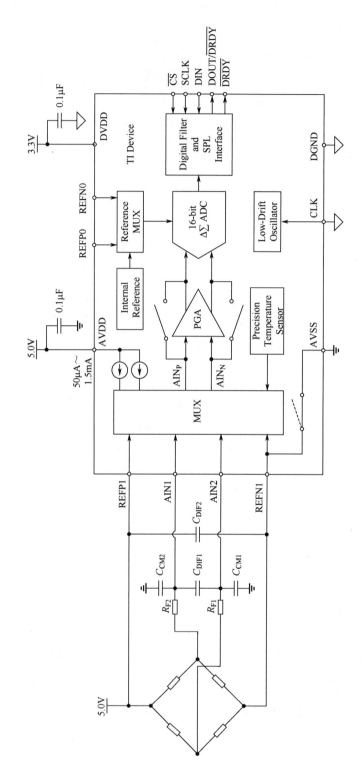

图 6-56　ADS1120 电桥测量转换电路

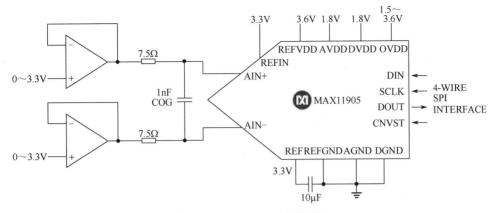

图 6-57　MAX11905 参考设计

DAC8830 是一款高性能、超低功耗的 16 位精度的 D/A 转换芯片，该芯片为电压输出。采用 SPI 与处理器连接，使用单电源供电，并且有较宽的供电范围，供电电压范围为 2.7~5.5V，在 3V 电压工作时，功率低至 15μW，图 6-58 所示为 DAC8830 单极性输出模式电路。

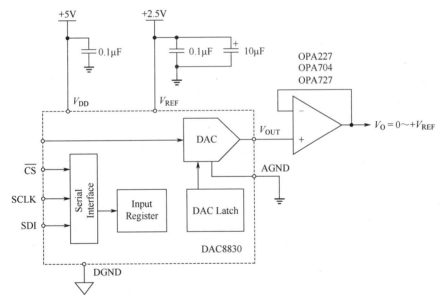

图 6-58　DAC8830 单极性输出模式电路

MAX5214/MAX5216 是 Maxim 公司提供的单通道 14/16 位低功耗、带 SPI 接口，缓冲输出的满摆幅 DAC，这两款 DAC 的静态电流损耗小于 80μA，可有效延长便携设备的电池使用寿命，在极低功耗的基础上，还具有编程功能，提高了应用灵活性和电源使用效率。在器件的寄存器中写入关断序列可进一步降低功耗，使器件非常适用于便携式血糖仪等电源预算有限的系统。此类应用中，可以启动器件执行所需任务，工作模式下电流损耗为 80μA，将器件关断，使电流损耗降至 0.4μA。此外，MAX5214/MAX5216 在启动时将 DAC 输出复位至零，为驱动在启动时要求保持关断状态的阀门或其他传感器的应用提供额外的安全保护，MAX5214、MAX5216 典型应用电路如图 6-59 所示。

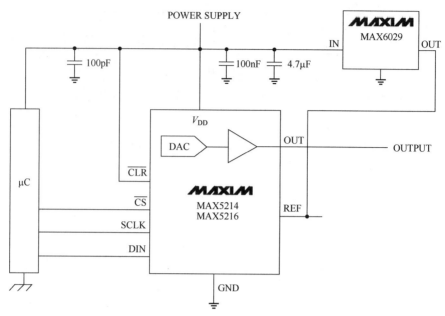

图 6-59　MAX5214/MAX5216 典型应用电路

6.6.4　低功耗处理器应用

CPU 和操作系统（OS）的选择是测控系统设计的重要步骤，这两者一旦选定，整个大的系统框架便选定了。在选择一个 CPU 时，一般更注意其性能的优劣及所提供的接口和功能的多少，往往忽视其功耗特性。但是因为 CPU 是系统功率消耗的主要来源，也是实施降低功耗解决方案的主要"大脑"，所以选择合适的 CPU 对于最后的系统功耗大小有举足轻重的影响。

一般情况下，在 CPU 的性能（Performance）和功耗（Power Consumption）方面进行比较和选择。通常采用每执行 1M 次指令所消耗的能量来进行衡量，即 Watt/MIPS。这里把 CPU 的功率消耗分为两大部分：内核消耗功率 P_{CORE} 和外部接口控制器消耗功率 $P_{I/O}$，总的功率等于两者之和，即 $P = P_{CORE} + P_{I/O}$。对于 P_{CORE} 来讲，关键在于其供电电压和时钟频率的高低；对于 $P_{I/O}$ 来讲，除了留意各个专门 I/O 控制器的功耗，还必须关注地址和数据总线宽度。

为了满足低功耗系统设计需求，很多微处理器生产商都推出了低功耗产品，如 TI 公司的 MSP430 和 MSP432 系列、Microchip 公司的 PIC 系列、NXP 公司的 ARM Cortex-M0 系列、ST 公司的 STM32L 系列等，这些处理器本身具有超低功耗的特性，能够工作在低电压和低频率下，在选型时可以通过以下几个方面综合比较。

（1）处理器架构、特性。

（2）不同工作模式下的功耗。

（3）工作电流。

（4）休眠电流。

（5）掉电电流。

　　MSP430 系统使用不同的时钟信号：ACLK、MCLK 和 SMCLK。这 3 种不同频率的时钟输出给不同的模块，从而更合理地利用系统的电源，实现整个系统的超低功耗；具有多种低功耗模式，如 LPM0～4 等，通过不同程度的休眠，可降低系统功耗；各个模块运行完全独立，定时器、输入输出端口、A/D 转换器、看门狗、液晶显示器等都可在 CPL 休眠状态下运行；系统能以最低功耗运行，当需要 CPU 工作时，任何模块都可以通过中断唤醒 CPU，完成工作后又可以进入相应的休眠状态。这一特性是 MSP430 系列单片机最突出的优点，也是与其他单片机的最大区别。其中，MSP430F5529 的低功耗特性如下。

　　（1）低电源电压范围：1.8～36V。

　　（2）超低功耗。

　　① 主动模式（AM）。

- 所有的系统时钟主动模式。
- 290μA/MHz@（8MHz，3.0V，闪存程序执行）（典型值）。
- 150μA/MHz@（8MHz，3.0V，RAM 程序执行）（典型值）。

　　② 待机模式 LPM3。

- 时钟和晶体，看门狗和电源监控器，完全 RAM 保持，快速唤醒。
- 1.9μA@2.2V，2.1μA@3.0V（典型值）。
- 低功耗振荡器（VLO），通用计数器，看门狗和电源监控器，完全 RAM 保持，快速唤醒。
- 1.4μA@3.0V（典型值）。

　　③ 关闭模式（LPM4）。

- 完全 RAM 保持，电源监控器，快速唤醒。
- 2.2μA@3.0V（典型值）。

　　④ 关断模式（LPM4.5）。

　　0.8μA@3.0V（典型值）。

　　（3）从待机模式唤醒只要 35μs（典型值）。

　　（4）16 位 RSC 架构，扩展内存，最高 25MHz 的系统时钟。

　　（5）灵活的电源管理系统。

　　① 完全集成的低压降稳压器（LDO），具有可编程稳压核电源电压。

　　② 电源电压监视、监控和掉电。

　　（6）统一的时钟系统。

　　① 锁相环（FLL）控制回路，用于频率稳定。

　　② 低功耗低频内部时钟源（VLO）。

　　③ 低频调整内部基准源（REFO）。

在处理器的低功耗设计上，主要从以下几个方面入手。

1. 降低供电电压和时钟频率

表 6-2 所示为 MSP430F5529 在不同模式不同频率下的工作电流。

表 6-2　MSP430F5529 在不同模式不同频率下的工作电流

参数	执行存储器	V_{CC}	PMMCOREVx	频率($f_{DCO}=f_{MCLK}=f_{SMCLK}$)										单位
				1MHz		8MHz		12MHz		20MHz		25MHz		
				TYP	MAX	TYP	MAX	TYP	MAX	TYP	MAX	TYP	MAX	
$I_{AM,Flash}$	Flash	3V	0	0.36	0.47	2.32	2.60							mA
			1	0.40		2.65		4.0	4.4					
			2	0.44		2.90		4.3		7.1	7.7			
			3	0.46		3.10		4.6		7.6		10.1	11.0	
$I_{AM,RAM}$	RAM	3V	0	0.20	0.24	1.20	1.30							mA
			1	0.22		1.35		2.0	2.2					
			2	0.24		1.50		2.2		3.7	4.2			
			3	0.26		1.60		2.4		3.9		5.3	6.2	

表 6-3 所示为 MSP430F5529 在不同模式不同供电电压下的工作电流。

表 6-3　MSP430F5529 在不同模式不同供电电压下的工作电流

参数	V_{CC}	PMMCOREVx	-40℃		25℃		60℃		85℃		单位
			TYP	MAX	TYP	MAX	TYP	MAX	TYP	MAX	
$I_{LPM0,1MHz}$	2.2V	0	73		77	85	80		85	97	μA
Low-Power Mode 0	3.0V	3	79		83	92	88		95	105	
I_{LPM2}	2.2V	0	6.5		6.5	12	10		11	17	μA
Low-Power Mode 2	3.0V	3	7.0		7.0	13	11		12	18	
$I_{LPM3,XT1LF}$	2.2V	0	1.60		1.90		2.6		5.6		μA
		1	1.65		2.00		2.7		5.9		
		2	1.75		2.15		2.9		6.1		
Low-Power Mode 3,	3.0V	0	1.8		2.1	2.9	2.8		5.8	8.3	
Crystal Mode		1	1.9		2.3		2.9		6.1		
		2	2.0		2.4		3.0		6.3		
		3	2.0		2.5	3.9	3.1		6.4	9.3	
$I_{LPM3,VLO}$	3.0V	0	1.1		1.4	2.7	1.9		4.9	7.4	μA
Low-Power Mode 3,		1	1.1		1.4		2.0		5.2		
VLO Mode		2	1.2		1.5		2.1		5.3		
		3	1.3		1.6	3.0	2.2		5.4	8.5	
I_{LPM4}	3.0V	0	0.9		1.1	1.5	1.8		4.8	7.3	μA
Low-Power Mode 4		1	1.1		1.2		2.0		5.1		
		2	1.2		1.2		2.1		5.2		
		3	1.3		1.3	1.6	2.2		5.3	8.1	
$I_{LPM4.5}$ Low-Power Mode 4.5	3.0V		0.15		0.18	0.35	0.26		0.5	1.0	μA

在表 6-3 中，PMMCOREVx 是单片机寄存器名，PMMCOREVx 的设置会改变内核电压 Vcore，设置为 00 时 Vcore 典型值是 1.6V，设置为 01 时 Vcore 典型值为 1.4V，设置为 10 时 Vcore 典型值为 1.6V，设置为 11 时 Vcore 典型值为 1.9V，读者可以通过数据手册得到这一数量关系。对于一个处理器来讲，若内核电压 V_{core} 越高，时钟频率越快，则功率消耗就越大。所以，在能够满足功能正常的前提下，尽可能选择低电压工作的 CPU，能够在总体功耗方面得到较好的效果。对于已经选定的 CPU 来讲，降低供电电压和工作频率，也是一条节省功率的可行之路。

2．选择合适的总线宽度

对于追求数据传输速度的用户来说，CPU 外部总线宽度越宽越好。但如果在一个对功耗相当敏感的设计来说，就需要根据速度和功耗选取一个平衡点来考虑。当总线宽度越宽时，功耗就越大，可以适当降低总线宽度以降低功耗，进一步来讲，如果 CPU 采用内置 Flash 的方式，也可极大地降低系统功率消耗。

3．设计低功耗的接口电路

接口电路的低功耗设计，是需要重视的一个环节。在这个环节中，除了考虑选用静态电流较低的外围芯片，还应考虑以下几个因素。

1）上拉电阻/下拉电阻的选取

每一个上拉电阻的阻值都不能随意确定，都要经过仔细地计算。例如，在一个 3.3V 的系统中用 4.7kΩ 为上拉电阻，当输出信号为低电平时，每只引脚上的电流消耗就为 0.7mA，如果有 10 个这样的信号引脚时，就会有 7mA 电流消耗在这上面。所以应考虑在能够正常驱动后级的情况下，尽可能选取更大的阻值，现在很多应用设计中的上拉电阻值高达几百千欧。另外，如果采用 47kΩ 的上拉电阻，每只引脚端上的电流消耗为 0.07mA，10 个引脚端仅消耗 0.7mA。

另外，当一个信号在多数情况下为低电平时，也可以考虑用下拉电阻，以节省功率。

2）对悬空脚的处理

CMOS 器件的悬空脚也是低功耗设计中需要考虑的。因为 CMOS 悬空的输入端的输入阻抗极高，很可能感应一些电荷导致器件被高压击穿，而且会使输入端信号电平随机变化，导致 CPU 在休眠时不断地被唤醒，从而无法进入休眠状态或其他故障，所以正确的方法是将未使用到的输入端接到 V_{CC} 或地。

4．选取不同的工作模式

如表 6-2 所示，系统时钟对于功耗大小有非常明显的影响。所以除了着重于满足性能的需求，还必须考虑如何动态地设置时钟来达到功率的最大程度节约。CPU 内部的各种频率都是通过外部晶振频率经由内部锁相环（PLL）倍频式后产生的。于是，是否可以通过内部寄存器设置各种工作频率的高低成为控制功耗的一个关键因素。现在很多 CPU 都有多种工作模式，可以通过控制 CPU 进入不同的模式来达到省电的目的。

降低功耗的原则就是让正常运行模式远比空闲、休眠模式占用时间少，可以通过设置使 CPU 尽可能工作在空闲模式，然后通过相应的中断唤醒 CPU，恢复到正常工作模式，处理响应的事件后再进入空闲模式。

5．关闭不需要的外设控制器

随着处理器功能的丰富，出现越来越多的外设，如 UART、LCD、IIC、IIS、SPI、USB、ADC、DAC 等，但是在一般的测控系统中，这些外设不会全部用到，对于那些不用的外设，从低功耗设计的角度建议尽量全部关闭，仅打开需要的外设。进一步来讲，也可以动态地启用和关闭外设，需要时启用外设，用完后立即禁用，以降低功耗。

6.6.5　低功耗驱动设计

驱动电路和执行机构也是系统功耗的主要组成部分，执行机构的功耗一般情况下是系统正常工作的必要功耗，但是驱动电路的功耗是存在进一步降低空间的。

例如，继电器是测控系统中常用的驱动器件，但是继电器的线圈功耗是一个需要考虑的问题。模拟开关在一些场合可以代替继电器，而且功耗可以进一步降低。在电机控制中，采用带有使能和关断功能的控制芯片，可以在电机非工作时间内降低功耗。

6.6.6　低功耗人机交互设计

人机交互模块是测控系统的重要组成部分，主要有输入和输出两部分。输入部分的按键或者键盘电路中的上拉或下拉电阻尽量选择大电阻；而输出部分主要是显示、声音等单元，在低功耗系统中，显示单元的功耗可以有很大的优化空间，常规方法是降低显示亮度，设置休眠熄灭并尽量减小点亮时间。同时，也可以采用新型的低功耗显示模块来替代。

电子墨水屏是由许多电子墨水组成的，电子墨水可以看成一个个胶囊，每一个胶囊中有液体电荷，其中正电荷染白色，负电荷染黑色。当在一侧给予正负电压时，带有电荷的液体就会被分别吸引和排斥。这样，每一个像素点就可以显示白色或黑色了。电子墨水屏只有在翻页等操作时才耗电，不刷新显示内容时不耗电。内容刷新以后会长期停留在屏幕上，阅读时电源可以关闭。因此采用这种屏幕的设备将非常省电，像亚马逊的 Kindle Paperwhite，续航可达 8 周以上。这些优点源于电子墨水屏工作原理的先天优势。这样的工作原理也使得它有很多应用缺陷，如刷新率极低、不足以显示动态内容、在切换页面时会有较明显的延迟。但是，在测控系统中很少需要显示动态的内容，因此在低功耗要求较高的场合，电子墨水屏是比较好的选择。

6.7　本章小结

电源是测控系统的能量之源，基准源是测控系统测量精度的保证，本章详细介绍了线性稳压源、开关稳压源和电源模块、稳压源的工作原理、选型和常见芯片及应用电路。在此基础上，引入低功耗设计思想，从电源电路、信号调理电路、ADC、DAC 电路、处理器电路、驱动电路、人机交互电路等方面阐述了低功耗设计的方法，并提出一些低功耗设计的方案以供参考。

习　题　6

1. 线性电压源、开关电压源各有什么优缺点？应用场合有何不同？

2. 根据直流线性稳压电源的结构框图，分别描述每一个组成电路有几种实现方式，各有什么作用。

3. 了解 BOOST 型开关稳压电路，并选取一块升压开关电源集成芯片，简述其工作原理。

4. AC/DC 和 DC/DC 集成电源模块选型时需要注意什么？

5. 低功耗 ADC、DAC 电路设计中，如何兼顾低功耗指标，哪些参数是芯片选型时必须要注意的？

第 7 章

测控系统中的常用算法

测控系统的基本任务就是通过一种方法调节某一被控变量 $y(t)$，使其与给定量 $r(t)$ 保持一致，在功能上可以分为测量和控制两部分。测量部分按照一定的测量原理和测量方法，获得反映客观事物或对象的运动属性及特性的各种数据；控制部分通过一定的控制算法使被控对象按照一定的规律运行，可分为开环控制系统和闭环控制系统。

开环控制系统是指输出只受系统输入控制而没有反馈回路的系统，控制装置与被控对象之间只有顺向作用而没有反向联系。开环控制系统将被控对象的动作次序和各类参数输入控制器，再去指挥执行机构按照固定的程序，一步一步地控制被控对象的动作。如果系统不受外部干扰，可以使用开环控制来达到稳定输出的目的。但是，干扰是客观存在而且不可预估的，被控对象的动作结果如何，系统是无从知道的。因此，闭环控制是大多数测控系统都会选择的方式。

测控系统的闭环控制器可分为模拟控制器和数字控制器，测控系统模拟控制器框图如图 7-1 所示。

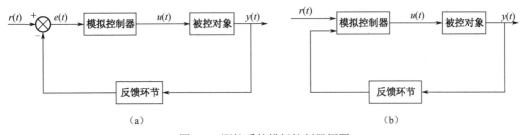

图 7-1　测控系统模拟控制器框图

图 7-1（a）中将输入信号 $r(t)$ 和输出信号 $y(t)$ 的差值，即误差信号 $e(t)$ 送入模拟控制器中，然后按照一定的控制规律运算，输出控制量 $u(t)$，作用到被控对象上，用来控制系统的输出，形成闭环控制系统，称为偏差反馈控制系统。图 7-1（b）中将输出信号 $y(t)$ 作为反馈信号送入模拟控制器中，则称为输出反馈控制系统，在实际的测控系统中，偏差反馈是较为常见的闭环方式。

一般情况下，基于处理器的测控系统采用程序控制的方法，即数字控制系统，根据图 7-1，

将误差信号 $e(t)$ 在单片机系统中经过采样保持器和 A/D 转换器后变为数字量 $e(kt)$ 并送入控制器中，控制器输出的控制量为离散的数字量 $u(kt)$，经过 D/A 转换器得到连续的控制量 $u(t)$，作用到被控对象上，用来控制系统的输出，这样得到图 7-2 所示的测控系统数字控制器框图。

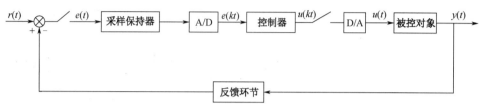

图 7-2　测控系统数字控制器框图

7.1　常用控制算法

针对不同被控对象的特点和系统性能需求，控制器可以采用不同的控制策略，经过长期的理论发展和实践检验，形成了 PID 控制、Smith 预估补偿控制、解耦控制等经典控制算法和最优控制、自适应控制、模糊控制、神经网络控制等先进控制算法。

PID 控制是工程实际应用中最为广泛的控制规律，一般由比例单元 P、积分单元 I 和微分单元 D 组成。尽管 PID 在控制非线性、时变、耦合及参数和结构不确定的复杂过程时，对系统的控制能力较差，但是依然满足绝大部分的控制需求。

Smith 预估补偿控制是克服纯滞后的一个有效控制方法。其基本原理是与控制器并接一个补偿环节，用来补偿被控对象中的纯滞后部分。Smith 预估控制方式的工程实现中的常见应用就是在 PID 调节器上并接一个 Smith 预估器，使其等效为一个带 Smith 预估器的调节器，其框图如图 7-3 所示。被控对象中的纯滞后环节是客观存在的，而带 Smith 预估器的调节器中的纯滞后环节是人为设计和加入的。理论上可以证明，如果预估模型匹配，Smith 预估器会十分有效地消除纯滞后对控制系统的影响，使控制系统的控制效果大大提高。

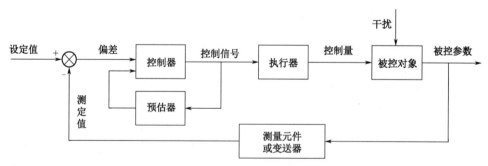

图 7-3　Smith 预估控制方式框图

模糊控制适用于非线性、时变性和不确定性等难以建立精确数学模型、结构复杂的控制系统。它利用模糊数学的知识模仿人脑的思维模式，对模糊现象进行识别、判决，对控制对象给出精确的控制量，具有较强的稳健性和抗干扰性。

自适应控制是一种在系统会遇到无法预知的变化的情况下，能自动地不断使系统保持理想状态的控制方式。因此，一个自适应控制系统能在其运行过程中，通过不断地测取系统的输入、状态、输出或性能参数，逐渐地了解和掌握对象，然后根据所获得的过程信息，做出控制决策去修正控制器的结构或参数，使控制效果达到最优或近似更优。自适应控制适合研究具有不确定性的对象或难以确知的对象，以消除系统结构扰动引起的系统误差，且对数学模型的依赖很小。目前比较成熟的自适应控制可分为两大类：模型参考自适应控制（Model Reference Adaptive Control）和自校正控制（Self-Turning）。

神经网络控制是神经网络理论与控制理论相结合的产物。它汇集了包括数学、生物学、神经生理学、脑科学、遗传学、人工智能、计算机科学、自动控制等学科的理论、技术、方法及研究成果。神经控制是有学习能力的智能控制的一个分支。神经控制发展至今，已有了多种控制结构，如神经预测控制、神经逆系统控制等。

不同的控制算法可以根据不同的控制对象单独控制，也可以结合多种控制算法共同作用在控制对象上，要根据不同被控对象的特点和系统性能指标需求来确定。

7.2 控制系统性能指标

控制系统性能评价指标分为动态性能指标和稳态性能指标两类。研究分析系统的性能指标时，通常选择若干典型输入信号作为动态性能指标和稳态性能测试之用，典型输入信号通常有单位阶跃函数、单位斜坡函数、单位加速度函数、单位脉冲函数和正弦函数等。实际中采用上述哪种典型输入信号取决于系统常见的工作状态。在典型输入信号作用下，任何控制系统的性能指标都由动态过程和稳态过程两部分组成。

7.2.1 动态性能指标

系统在典型输入信号作用下，系统输出量从初始状态到最终状态的响应过程称为动态过程。由于实际控制系统具有惯性、摩擦及其他原因，系统输出量不可能完全复现输入量的变化。根据系统结构和参数的选择，动态过程表现为衰减、发散或等幅振荡等形式。由动态性能指标描述的系统动态过程可以提供系统稳定性、响应速度及阻尼情况。

控制精确度是衡量控制系统技术性能的重要指标。一个高品质的控制系统，在整个运行过程中，被控变量与给定值的偏差应该是很小的。考虑到自控系统的动态过程在不同阶段中的特点，工程上常从"稳""快""准"3个主要方面来表征，其中"稳"是指动态过程的平稳性，若控制过程中出现被控变量围绕给定值摆动或振荡，振荡应逐渐减弱；振幅和频率不能过大应有所限制。"快"是指动态过程的快速性，动态过程的总体建立时间应有所限制，应尽快进入稳态。"准"是指动态过程的最终精确度，即系统进入平衡状态后，被控变量对给定值所达到的控制精确度。

通常在阶跃函数作用下，测定或计算系统的动态性能。描述稳定的系统在单位阶跃函数的作用下，动态过程随时间 t 的变化状况的指标，称为动态性能指标。系统的单位阶跃响应如图 7-4 所示。

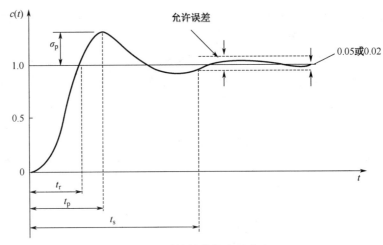

图 7-4　系统的单位阶跃响应

1．上升时间（t_r）

上升时间是指响应从终值 10%上升到终值 90%所需的时间。对于有振荡的系统，上升时间也可定义为响应从零到第一次上升达到终值所需的时间。上升时间 t_r 是系统响应速度的一种度量。上升时间越短，响应速度越快。

2．余差（C）

余差是指过渡过程终了时的残余偏差，也称为静差。

3．峰值时间（t_p）

峰值时间是指响应超过其终值达到第一个峰值所需的时间。

4．调节时间（t_s）

调节时间是指响应到达并保持在终值±5%（或±2%）内所需的最短时间。调节时间 t_s 是评价系统响应速度和阻尼程度的综合指标。

5．超调量（$\sigma\%$）

超调量是指响应的最大偏离量 $c(t_p)$ 与终值 $c(\infty)$ 之比的百分数，即

$$\sigma\% = \frac{c(t_p) - c(\infty)}{c(\infty)} \times 100\% \tag{7-1}$$

若 $c(t_p) < c(\infty)$，则响应无超调。$\sigma\%$ 评价系统的阻尼程度。

6．振荡次数

振荡次数是指响应曲线在 t_s 之前在静态值上下振荡的次数。

7．延迟时间

延迟时间是指响应曲线首次达到静态值的一半所需的时间，记为 t_d。

7.2.2　稳态性能指标

系统在典型输入信号作用下,当时间 t 趋于无穷时,系统输出量的表现方式称为稳态过程,又称为稳态响应。稳态性能表征系统输出量最终复现输入量的程度,提供系统有关稳态误差的信息。

稳态误差是描述系统稳态性能的重要指标,通常在阶跃函数、斜坡函数或加速度函数作用下进行测定或计算。若时间区域无穷时,系统的输出量不等于输入量或输入量的确定函数,则系统存在稳态误差。稳态误差是系统控制精度或抗扰动能力的一种度量。一个好的自动控制系统要求稳态误差越小越好,最好稳态误差为零。但在实际生产过程中往往做不到完全稳态误差为零,只能要求稳态误差越小越好。

7.3　PID 控制算法

PID 控制是最早发展起来的控制策略之一,算法简单,稳健性好,可靠性高,广泛应用于过程控制和运动控制中,尤其适用于可建立精确数学模型的确定性控制系统。它是应用最广泛的一种算法,成熟的应用中约有 90%以上的场合都可以采用 PID 及其改进算法来解决。PID 算法蕴含了动态控制过程的过去、现在和将来的主要信息,利用比例(P)、积分(I)、微分(D)的最优配合,实现动态过程快速、平稳、准确的系统调节,以得到良好的控制效果。

7.3.1　模拟 PID 控制器

早期的 PID 算法是模拟 PID 算法,其原理框图如图 7-5 所示。

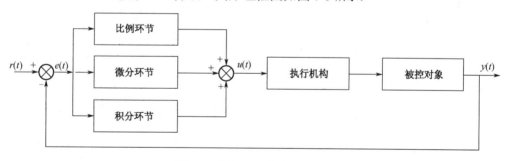

图 7-5　模拟 PID 算法原理框图

系统由模拟 PID 控制器、执行机构和被控对象组成,其中 PID 控制器由比例环节、微分环节和积分环节组成。$r(t)$ 为系统给定值, $y(t)$ 为系统的实际输出值,给定值与实际输出值构成控制偏差,即

$$e(t) = r(t) - y(t) \tag{7-2}$$

其中, $e(t)$ 为模拟 PID 控制器的输入, $u(t)$ 为模拟 PID 控制器的输出,也是被控对象的输入,所以模拟 PID 控制算法可以描述为

$$u(t) = K_P \left[e(t) + \frac{1}{T_I} \int_0^t e(t)\mathrm{d}t + T_D \frac{\mathrm{d}e(t)}{\mathrm{d}t} \right] \tag{7-3}$$

其中，K_P 为控制器的比例系数，T_I 为积分时间系数，T_D 为微分时间系数。

模拟 PID 控制算法各个环节的作用分别如下。

1. 比例环节

比例控制考虑当前偏差，一旦偏差产生，控制器立即产生控制作用，使控制量向减小偏差的方向变化。控制作用的强弱取决于比例系数 K_P，K_P 只是在控制器的输出和系统的偏差成比例时成立。比例控制的输出为

$$P_{\mathrm{out}} = K_{\mathrm{p}} e(t) \tag{7-4}$$

若 K_{p} 偏小，在相同误差量下，其输出较小，控制器不敏感，且当有干扰出现时，其控制信号可能不够大，无法修正干扰的影响。若增大 K_{p}，控制作用就会增强，则过渡过程会加快，控制过程的静态偏差也会减小，但是若 K_{p} 偏大，在相同误差量下，会有较大的输出，容易产生振荡，破坏系统的稳定性。因此，K_{p} 的选择必须恰当，才能达到过渡时间小、静态偏差小而稳定的效果。

2. 积分环节

积分控制考虑系统过去的误差，用于消除静态误差，将误差值在过去一段时间的积分值（误差和）乘以 $\frac{1}{T_I}$，$\frac{1}{T_I}$ 从过去的平均误差值来找到系统的输出结果和预定值的平均误差，积分控制的输出为

$$I_{\mathrm{out}} = \frac{1}{T_I} \int_0^t e(t)\mathrm{d}t \tag{7-5}$$

一个简单的比例系统会振荡，会在预定值的附近来回变化，因为系统无法消除多余的纠正。通过加上负的平均误差值，平均系统误差值就会逐渐减少。所以，最终 PID 回路系统会在设定值稳定下来。积分控制会加速系统趋近设定值的过程，并且消除纯比例控制器会出现的稳态误差。

积分常数 T_I 越大，积分的累积作用越弱，增大 T_I 会减慢静态误差的消除过程，消除偏差所需的时间也会变长，优点是可以减少超调量，提高系统的稳定性。当 T_I 较小时，则积分作用较强，这时系统过渡期就有可能产生振荡，不过消除偏差所需的时间就会变短，所以 T_I 的数值需要根据实际应用来选取合适的值才能达到好的效果。

3. 微分环节

微分控制考虑系统将来的误差，可以提升整定时间及系统稳定性。微分环节根据偏差的变化趋势，即变化速度来进行控制，阻止偏差的变化。微分控制的输出为

$$D_{\mathrm{out}} = T_D \frac{\mathrm{d}e(t)}{\mathrm{d}t} \tag{7-6}$$

偏差变化得越快，导数的结果就越大，微分控制器的输出就越大，可以使控制系统对输出结果做出更快速的反应，并能在偏差值变大之前进行修正。微分作用的引用，将有助于减小

超调量，克服振荡，使系统趋于稳定，特别是对高阶系统有利，可加快系统的跟踪速度。但微分作用对输入信号的噪声非常敏感，对那些噪声较大的系统一般不采用微分环节，或者在输入信号接入微分环节之前，加上一个低通滤波器以限制高频增益及噪声，降低噪声的影响。利于 T_D 参数对减少控制器短期的改变，但是一些速度缓慢的应用系统可以不需要 T_D 参数，即可以不采用微分环节。

7.3.2　数字 PID 控制器

PID 算法简单，很容易通过处理器编程来实现，由于程序的灵活性，PID 算法可以得到修正和完善，从而使数字 PID 控制算法有很大的灵活性和实用性。数字 PID 利用采样控制，根据采样时刻的偏差计算控制量，不能像模拟 PID 控制器那样输出连续的控制量来进行连续控制，因此需要对控制规律进行离散化处理。

1. 位置型 PID 算法

以 T 作为采样周期，k 为采样序号，则图 7-5 中的数据分别用 $r(k)$、$e(k)$、$u(k)$、$y(k)$ 表示，于是偏差为

$$e(k) = r(k) - y(k) \tag{7-7}$$

当采样周期 T 很小时，$\mathrm{d}t$ 可用 T 近似代替，$\mathrm{d}e(t)$ 可用 $e(k)-e(k-1)$ 近似代替，"积分"用"求和"近似代替，即

$$\begin{cases} \int_0^t e(t)\mathrm{d}t \approx \sum_{i=0}^{k} e(i)T \\ \dfrac{\mathrm{d}e(t)}{\mathrm{d}t} \approx \dfrac{e(kT) - e[(k-1)T]}{T} = \dfrac{e(k) - e(k-1)}{T} \end{cases} \tag{7-8}$$

这样，代入下式

$$u(t) = K_P \left[e(t) + \frac{1}{T_I} \int_0^t e(t)\mathrm{d}t + T_D \frac{\mathrm{d}e(t)}{\mathrm{d}t} \right] \tag{7-9}$$

得到

$$u(k) = K_P \left[e(k) + \frac{T}{T_I} \sum_{i=0}^{k} e(i) + T_D \frac{e(k) - e(k-1)}{T} \right] \tag{7-10}$$

或者

$$u(k) = K_P e(k) + K_I \sum_{i=0}^{k} e(i) + K_D \left[e(k) - e(k-1) \right] \tag{7-11}$$

式中，$u(k)$ 为第 k 次采样时刻的控制量输出值；$e(k)$ 为第 k 次采样时刻输入的偏差值；$e(k-1)$ 为第 $k-1$ 次采样时刻输入的偏差值；K_I 为积分系数，$K_I = K_P \dfrac{T}{T_I}$；K_D 为微分系数，$K_D = K_P \dfrac{T_D}{T}$。

如果采样周期足够小，$u(k)$ 的近似计算就可以得到足够精确的结果，因为算法给出了全部控制量的大小，称为位置型 PID 控制算法。

2．增量型 PID 算法

由于位置型 PID 算法是全量输出，因此每次输出与过去状态有关，需要对 $e(k)$ 进行累加，工作量大；另外 $u(k)$ 对应的是执行机构的实际位置输出，如果计算机发生故障，$u(k)$ 的大幅变化会引起执行机构的大幅变化，有可能造成严重生产事故。为了改进位置型 PID 算法的缺陷，增量型 PID 算法应运而生。

增量型 PID 算法是指数字控制器输出的只是控制量的增量 $\Delta u(k)$，在很多控制系统中由于执行机构是采用步进电动机或多圈电位器进行控制的，可以使用增量型 PID 算法进行控制。根据式（7-10）推导出 $u(k-1)$ 的表达式为

$$u(k-1) = K_P \left[e(k-1) + \frac{T}{T_I} \sum_{i=0}^{k-1} e(i) + T_D \frac{e(k-1) - e(k-2)}{T} \right] \tag{7-12}$$

这样可以得到控制量增量表达式为

$$\Delta u(k) = u(k) - u(k-1) = K_P \left[e(k) - e(k-1) + \frac{T}{T_I} e(k) + T_D \frac{e(k) - 2e(k-1) + e(k-2)}{T} \right]$$

$$\tag{7-13}$$

将式（7-13）写成基于偏差的表达式为

$$\Delta u(k) = ae(k) + be(k-1) + ce(k-2) \tag{7-14}$$

式中，$a = K_P(1 + \frac{T}{T_I} + \frac{T_D}{T})$，$b = -K_P(1 + \frac{2T_D}{T})$，$c = K_P \frac{T_D}{T}$。

增量型 PID 算法与位置型 PID 算法相比，具有以下优点。

（1）由于计算机输出增量，因此误动作影响小，必要时可用逻辑判断的方法去掉。

（2）在位置型 PID 算法中，由手动到自动切换时，首先必须使处理器的输出值等于阀门的原始开度，才能保证手动/自动无扰动切换，这将给程序设计带来困难。而增量型 PID 算法设计只与本次的偏差值有关，与阀门原来的位置无关，易于实现手动/自动无扰动切换。

（3）不产生积分失控，容易获得较好的调节品质。

当然，利用增量型 PID 算法公式，也可以得到位置型 PID 算法的递推公式，即

$$u(k) = u(k-1) + \Delta u(k) = u(k-1) + ae(k) + be(k-1) + ce(k-2) \tag{7-15}$$

3．PID 算法中的积分项和微分项处理

1）积分项改进

数字 PID 控制算法中的积分项为

$$u_I(k) = K_P \frac{T}{T_I} \sum_{i=0}^{k-1} e(i) \tag{7-16}$$

它在 PID 控制算法中起着重要的作用，用来消除系统在控制过程中出现的静态误差。但若处理不当，系统的控制效果和品质都会变差，为此可以从以下几个方面做出改进。

（1）积分饱和抑制。在 PID 控制算法中，长期存在偏差或偏差较大时，计算出的控制量有可能溢出或小于零，即处理器运算出的控制量 $u(k)$ 超过 D/A 所能表示的数值范围。积分饱和是指将 D/A 的极限数值对应于执行机构的动作范围，且执行机构已到了极限位仍不能消除偏差时，PID 的运算结果继续增大或减小，但执行机构已没有相应动作的现象。其中，超调量

超过极限的区域称为饱和区。

当出现积分饱和时，势必使超调量增加、降低控制品质。为了防止积分饱和，可对计算出的控制量 $u(k)$ 限幅，同时把积分作用消除掉。若以 12 位 D/A 为例，则有当 $|u(k)| \leqslant$ 000H 时，取 $u(k) = 0$；当 $|u(k)| \geqslant$ FFFH 时，取 $u(k) =$ FFFH。

（2）积分分离。在控制过程中，只要系统存在偏差，积分作用就会继续增加或减少。当在过程启动、停止或大幅度改变设定值时，偏差较大或累加积分项太快，就会出现积分饱和的现象，使系统产生超调，甚至引起振荡。最坏的情况是：因受处理器字长所能表示的正、负最大值的限制，D/A 转换后，将使执行机构向两个极端位置推进。因此，有必要采取积分分离的措施来防止或消除系统出现的积分饱和现象。

积分分离算法的思想是，在偏差 $e(k)$ 较大时，暂时取消积分作用；当偏差 $e(k)$ 小于某个阈值时，才将积分作用引入，具体实现如下。

① 根据实际需要，设定一个阈值 $\varepsilon > 0$。

② 当 $|e(k)| > \varepsilon$，即偏差值 $|e(k)|$ 较大时，采用 PD 控制，可避免大的超调，又使系统有较快的响应。

③ 当 $|e(k)| \leqslant \varepsilon$，即偏差值 $|e(k)|$ 较小时，采用 PID 控制或 PI 控制，可保证系统的控制精度。

位置型 PID 算法的积分分离形式为

$$u_{\mathrm{I}}(k) = K_{\mathrm{P}}e(k) + \beta K_{\mathrm{I}}\sum_{i=0}^{k}e(i) + K_{\mathrm{D}}\left(e(k) - e(k-1)\right) \tag{7-17}$$

式中

$$\beta = \begin{cases} 1 & |e(k)| \leqslant \varepsilon \\ 0 & |e(k)| > \varepsilon \end{cases} \tag{7-18}$$

为了保证引入积分控制作用后系统的稳定性不变，在投入积分控制作用的同时，相应地减少比例增益 K_{P} 的值。另外，阈值的设置应根据控制所要求的性能来确定。

（3）变速积分法。在某些系统中对积分控制项是有特殊要求的，它要求偏差大时，积分作用减弱或取消，而偏差较小时加强积分作用。在一般的 PID 控制算法中，积分系数是一个常数，积分增益是不变的，若积分系数取小了，将因迟迟不能消除静态误差而延长调节时间；若积分系数取大了，又容易出现超调或积分饱和现象。因此，必须采用"变速积分"算法，才能满足这类系统的要求。

变速积分的控制规律是设法改变积分项的累加速度，使其与偏差大小相对应，即偏差小时，提高积分累加速度，以增强积分作用；偏差大时，降低积分的累加速度，以减弱积分的作用。变速积分与积分分离控制方法的实施过程类似，但两种调节方式不同，设计思想也不同，积分分离法是对积分项采用"开关"控制方式；变速积分法是根据误差大小，可随机改变积分作用，近似于线性控制方式，具有抑制超调、防止积分饱和、适应性强、线性度好和整定容易等优点，从而大大提高了系统的调节品质。

（4）消除积分不灵敏区。在增量型 PID 算法中，积分项的表达式为

$$\Delta u_{\mathrm{I}}(k) = K_{\mathrm{I}}e(k) = K_{\mathrm{P}}\frac{T}{T_{\mathrm{I}}}e(k) \tag{7-19}$$

由于处理器字长的限制，当运算结果小于字长所能表示的数的精度时，处理器就将此数丢掉。当处理器的运行字长较短，采样时间 T 也短，而积分时间 T_I 又较长时，$\Delta u_I(k)$ 容易出现小于字长的精度而丢数，此时积分作用消失，这就称为积分不灵敏区。

可以从以下两个方面来消除积分不灵敏区。

① 增加 A/D 转换器的位数，加大运算字长，提高运算精度。

② 当积分项小于精度 ε 时，可以将积分项累加起来，再将它作用于 PID 控制器中。

$$A_I = \sum_{i=1}^{n} \Delta u_I(i) \qquad (7\text{-}20)$$

2）微分项改进

数字 PID 控制算法中的微分项为

$$u_D(k) = K_P \frac{T_D}{T}\big(e(k) - e(k-1)\big) \qquad (7\text{-}21)$$

微分作用是当输入系统的信号突变时，快速地提供较大的调节作用，将偏差尽快消除。但是，输入信号变化率越大，微分相应输出也越大。这样，也容易引起控制过程出现超调和发生振荡现象，使系统调节品质下降。因此，在实际应用中，需要对微分项进行一些处理和改进。

（1）不完全微分型 PID。标准的 PID 控制算式，对具有高频扰动的生产过程，微分作用响应过于灵敏，容易引起控制过程振荡，降低调节品质。尤其是处理器对每个控制回路输出时间是短暂的，而驱动执行器动作又需要一定的时间。如果输出较大，在短暂时间内执行器达不到应有的相应开度，会使输出失真。例如，若 $e(t)$ 为脉冲函数时，控制作用仅在第一个周期有效。$u_D(k)$ 的幅值一般较大，容易造成以单片机为控制核心的数据溢出。$u_D(k)$ 过大、过快的变化会对执行机构造成冲击，另外由于控制周期短，容易造成控制输出量的失真。

为了克服这一缺点，同时又要使微分作用有效，有两种方法可以组成不完全微分 PID 控制器。

一种方法是在 PID 算法中加入一个一阶惯性环节（低通滤波器），该低通滤波器的传递函数为

$$G_f(s) = \frac{1}{T_f s + 1} \qquad (7\text{-}22)$$

则可导出不完全微分 PID 控制算式为

$$u'(t) = K_P\left[e(t) + \frac{1}{T_I}\int_0^t e(t)\mathrm{d}t + T_D\frac{\mathrm{d}e(t)}{\mathrm{d}t} \right] \qquad (7\text{-}23)$$

$$T_f\frac{\mathrm{d}u(t)}{\mathrm{d}t} + u(t) = u'(t) \qquad (7\text{-}24)$$

离散化后得

$$u'(k) = K_P\left[e(k) + \frac{T}{T_I}\sum_{j=0}^{k} e(j) + \frac{T_D}{T}\big(e(k) - e(k-1)\big) \right] \qquad (7\text{-}25)$$

$$u(k) = \frac{T}{T_f + T}u'(k) + \frac{T_f}{T_f + T}u(k-1) \qquad (7\text{-}26)$$

令 $a = \dfrac{T_f}{T_f + T}$ 可得不完全微分的位置型 PID 控制式为

$$u(k) = (1-a)u'(k) + au(k-1) \tag{7-27}$$

式中

$$\begin{cases} a = \dfrac{T_f}{T_f + T} \\ u'(k) = K_P \left[e(k) + \dfrac{T}{T_I} \displaystyle\sum_{j=0}^{k} e(j) + \dfrac{T_D}{T} \left(e(k) - e(k-1) \right) \right] \end{cases} \tag{7-28}$$

增量型 PID 算法的表达式为

$$\Delta u(k) = (1-a)\Delta u'(k) + a\Delta u(k-1) \tag{7-29}$$

式中

$$\begin{cases} a = \dfrac{T_f}{T_f + T} \\ \Delta u'(k) = K_P \left[e(k) - e(k-1) \right] + K_I e(k) + K_D \left[e(k) - 2e(k-1) + e(k-2) \right] \end{cases} \tag{7-30}$$

另一种方法是将低通滤波器 $G_f(s) = \dfrac{1}{T_f s + 1}$ 加在微分控制环节上，形成带惯性环节的微分控制，对应的微分方程为

$$T_f \frac{\mathrm{d}u_D(t)}{\mathrm{d}t} + u_D(t) = K_P T_D \frac{\mathrm{d}e(t)}{\mathrm{d}t} \tag{7-31}$$

推导过程与上述相同，可以得到该不完全微分控制器的位置型 PID 算法的微分项表达式为

$$u_D(k) = (1-a)u'_D(k) + au_D(k-1) \tag{7-32}$$

式中，$a = \dfrac{T_f}{T_f + T}$，$u'_D(k) = K_P \dfrac{T_D}{T}(e(k) - e(k-1))$。

同理，增量型 PID 算法的微分项表达式为

$$\Delta u_D(k) = (1-a)\Delta u'_D(k) + a\Delta u_D(k-1) \tag{7-33}$$

（2）微分先行。控制算法为了避免给定值的升降给控制系统带来冲击，如超调量过大，调节阀动作剧烈，可采用微分先行 PID 控制算法。微分先行 PID 控制算法是把对偏差的微分改为对被控量的微分。这样，当给定值变化时，不会使输出大幅度变化，而且由于被控量一般不会突变，即使给定值已发生改变，被控量也是缓慢变化的，从而不致引起微分项的突变。微分项的输出为

$$\Delta u_D(k) = \frac{K_P T_D}{T} \left[\Delta c(k) - \Delta c(k-1) \right] \tag{7-34}$$

4．PID 参数整定

数字 PID 控制参数的整定需要确定 4 个参数，即 K_P、T、T_I、T_D，其中 K_P、T_I、T_D 的作用在前面有过论述，这里继续分析采样周期 T 的作用。

1）采样周期 T

采样周期 T 是处理器两次采样之间的时间间隔，在测控系统中，采样周期的最大值 T_{max} 受系统稳定性、处理器速度、A/D 转换器速度等因素限制。

采样周期要既能使系统稳定工作，又能保证数字控制系统有一定的动、静态指标，可以根据采样定理来考虑采样周期。根据香农定理，对一个具有有限频谱的连续信号进行采样时，若采样频率大于或等于信号所含最高频率的 2 倍，则对信号进行采样所得的一连串采样信号可以完全复现原来的信号，即

$$f_s \geqslant 2f_{max} \tag{7-35}$$

由此得采样周期的上限值为

$$T_{max} = \frac{1}{2f_{max}} \tag{7-36}$$

式中，f_{max} 为原连续信号的最高频率。由此可知，从信号的保真度来考虑，要求采样周期 T 不宜太长，而从控制性能来考虑时，希望采样周期 T 尽可能小。

采样周期的选择并不是越小越好，下限值 T_{min} 并不能从采样定理中得到，因为采样周期越小，处理器的计算负担越重，不利于充分发挥处理器的功能。另外，T 小到一定程度后，两次采样的偏差变化不大，数字控制器的输出值变化很小，控制作用也不明显，则要求系统必须采用高速大容量的处理器。

因此，T 值的选定原则：在确保离散信号高保真度和设备经济性的前提下，尽可能地选定较小的采样周期值，去满足系统对控制性能的要求。

在实际应用中，数字控制器采样周期 T 应该满足

$$T_{min} \leqslant T > T_{max} \tag{7-37}$$

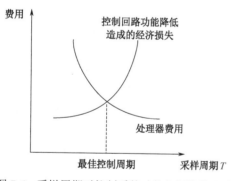

图 7-6　采样周期对控制系统功能和经济的影响

采样周期对控制系统功能和经济的影响如图 7-6 所示，从功能和经济的角度分析最佳采样周期的选择，若采样周期靠近 T_{max}，系统可以稳定工作，但控制质量较差，因为这会有部分信息丢失。若采样周期靠近 T_{min}，则满足采样定理，可得到较好的控制质量。总之，T 的选择应综合考虑以下因素。

（1）给定值的变化频率。加到被控对象上的给定值变化频率越高，采样频率应越高，这样给定值的改变可以迅速得到反映。

（2）被控对象的特性。若被控对象是慢速的热工或化工对象，采样周期一般取得较大；若被控对象是较快速的系统，采样周期应取得较小，根据被控对象的性能选择采样周期时可参考表 7-1，表中数据是常用被控量的经验采样周期。实践中，可以表中的数据为基础，通过实验最后确定最合适的采样周期。

表 7-1　常用被控量经验采样周期

被控物理量	流量	压力	液位	温度	成分
采样周期/s	1～5	3～10	6～8	15～20	15～20

（3）使用的控制算式和执行机构的类型。当采用 PID 算式时，积分作用和微分作用与采样周期 T 的选择都有关。采样周期 T 太小，将使微分积分作用不明显。因为当 T 小到一定值后，受计算精度的限制，偏差值就不会有变化，$e(k)$ 始终为零。此外，当执行机构动作惯性

小时，采样周期的选择要与之适应；否则，执行机构不能反映数字控制器输出值的变化。

（4）控制的回路数。控制的回路数与采样周期 T 的关系为

$$T = \sum_{i=0}^{N} T_i \qquad (7\text{-}38)$$

其中，T_i 为各控制回路程序的执行时间，即采样周期应大于所有回路控制程序执行时间之和。也就是说，控制回路越多，采样周期就越大。

2）参数整定

数字 PID 控制参数的整定过程：首先用模拟 PID 控制参数整定的方法来选择，然后考虑采样周期对整定参数的影响，最后做适当的调整。模拟 PID 控制参数的整定方法有扩充临界比例法、扩充响应曲线法、归一参数整定法、凑试法确定 PID 参数。其中归一参数整定法的整定过程如下。

假设有增量型 PID 算法的表达式为

$$\Delta u(k) = K_{\mathrm{P}}\left[e(k) - e(k-1) + \frac{T}{T_{\mathrm{I}}}e(k) + \frac{T_{\mathrm{D}}}{T}\left[e(k) - 2e(k-1) + e(k-2) \right] \right] \qquad (7\text{-}39)$$

在 PID 控制中，要整定参数 K_{P}、T、T_{I}、T_{D}，为了减少在线整定参数的数目，根据大量的实验经验的总结，设定了一些约束条件，以减少独立变量的个数，继而减少机器运算量。例如，取值为

$$T \approx 0.1T_{\mathrm{r}}、\quad T_{\mathrm{I}} \approx 0.5T_{\mathrm{r}}、\quad T_{\mathrm{D}} \approx 0.125T_{\mathrm{r}}$$

其中，T_{r} 为纯比例控制时临界振荡时的振荡周期。

这样，得到增量型 PID 关于 K_{P} 的表达式为

$$\Delta u(k) = K_{\mathrm{P}}\left[2.45e(k) - 3.5e(k-1) + 1.25e(k-2) \right] \qquad (7\text{-}40)$$

因此，整个问题就简化为只要整定 K_{P} 一个参数就可以了，可以通过不断改变 K_{P} 的值，观察控制效果，直到达到预期的控制效果，归一参数整定法易于实现，它是比较简单的整定方法。

7.3.3　PID 算法的单片机实现

测控系统中的处理器具有高速的运算能力，从硬件上保证了 PID 控制策略的实时性，能够满足对控制性能要求较高的需求。

图 7-7（a）所示为位置型 PID 算法流程。在进入 PID 运算程序计算之前，需要完成采样数据的处理，然后根据 $e(k)$ 的值计算 $u_{\mathrm{P}}(k)$、$u_{\mathrm{I}}(k)$、$u_{\mathrm{D}}(k)$，继而得到输出控制量 $u(k)$，计算结束更新 $e(k-1)$ 值。在进行各步骤计算时，需要根据所选型单片机的计算能力来处理计算结果。如果处理器的浮点运算能力较强，可直接运用浮点进行运算，保持控制精度；如果处理器的浮点运算能力较弱，就需要把计算结果转换成整型数据，以牺牲精度的代价换取计算速度。

图 7-7（b）所示为增量型 PID 算法流程。与位置型 PID 算法不同的是，计算项为 $e(k)$、$\Delta u_{\mathrm{P}}(k)$、$\Delta u_{\mathrm{I}}(k)$、$\Delta u_{\mathrm{D}}(k)$ 和 $\Delta u(k)$，将计算出来的数据作为控制量的增量与前一拍输出量相加作为本次的输出量，计算结束更新 $e(k-1)$ 和 $e(k-2)$ 的值。

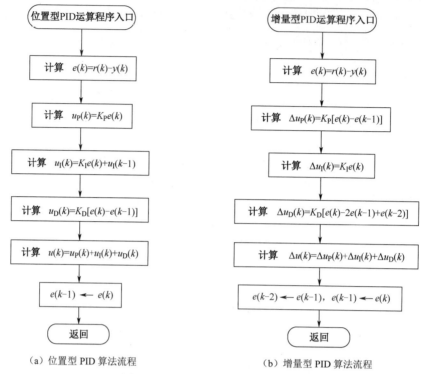

（a）位置型 PID 算法流程　　　　　　（b）增量型 PID 算法流程

图 7-7　PID 算法的单片机程序流程

7.4　模糊控制算法

当被控对象是一些模糊过程或系统构成的不确定性问题，它们的结构参数不清楚或很难确定时，通常不能用确切的数学模型描述。对这样的对象，用传统的控制方法实现自动控制可能无法获得满意的效果。为了解决这种不确定性对象的控制问题，人们将模糊理论引入控制系统中，从而形成了模糊控制（Fuzzy Control）理论。模糊控制方法与传统的定量控制方法有着本质的不同，主要体现在：用语言变量来代替数学变量；用模糊条件语句来描述变量之间的关系；用模糊算法来描述复杂关系；大多数模糊自动控制过程均是以操作人员的经验为基础的。因此，模糊控制器的设计不要求掌握被控对象的精确数学模型，通常是先根据经验确定它的各个参数和控制规则，即根据人工控制规律组织控制决策表，然后由该表决定控制量的大小。

模糊控制是以模糊集合理论、模糊语言变量和模糊逻辑推理为基础的一种数字控制方法。模糊控制与常规的控制方法相比，主要特点如下。

（1）模糊控制只要求掌握现场操作人员或有关专家的经验、知识或操作数据，不需要建立过程的数学模型，所以适用于不易获得精确数学模型的被控过程或结构参数不是很清楚的场合。

（2）模糊控制是一种语言变量控制器，其控制规则只用语言变量的形式定性表达，不用传递函数与状态方程，只要对人们的经验加以总结，进而从中提炼出规则，直接给出语言变量，再应用推理方法进行观察与控制。

（3）系统的稳健性强，尤其适用于时变、非线性、时延系统的控制。

（4）从不同的观点出发，可以设计不同的目标函数，其语言控制规则分别是独立的，但是整个系统的设计可得到总体的协调控制。

模糊控制算法是处理推理系统和控制系统中不精确和不确定性问题的一种有效方法，同时也构成了智能控制的重要组成部分。

7.4.1　模糊控制原理

模糊控制系统的组成具有典型的基于单片机控制系统结构，由输入输出接口、采样保持器、A/D 转换器、模糊控制器、D/A 转换器和被控对象组成。模糊控制结构框图如图 7-8 所示。

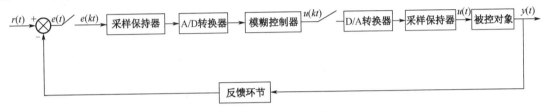

图 7-8　模糊控制结构框图

模糊控制器的控制规律由处理器的程序实现，实现一步模糊控制算法的过程是：处理器采样获取被控制量的精确值，然后将此量与给定值比较得到误差信号 $e(k)$；一般选误差信号 $e(k)$ 作为模糊控制器的一个输入量，把 $e(k)$ 的精确量进行模糊量化变成模糊量，误差 $e(k)$ 的模糊量可用相应的模糊语言表示；从而得到误差 $e(k)$ 的模糊语言集合的一个子集 e（e 实际上是一个模糊向量）；再由 e 和模糊控制规则 R（模糊关系）根据推理的合成规则进行模糊决策，得到模糊控制量为

$$u = e \circ R \tag{7-41}$$

式中，u 为一个模糊量；如果再将误差变化率 $ec(k) = e(k) - e(k-1)$ 作为一个输入量引入控制器就组成了二维输入的模糊控制器系统，则模糊控制量为

$$u = e \times ec \circ R \tag{7-42}$$

如果将误差变化率 ec 的速率也作为一个输入量，就可以构成三维模糊控制器。

为了对被控对象施加精确的控制，还需要将模糊量 u 进行非模糊化处理转换为精确量；得到精确数字量后，经数模转换变为精确的模拟量送给执行机构，对被控对象进行一步控制；然后进行第二次采样，完成第二步控制……这样循环下去，就实现了被控对象的模糊控制。

系统的核心是模糊控制器，模糊控制器由输入信号模糊化接口、知识库、模糊推理机和解模糊接口 4 个部分组成。模糊控制器的结构框图如图 7-9 所示。

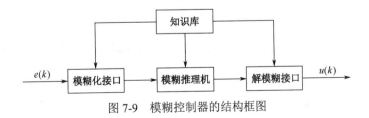

图 7-9　模糊控制器的结构框图

1. 模糊化接口

模糊化接口的作用是将输入的精确量转换成模糊量。

在模糊控制系统中，输入和输出的大小是以语言形式描述的，通常可以按照如下几个方式划分。

（1）$e = \{$负，零，正$\} = \{N, Z, P\}$。

（2）$e = \{$负大，负小，零，正小，正大$\} = \{NB, NS, ZO, PS, PB\}$。

（3）$e = \{$负大，负中，负小，零，正小，正中，正大$\} = \{NB, NM, NS, ZO, PS, PM, PB\}$。

（4）$e = \{$负大，负中，负小，零负，零正，正小，正中，正大$\}$

$\qquad = \{NB, NM, NS, NZ, PZ, PS, PM, PB\}$。

以上 4 种方式的区别就是精确度的差异，描述词越多，等级越多，描述的变量越精确，控制精度也就更精确，但会使控制规则变得复杂，也会使计算量变大。而词汇量少、等级少的描述方式就会粗糙，控制性能也可能变弱；但是计算简单，所以需要根据实际情况来选定子集的大小，一般（2）、（3）、（4）是应用较为广泛的分级方式，尤其是（3）中的 7 级描述方式最为常见。

模糊控制器中的某个变量变化的实际范围称为该变量的基本论域，如误差的基本论域记为 $[-x_e, x_e]$，误差变化的基本论域记为 $[-x_c, x_c]$，而输出变量的基本论域可记为 $[-y_u, y_u]$。这些基本论域内的量都是精确量，模糊化的过程就是将精确量转换为模糊量，有很多种方法可以实现这一过程。比较实用的模糊化方法是采用尺度变换的方法将基本论域分为 n 个档次，即取变量的模糊子集论域为

$$\{-n, -n+1, \cdots, 0, \cdots, n-1, n\}$$

那么，从基本论域 $[a, b]$ 到模糊子集论域 $[-n, n]$ 的转换关系为

$$y = \frac{2n}{b-a}\left(x - \frac{a+b}{2}\right) \tag{7-43}$$

增加论域中的元素个数即增加 n 的大小即可提高控制精度，但是增大了计算量，而且控制效果的改善并不会太明显。一般情况下，模糊论域中元素个数取模糊语言描述词集总数的 2 倍以上即可确保模糊集能够很好地覆盖论域，避免出现失控现象。例如，在选择 7 个描述词的情况下，可选择 e 的论域为

$$\{-6, -5, -4, -3, -2, -1, -0, 0, 1, 2, 3, 4, 5, 6\}$$

ec 的论域均为

$$\{-6, -5, -4, -3, -2, -1, 0, 1, 2, 3, 4, 5, 6\}$$

而输出变量即系统的控制量 U 的论域可选为

$$\{-7, -6, -5, -4, -3, -2, -1, 0, 1, 2, 3, 4, 5, 6, 7\}$$

这样输入、输出变量的精确论域就转变成模糊控制器可用的模糊子集论域。

2. 知识库

知识库由数据库和规则库两部分组成，数据库主要包括各语言变量的隶属数据库函数、尺度变换因子及模糊空间的分级数等。数据库所存放的是所有输入、输出变量的全部模糊子集

的隶属度向量值，在规则推理的模糊关系方程求解过程中，向推理机提供数据。规则库包括用模糊语言变量表示的一系列控制规则。它们反映了控制专家的经验和知识，是基于专家知识或手动操作熟练人员长期积累的经验，是按人的直觉推理的一种语言表示形式。

数据库为精确量和表示模糊语言的模糊量之间建立关系，也就是确定论域中的每个元素对各个模糊语言变量的隶属度，隶属度是描述某个确定量隶属于某个模糊语言变量的程度。如上述 e 和 ec 的论域中，6 隶属于 PB（正大），隶属度为 1.0；5 也是隶属于 PB，隶属度要比 6 小一些，可以取 0.8；4 隶属于 PB 的隶属度就更小了，可以取 0.4；而 $-6\sim0$ 不属于 PB，它们的隶属度为 0。

常见的隶属函数类型有三角形和高斯型等。确定隶属度要根据实际问题的具体情况进行，常用的确定模糊变量隶属度的赋值如表 7-2～表 7-4 所示，隶属度的赋值可根据被控对象的实际情况进行调整。

表 7-2　模糊变量 e 的赋值

隶属度		e 的论域												
		-6	-5	-4	-3	-2	-1	-0	0	1	2	3	4	5	6
模糊集合	PB	0	0	0	0	0	0	0	0	0	0	0.1	0.4	0.8	1.0
	PM	0	0	0	0	0	0	0	0	0	0.2	0.7	1.0	0.7	0.2
	PS	0	0	0	0	0	0	0	0.3	0.8	1.0	0.5	0.1	0	0
	PZ	0	0	0	0	0	0	1.0	0.6	0.1	0	0	0	0	0
	NZ	0	0	0	0	0.1	0.6	1.0	0	0	0	0	0	0	0
	NS	0	0	0.1	0.5	1.0	0.8	0.3	0	0	0	0	0	0	0
	NM	0.2	0.7	1.0	0.7	0.2	0	0	0	0	0	0	0	0	0
	NB	1.0	0.8	0.4	0.1	0	0	0	0	0	0	0	0	0	0

表 7-3　模糊变量 ec 的赋值

隶属度		ec 的论域												
		-6	-5	-4	-3	-2	-1	0	1	2	3	4	5	6
模糊集合	PB	0	0	0	0	0	0	0	0	0	0.1	0.4	0.8	1.0
	PM	0	0	0	0	0	0	0	0	0.2	0.7	1.0	0.7	0.2
	PS	0	0	0	0	0	0	0.1	0.9	1.0	0.7	0.2	0	0
	0	0	0	0	0	0.5	1.0	0.5	0	0	0	0	0	0
	NS	0	0	0.2	0.7	1.0	0.9	0.1	0	0	0	0	0	0
	NM	0.2	0.7	1.0	0.7	0.2	0	0	0	0	0	0	0	0
	NB	1.0	0.8	0.4	0.1	0	0	0	0	0	0	0	0	0

表 7-4　模糊变量 U 的赋值

隶属度		U 的论域													
		-7	-6	-5	-4	-3	-2	-1	0	1	2	3	4	5	6	7
模糊集合	PB	0	0	0	0	0	0	0	0	0	0	0	0.1	0.4	0.8	1.0
	PM	0	0	0	0	0	0	0	0	0	0.2	0.7	1.0	0.7	0.2	0
	PS	0	0	0	0	0	0	0	0	1.0	0.8	0.4	0.1	0	0	0
	0	0	0	0	0	0	0	0.5	1.0	0.5	0	0	0	0	0	0
	NS	0	0	0	0.1	0.4	0.8	1.0	0.4	0	0	0	0	0	0	0
	NM	0	0.2	0.7	1.0	0.7	0.2	0	0	0	0	0	0	0	0	0
	NB	1.0	0.8	0.4	0.1	0	0	0	0	0	0	0	0	0	0	0

规则库包含的模糊规则通常由一系列的关系词连接而成，如 if-then、else、also、and、or 等。

例如，某模糊控制系统输入变量为 e（误差）和 ec（误差变化率），它们对应的语言变量为 E 和 EC，可给出一组模糊规则为

R1：If E is NB and EC is NB then U is PB

R2：If E is NS and EC is NB then U is PM

通常把 if…部分称为"前提"，而 then…部分称为"结论"。其基本结构可归纳为 if A and B then C，根据人工的控制经验，可离线组织其控制决策表 R，则某一时刻其控制量 C 为

$$C = (A \times B) \circ R \tag{7-44}$$

式中，×为模糊直积运算，。为模糊合成运算。根据表 7-2～表 7-4，将 R1、R2 继续完善，可得模糊控制规则表，如表 7-5 所示。

表 7-5　模糊控制规则表

E ＼ EC ＼ U	PB	PM	PS	0	NS	NM	NB
PB	NB	NB	NB	NB	NM	0	0
PM	NB	NB	NB	NB	NM	0	0
PS	NM	NM	NM	NM	0	PS	PS
PZ	NM	NM	NS	0	PS	PM	PM
NZ	NM	NM	NS	0	PS	PM	PM
NS	NS	NS	0	PM	PM	PM	PM
NM	0	0	PM	PB	PB	PB	PB
NB	0	0	PM	PB	PB	PB	PB

由上述内容可知，规则条数与模糊变量的模糊子集划分有关。划分越细，规则条数越多，但并不代表规则库的准确度越高，规则库的"准确性"还与专家知识的准确度有关。

在设计模糊控制规则时，必须考虑控制规则的完备性、交叉性和一致性。完备性是指对于任意的给定输入均有相应的控制规则起作用，要求控制规则的完备性是保证系统能被控制的必需条件之一。如果控制器的输出值总是由数条控制规则来决定，说明控制规则之间相互联系、相互影响，这是控制规则的交叉性。一致性是指控制规则中不存在相互矛盾的规则。

3．模糊推理机

模糊推理是根据输入模糊量，由模糊控制规则求解模糊关系方程，并获得模糊控制量的过程。模糊推理机是模糊控制器的核心，它具有模拟人的基于模糊概念的推理能力，其中模糊控制规则即为模糊决策，它是人们在控制生产过程中的经验总结。

根据模糊推理的定义可知，模糊推理的结论主要取决于模糊蕴含关系及模糊关系与模糊集合之间的合成运算法则。对于确定的模糊推理系统，模糊蕴含关系一般是确定的，而合成运算法则并不唯一。根据合成运算法则的不同，模糊推理方法又可分为 Mamdani 推理法、Larsen 推理法、Zadeh 推理法等。考虑到推理时间、控制实时性等问题，通常采用运算较简单的 Zadeh 近似推理方法。

例如，最基本的模糊推理形式为

前提 1：if A then B

前提 2：if A'

结论：then B'

即

$$B' = A' \circ R$$

其中，模糊关系 R 定义为

$$\mu_R(x, y) = \min[\mu_A(x), \mu_B(y)] \tag{7-45}$$

其中，A、A' 为论域 U 上的模糊子集，B、B' 为论域 V 上的模糊子集。前提 1 为模糊蕴含关系，记为 $A \rightarrow B$。在实际应用中，一般先针对各条规则进行推理，每一条推理规则都可以得到一个相应的模糊关系，n 条规则就有 n 个模糊关系，即 $R_1, R_2, \cdots, R_n$，然后可以得到最终推理结果：$R = R_1 \cup R_2 \cup \cdots \cup R_n$。

4．解模糊接口

通过模糊控制推理得到的输出量是模糊量，要进行控制必须将其转化成精确量，这就是解模糊接口的任务，包括将模糊量经清晰化变换成论域范围的清晰量，并将清晰量经尺度变换变化成实际的控制量。这一过程又称为模糊判断、反模糊化或清晰化接口，通常采用以下 3 种方法来将模糊量转换成精确的执行量。

1）最大隶属度方法

取模糊集中具有最大隶属度的所有点的平均值作为去模糊化的结果，实施过程如下。

（1）若对应的模糊推理的模糊集 A 中，元素 $u' \in U$（U 为输出控制量模糊子集）且满足 $\mu_A(u') \geqslant \mu_A(u)$；$u \in U$，则取 u' 作为输出控制量的精确值。

（2）若满足（1）的隶属度最大点 u' 不唯一，就取它们的平均值 $\bar{u}$ 或 $[u_1', u_p']$（其中 $u_1' \leqslant u_2' \leqslant \cdots \leqslant u_p'$）中点 $\dfrac{u_1' + u_p'}{2}$ 作为控制量。

这种方法简单易行、计算简单、实时性好，但是会丢失一些控制信息。

2）加权平均判决法

为了克服最大隶属度方法的缺点，可以采用加权平均判决法，这种方法是模糊控制中应用较为广泛的判决方法，一般有以下两种实施形式。

（1）普通加权平均法：输出的控制量由下式决定。

$$u' = \frac{\sum\limits_{i=1}^{n} \mu_A(u_i) \cdot u_i}{\sum\limits_{i=1}^{n} \mu_A(u_i)} \tag{7-46}$$

例如，若 $A = \dfrac{0.1}{2} + \dfrac{0.8}{3} + \dfrac{1}{4} + \dfrac{0.8}{5} + \dfrac{0.1}{6}$，则普通加权平均法计算出来的控制量应为

$$u' = \frac{0.1 \times 2 + 0.8 \times 3 + 1.0 \times 4 + 0.8 \times 5 + 0.1 \times 6}{0.1 + 0.8 + 1.0 + 0.8 + 0.1} = 4 \tag{7-47}$$

（2）加权平均法：输出的控制量由下式决定。

$$u' = \frac{\sum\limits_{i=1}^{n} k_i u_i}{\sum\limits_{i=1}^{n} k_i} \tag{7-48}$$

通过改变加权系数 k_i 可以改善系统的响应特性。

3）中位数判决法

在最大隶属度判决法中，只考虑了最大隶属度数，而忽略了其他信息的影响，中位数判决法是将隶属度函数曲线与横坐标所围成的面积平均分为两部分，以分界点所对应的论域元素 u_i 作为判断输出结果。

设模糊推理的输出为模糊量 A，若存在 u' 并使

$$\sum\limits_{u_{\min}}^{u'} \mu_A(u) = \sum\limits_{u'+1}^{u_{\max}} \mu_A(u) \tag{7-49}$$

则取 u' 作为控制量的精确值。

这种方法包含更多的信息，但是计算更为复杂。

综上所述，模糊控制算法可概括为下述 4 个步骤。

（1）根据本次采样得到的系统输出值，计算所选择系统的输入变量。

（2）将输入变量的精确值变为模糊量。

（3）根据输入变量（模糊量）及模糊控制规则，按模糊推理合成规则计算控制量（模糊量）。

（4）由上述得到的控制量（模糊量）计算精确的控制量。

同样以表 7-5 为例，根据其控制规则和输出变量 U 的论域

$$\{-7, -6, -5, -4, -3, -2, -1, 0, 1, 2, 3, 4, 5, 6, 7\}$$

可以得到模糊控制表，如表 7-6 所示。

表 7-6　模糊控制表

E \\ EC（U）	-6	-5	-4	-3	-2	-1	0	1	2	3	4	5	6
-6	7	6	7	6	7	7	7	4	4	2	0	0	0
-5	6	6	6	6	6	6	6	4	4	2	0	0	0
-4	7	6	7	6	7	7	7	4	4	2	0	0	0

续表

E \ EC	-6	-5	-4	-3	-2	-1	0	1	2	3	4	5	6
-3	7	6	6	6	6	6	6	3	2	0	-1	-1	-1
-2	4	4	4	5	4	4	4	1	0	0	-1	-1	-1
-1	4	4	4	5	4	4	1	0	0	0	-3	-2	-1
-0	4	4	4	5	1	1	0	-1	-1	-1	-4	-4	-4
+0	4	4	4	5	1	1	0	-1	-1	-1	-4	-4	-4
1	2	2	2	2	0	0	-1	-4	-4	-3	-4	-4	-4
2	1	2	1	2	0	-3	-1	-4	-4	-3	-4	-4	-4
3	0	0	0	0	-3	-3	-6	-6	-6	-6	-6	-6	-6
4	0	0	0	-2	-4	-4	-7	-7	-7	-6	-7	-6	-7
5	0	0	0	-2	-4	-4	-6	-6	-6	-6	-6	-6	-6
6	0	0	0	-2	-4	-4	-7	-7	-7	-6	-7	-6	-7

实际的控制量 u 就是由表 7-6 查到的量化等级 U 乘以比例因子。也就是说，设实际 u 的变化量为 $[a,b]$，量化等级为 $\{-n,-n+1,\cdots,0,\cdots,n-1,n\}$，则实际控制量应为

$$u = \frac{a+b}{2} + \frac{b-a}{2n} \cdot U \tag{7-50}$$

前述提到输出变量的基本论域为 $[-y_{\mathrm{u}}, y_{\mathrm{u}}]$，那么

$$u = \frac{y_{\mathrm{u}}}{n} U \tag{7-51}$$

例如，由表 7-6 中查到当 E 和 EC 分别为 -5 和 2 时，表中 U 的值为 4，则输出的实际控制量为 $u = \frac{4}{7} y_{\mathrm{u}}$。

7.4.2　模糊控制器的应用实现

根据上述模糊控制原理，可以用多种方法实现模糊控制算法。

1. 查表法

查表法是模糊控制应用最早、最广的方法。这种方法离线完成模糊推理，得到模糊控制表，然后将模糊控制表存入计算机，在线控制时只需进行简单的查表操作，一般的单片机就能完成，而且实时性好，目前模糊控制家电产品大都采用这种方法。查表法的缺点是当改变模糊控制规则和隶属函数时，则需要重新计算模糊控制表。

2. 软件模糊推理法

软件模糊推理法是将模糊控制的全过程都用软件实现，在线进行输入量模糊化、模糊推理、模糊决策过程。目前已经有多种模糊控制软件，可以在各种应用程序中进行移植。

3．模糊控制器专用芯片

使用硬件实现模糊控制的特点是实时性好、控制精度高。目前，模糊控制器专用芯片已经商品化，在伺服系统、机器人、汽车等控制中得到广泛应用。

7.5　本章小结

在测控系统中，当开环控制无法满足系统需求时，实施闭环控制是提高系统控制稳定性、可靠性的必要手段。PID 算法和模糊控制算法是一般工程设计和电子设计竞赛中常用的控制算法，本章在分析控制系统性能指标的基础上，给出了两种控制算法的应用实现方法，具体的实现过程将会在后续案例中详细展开。

<h2 style="text-align:center">习　题　7</h2>

1．什么是超调量？如何抑制超调量？
2．PID 控制中什么是积分饱和？如何防止积分饱和？
3．位置型 PID 和增量型 PID 有何区别？
4．模糊控制适用于哪些场合？
5．将模糊量转换成精确的执行量有哪些方法？

第 8 章

温度测量与控制系统的设计

8.1　项目任务

项目来源于 2010 年 TI 杯模拟电子系统专题邀请赛 B 题电子式温度调节器，以帕尔贴（Peltier）温控装置为对象，分别在升温、降温过程中测量温度，并以数字方式显示，且温度测量误差≤±1℃。

系统需要满足如下要求。

（1）能够根据设定的温度值将 Peltier 温控装置控制在指定的温度，温度控制误差≤±2℃，温度设定采用数字方法。

（2）在 10℃～50℃范围内，可以设定 Peltier 温控装置连续工作在多个温度区间，可以设置每个温度区间的起始和结束时间；每个温度区间有恒温和升/降温两种工作模式，以减少系统的调节时间和超调量为要求。

（3）提高 Peltier 温控装置抗外界干扰的能力，利用 Peltier 装置上的风扇作为干扰源，启动风扇施加干扰时，仍然能够将温度控制在指定范围内。

8.2　系统分析

Peltier 温控装置主要由 Peltier 温控腔体、散热片、风扇 3 个部分组成，体积小巧、使用方便。系统所使用 Peltier 芯片型号为 TEC1-12706。TEC1-12706 规格参数如表 8-1 所示。

表 8-1　TEC1-12706 规格参数

热侧温度	25℃	50℃
功率（Q_{max}）	50W	57W
温差（ΔT_{max}）	66℃	75℃
最高工作电流（I_{max}）	6.4A	6.4A
最高工作电压（V_{max}）	14.4V	16.4V
模块电阻	1.98Ω	2.3Ω

Peltier 芯片具有正向接通制热、反向通电制冷的特性，且输出功率与流经的电流大小成正比。Peltier 温控装置实物如图 8-1 所示，其温控腔体内有 3 个腔体，可以插入不同的温度传感器进行温度信号采集和标定，同时温控腔体内注硅脂导热。

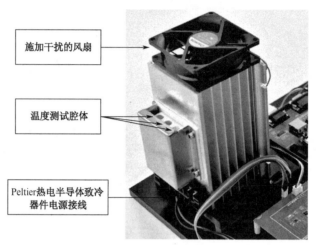

图 8-1 Peltier 温控装置实物

温度测量与控制系统构成框图如图 8-2 所示，包含温度采集及相关处理模块、温度设置与显示模块、Peltier 驱动模块、处理器电路、干扰源风扇等。

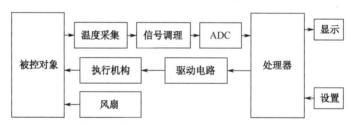

图 8-2 温度测量与控制系统构成框图

在系统设计时要考虑以下几个问题。

（1）温度采集方法：可供选择的传感器有热敏电阻、PT 系列热电阻，普通二极管，以热敏二极管为核心的集成传感器（如 LM35、LM45），基于绝对温度电流源型 AD590，数字式集成传感器（如 LM75、DS18B20）等。

（2）温度信号处理方案：不同传感器输出信号形式（数字、模拟，电流、电压）、信号幅度各异，与之相应的信号调理与控制电路也各不相同。选择数字式集成传感器时，宜采用单片机或在 PLD 器件中设计控制器，以串行总线的方式获取温度数据；在选择 AD590 时，需要将 $1\mu A/K$ 的电流信号放大并转换成电压信号，并减去 0℃时 273.2μA 的基值；选用普通二极管作为温度传感器时，是利用其 PN 结电压 10mV/℃的特性，在设计放大电路时需要减去 600～700mV 的基值，等等。

（3）温度信号转换方法：在将模拟信号转换成数字量时，也可以采用常规的 A/D 转换器、电压-频率（V/F）或比较器等方式。

（4）温度数字显示技术：数码管、字符型 LCD 等是常见的显示形式；也可以采用

ICL7106/7107，将 A/D 转换器和数字显示结合在一起；还可以将模拟信号通过一组比较器直接驱动灯柱显示。

（5）Peltier 装置驱动方式：可以采用继电器通断控制或以 PWM 方式通过大功率管控制 Peltier 装置的供电；也可以自行设计可控电压源或电流源来控制 Peltier 装置的制热/冷量。

（6）温度控制算法：温度控制可采用 PID、模糊控制等方法实现。

（7）干扰信号：在控制过程中，可以启动 Peltier 装置上的风扇作为扰动源，增加控制的难度；也可以设计改变风速的控制方式施加多种干扰的方法。

8.3　技术方案比较

8.3.1　处理器模块选型

1．MSP-EXP430F5529 LaunchPad

MSP430 LaunchPad 易于使用闪存编程器和调试工具，它提供了在 MSP430 超值系列器件上进行开发所需的一切内容，可以加速 MSP430 处理器的学习和开发。MSP-EXP430F5529 LaunchPad 是一个采用 MSP430F5529 处理器为核心的开发平台，开发板所具资源可参照 4.4 节相关内容。

2．EK-TM4C1294XL LaunchPad

EK-TM4C1294XL LaunchPad 是采用 TI 公司的 Tiva 系列 ARM Cortex-M4F 芯片 TM4C1294 单片机为核心的开发平台，该芯片采用的是 ARM 公司最新推出的 Cortex-M4 处理器，新增加了浮点运算、DSP、并行计算等功能，开发板所具资源可参照 4.4 节相关内容。

由于本章采用 PID 或模糊控制算法，需要有一定的计算量，因此选用具有浮点运算、DSP、并行计算等功能的 EK-TM4C1294XL LaunchPad 开发平台。

8.3.2　温度传感器选型

温度传感器是指能感受温度并转换成可用输出信号的传感器。很多材料都具有随温度变化而改变某一属性的特性，因此构成的温度传感器类型有很多。常见的用于温度测量的物理量有电阻值、电动势、电容值、光学特性、频率等。由于现代工艺技术的提高，很多传感器都可以做得非常小巧，可以很方便地应用于任何需要测温的场合。常见的温度传感器有热电偶、热敏电阻、铂电阻、集成温度传感器等类型。根据 2.3.3 节的介绍，可以考虑采用以下几种温度传感器。

1．PT100 温度传感器

PT100 温度传感器是由铂（Pt）材料做成的电阻式温度传感器，其阻值随着温度的变化而变化，是正电阻系数，其关系式如下。

在 0℃～850℃范围内：
$$R_t = R_0\left(1 + At + Bt^2\right)$$

在 -200℃～0℃ 范围内：
$$R_t = R_0 \left(1 + At + Bt^2 + C(t - 100)t^3\right)$$

其中，A、B、C 为常数，$A = 3.96847 \times 10^{-3}$，$B = -5.847 \times 10^{-7}$，$C = -4.22 \times 10^{-12}$。

在测量范围较小时，由于 PT100 的电阻–温度的线性度较好，其测温精度为 0.1℃，测温范围为 -200℃～+850℃，稳定性为 0.1℃。

2. 集成温度传感器 AD590

AD590 是一种电流输出型温度传感器，其输出电流与绝对温度成比例。该器件还可充当一个高阻抗、恒流调节器，它的主要特性如下。

（1）线性电流输出：1μA/℃。

（2）最佳使用温度范围：-55℃～+150℃。

（3）出色的线性度：满量程范围为 ±0.3℃。

（4）宽电源电压范围：4～30V，当电源由 5V 向 10V 变化时，所产生的误差只有 ±0.01℃。

（5）低功耗。

AD590 的输出电流与当前环境温度的关系表示为
$$I_{AD590} = K_T T_C + 273.2$$

式中，I_{AD590} 为输出电流（μA）；K_T 为标定因子，AD590 的标定因子为 1μA/℃；T_C 为摄氏温度。

由上式可知，当检测温度为 0℃时，AD590 输出电流为 273.2μA，输出电流与温度呈线性关系，可以利用这一特性构成测温电路。

3. 集成温度传感器 LM335

LM335 是美国德州仪器（TI）公司推出的一款精密温度传感器，它的工作特性与齐纳二极管相似，其反向击穿电压随温度线性规律变化，它具有很高的工作精度和较宽的线性工作范围，可应用于精密的温度测量设备。LM335 的主要功能特性如下。

（1）线性电压输出：10mV/℃。

（2）工作电流：400μA～5mA。

（3）小于 1Ω 的动态阻抗。

（4）宽工作温度范围：-40℃～100℃。

（5）工作电压：直流 4～30V。

在 LM335 工作温度范围内，其输出电压与温度呈线性关系，可以利用这一特性构成测温电路。

4. 数字温度传感器 DS18B20

DS18B20 是 DALLAS 公司生产的一款数字温度传感器，使用时连接电路简单，可以串接多个这样的数字温度传感器，因此用它来组成一个测温系统十分方便。DS18B20 的主要功能如下。

（1）可通过数据线供电，供电范围为 3.0～5.5V。

（2）测温范围为 -55℃～+125℃，在 -10℃～+85℃ 范围内精度为 ±0.5℃。

（3）温度计分辨率可编程设置为 9～12 位，12 位精度下，温度转换时间不超过 750ms。

DS18B20 内部结构由 64 位 ROM、温度传感器、非易失性温度报警触发器、配置寄存器 4 个部分组成，单片机可以通过控制指令直接以数字信号形式读取 DS18B20 温度传感器寄存器的值来完成测温功能。

经上述分析，从精度、线性度、方案实现难度等方面考虑，以上几种传感器都适用于本项目。本项目选择 AD590 作为系统的温度传感器。

8.3.3　ADC 选型

1．芯片内部集成 ADC

所选处理器平台为 EK-TM4C1294XL LaunchPad。处理器 TM4C1294 内置两个相同的 12 位模/数转换器（ADC）模块，工作相互独立，因此可同时执行不同的采样序列，随时对任一模拟输入通道进行采样，并各自产生不同的中断和触发事件。

2．ADS1602 的高精度 ADC

ADS1602 为 TI 公司推出的单通道 16 位 ADC 芯片，与 TM4C1294 LaunchPad 结合可以实现最高采样率 200kHz，转换精度不低于 14 位的前端信号采集。

经上述分析可知，温度控制系统范围为 0℃～100℃，精度要求为 1℃，单片机内部集成的 12 位 ADC 满足需求，不需要使用更复杂的 ADS1602，因此选择单片机内部集成 ADC 作为系统的模数转换器件。

8.3.4　驱动控制方式选型

温度驱动控制电路主要有模拟控制方式和数字控制方式两种。

1．模拟控制方式

由于 Peltier 温控装置可以用直流稳压电源供电，电压在 14V 左右，工作电流高达 6.4A；接正向电压时工作在加热模式，接反向电压时工作在制冷模式。设计一个程控电压源或程控电流源即可控制 Peltier 温控装置的功率和不同的工作模式。这种控制方式的电路简单，可控性高，只需通过调节程控电源的控制端，便可得到稳压性能好的驱动电源。

2．数字控制方式

在数字控制方式下，通过处理器输出 PWM 来控制 Peltier 装置的通电和断电以调节 Peltier 温控装置的平均输出功率，最终实现对温度的控制。通断控制可以用继电器、晶体管或 MOSFET 来实现。这种方式反应速度快，调试更加方便，调节精度高。

图 8-3 所示为 PWM 驱动控制方式原理。通过调节 PWM 的占空比实现对输出功率的控制，通过继电器组成的 H 桥和相应的驱动电路，控制加载到 Peltier 的电压极性，实现加热和制冷的控制。

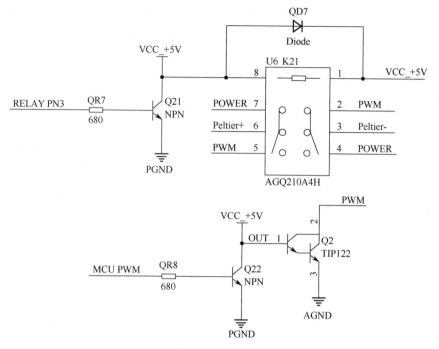

图 8-3　PWM 驱动控制方式原理

继电器频繁切换会产生噪声、反向电动势和浪涌电流，对其他的电路产生干扰，综合考虑，选用一种集成 MOSFET 的 H 桥式 PWM 控制驱动芯片，改变升温或降温的工作模式；可通过控制 PWM 占空比的方式来控制升温或降温速度，以此达到调节温度的目的。

8.4　电路与程序设计

8.4.1　系统总体方案描述

温度传感器采集到的温度信号依次通过信号调理电路，A/D 转换电路转换成数字信号，送入 TM4C1294 微控制器中，由微控制器对温度信号进行处理，并由 LCD 液晶显示器显示输出当前温度值。同时还可以设定预期温度值，通过控制算法输出控制信号给驱动控制电路，对 Peltier 温控装置进行输出功率的控制，从而达到调节当前温度的目的。温度测控系统的硬件框图如图 8-4 所示。

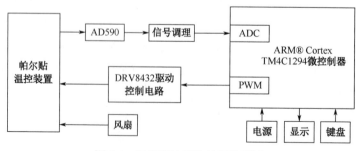

图 8-4　温度测控系统的硬件框图

8.4.2 温度采集电路

图 8-5 所示为 AD590 传感器温度信号调理电路，采用两点校准的摄氏温度测量电路。通过分流的方法将 AD590 输出电流中不变的基值部分与表征温度变化的部分分离，再将变化的电流部分通过放大电路，转换为与摄氏温度成正比例的电压值输出。

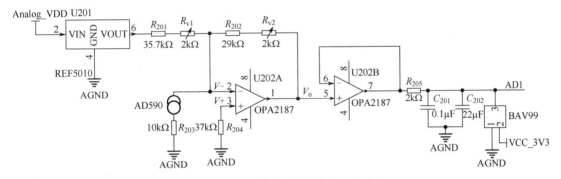

图 8-5 AD590 传感器温度信号调理电路

为了提高精度，选取的电阻为精密电阻，选用的 REF5010 是一款低噪声、极低漂移、高精度电压基准源，可以在 10.2～18V 的输入电压范围内提供精密的 10.00V 输出。选用的运放为 OPA2187，它的失调电压典型值仅为 $10\mu V$，失调电压漂移最大值为 $0.001\mu V/℃$，从而可提高整个温度范围内的系统精度。

分析电路，根据运放"虚短"的特点可以得到

$$V_+ = V_- = 0V$$

而根据运放"虚断"的特点可以得到

$$\frac{10-V_-}{35.7+R_{v1}} + \frac{V_o-V_-}{29+R_{v2}} = I_{AD590}$$

又因为 AD590 的输出电流和温度的关系为

$$I_{AD590} = 273.2 + T(\mu A)$$

可以推导得出当前温度与输出电压的关系为

$$V_o = (29+R_{v2}) \times (\frac{273.2+T}{10^6} - \frac{10}{35.7+R_{v1}})(V)$$

通过调节电位器 R_{v1} 和 R_{v2} 的大小，可以使上述公式满足

$$V_o = KT$$

式中，K 为增益大小；T 为摄氏温度（℃）。

由于项目任务要求的温度范围为 10℃～50℃，考虑校准点温度获取难度，因此校准点取 0℃和 100℃，具体调整方法如下。

（1）在 $T=0$℃时，调整 R_{v1}，使输出 V_o=0V，此时 R_{v1} 约为 0.9kΩ，为达到一个好的调整效果，选择 R_{v1} 最大阻值为 2kΩ 的精密电位器。

（2）在 $T=100$℃时，考虑到 TM4C1294 集成的 A/D 输入电压范围为 0～3.3V，调整 R_{v2}，

使 V_o=3V。即设置增益 K=30mV/℃。此时，R_{v2} 约为 1kΩ，因此选择 R_{v2} 阻值最大为 2kΩ 的精密电位器。

如此重复多次，直至在 T=0℃时，V_o=0V；在 T=100℃时，V_o=3V 为止。

最后在室温下进行校验。例如，若室温为 T=25℃，则输出电压 V_o 应为 750mV。

注意，为保证调整精度，所选取的两个点间距应尽量大，否则会造成不必要的误差。为了滤除高频噪声，加入一级 RC 低通滤波器，并选用 BAV99 开关二极管限制调理电路的输出电压，保护 TM4C1294 的 A/D 引脚不受损害。

8.4.3　Peltier 驱动电路

DRV8432 是一个集成 MOSFET 功率管在内的全桥 PWM 控制器，内置了包括欠压、过热、过载、短路保护在内的保护电路，其组成框图如图 8-6 所示，具有导通电阻小、效率高的特点。

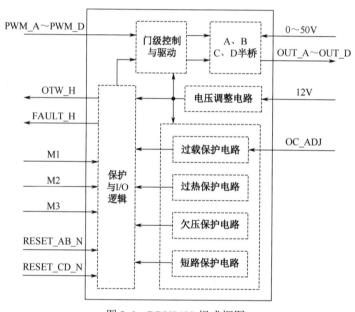

图 8-6　DRV8432 组成框图

DRV8432 支持可编程的周期电流限制保护（Cycle-by-Cycle Current Limit Protection）功能，通过 M1、M2、M3 模式选择引脚来配置工作模式，如表 8-2 所示的 DRV8432 模式配置表，4 个完全相同的半桥可以单独使用，也可以组合为两个完全相同的全桥，即 A、B 为一个全桥，C、D 为一个全桥，且每个半桥都有各自独立的供电电源输入和接地输出。每个全桥的最大输出额定电流为 12A，输出电压为可调电压，最大输出电压为 52V，标准开关频率为 20～500kHz。通过对逻辑电平 PWM_A、PWM_B、PWM_C、PWM_D，以及使能端 RESET_AB_N、RESET_CD_N 输入不同的 TTL 电平，就能实现相应的控制逻辑。DRV8432 通过 OTW_N 和 FAULT_N 来表征故障，如表 8-3 所示的 DRV8432 工作状态输出描述；通过 OC_ADJ 与 GND 之间所接的电阻 R_{adj} 来设置过流阈值，如表 8-4 所示的 R_{adj} 与最大电流的对应关系。

表 8-2 DRV8432 模式配置表

模式配置			输出模式	备 注
M3	M2	M1		
0	0	0	2 个全桥（FB）或 4 个半桥（HB）	周期电流限制保护开启，每个全桥 2 个 PWM 输入
0	0	1	2 个全桥（FB）或 4 个半桥（HB）	周期电流限制保护关闭，每个全桥 2 个 PWM 输入
0	1	0	1 个叠加全桥（FB）	周期电流限制保护开启，由 PWM_A、PWM_B 控制
0	1	1	2 个全桥	周期电流限制保护开启，每个全桥 1 个 PWM 输入
1	×	×	保留	

表 8-3 DRV8432 工作状态输出描述

FAULT_N	OTW_N	描 述
0	0	发生过温警告，过热关闭或过电流关闭或欠电压保护
0	1	发生过流关断或欠压保护
1	0	过热警告发生
1	1	芯片正常工作

表 8-4 R_{adj} 与最大电流的对应关系

过流电阻的阻值/kΩ	过流发生前的最大电流值/A
22	11.6
24	10.7
27	9.7
30	8.8
36	7.4
39	6.9
43	6.3
47	5.8
56	4.9
68	4.1
82	3.4
100	2.8
120	2.4
150	1.9
200	1.4

在设计中，将 DRV8432 配置成了并联 H 桥 CBC 限流工作模式，M1=0、M2=1、M3=0，按照单极性方式进行使用。DRV8432 内的 A 和 B 半桥形成一个并联半桥，由 PWM_A 控制，C 和 D 半桥形成另一个并联半桥，由 PWM_B 控制，PWM_C 和 PWM_D 接地。由于 Peltier 的最大电流值为 6.4A，保证足够的冗余度，选取 R_{adj} 电阻值为 30kΩ。DRV8432 控制 Peltier 电路原理如图 8-7 所示。

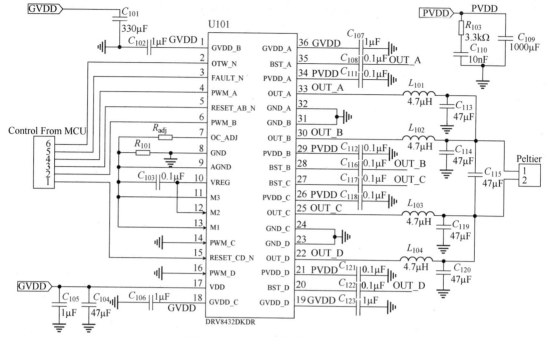

图 8-7　DRV8432 控制 Peltier 电路原理

8.4.4　软件设计总体方案

在整个温度测量、控制系统中，可以按照模块化进行软件设计，分别从主控模块、系统设置、温度采集、数据处理、温度显示、PWM 输出驱动、PID 控制算法等部分进行软件设计。系统软件功能框图如图 8-8 所示。

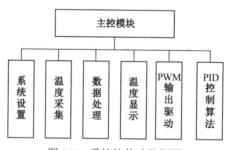

图 8-8　系统软件功能框图

通过选用的温度传感器 AD590 来获取 Peltier 温控装置腔体内温度信号，然后经过两点校正调理电路转换成电压信号，输入到 TM4C1294 集成的 AD 模块进行 A/D 转换、数字滤波，再通过液晶屏显示当前温度。选择 PID 温度控制算法，根据工作模式、当前温度值、设定温度值和温度增量，改变 PWM 的占空比和 DRV8432 的 H 桥工作方式，调节 Peltier 温控装置的电源极性和工作功率，进行升温、降温调节。软件总体方案流程如图 8-9 所示。

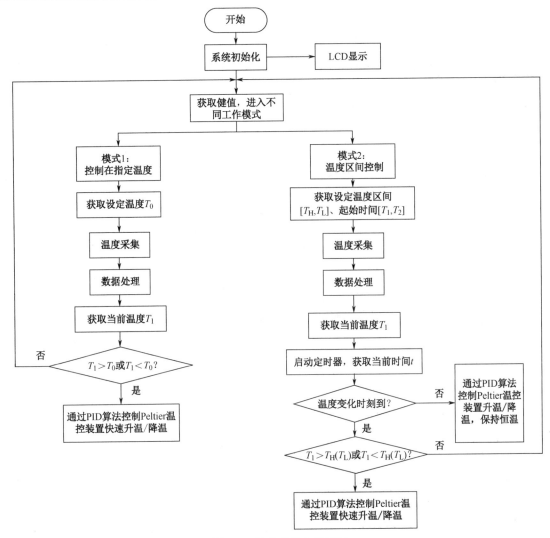

图 8-9 软件总体方案流程

8.4.5 温度采样和数据处理

当前温度数据的获取由 A/D 转换和数字滤波两部分组成。A/D 转换的作用是将温度传感器采集到的模拟信号送入 TM4C1294 内部集成的 AD 模块转换成数字信号。

得到 A/D 转换后的结果后，需要对采样结果进行数字滤波，以减小可能对系统精度产生影响的随机误差信号，参照 3.3 节相关内容，常用的数字滤波器算法有中值判断法、算术平均值法、去极值平均值法、加权滤波法、滑动滤波法。根据被测对象和现场的环境来确定数字滤波的具体方法，由于算术平均值滤波不能消除明显的脉冲干扰，只能将其影响削弱，其效果没有去极值平均值滤波的好，因此采用去极值平均值滤波法。

去极值平均滤波算法流程如图 8-10 所示，流程中 Max 为 N 次采样的最大值，Min 为 N 次采样的最小值，n 为采样次数。

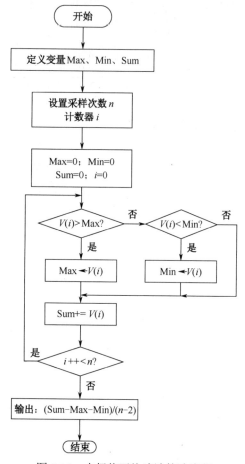

图 8-10　去极值平均滤波算法流程

8.4.6　温度控制算法的实现

由 8.3 节可知，温控系统采用的是控制 PWM 占空比的方式来控制升温或降温速度，以此达到调节温度的目的。常用的控制方法有模糊控制和 PID 控制两种，温度控制系统是一个大滞后控制系统，选择 PID 经典控制算法来进行温度控制。系统控制框图如图 8-11 所示。

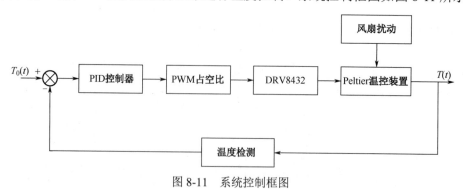

图 8-11　系统控制框图

根据 7.3.2 节描述，位置型 PID 算法每次输出与整个过程状态有关，计算公式中要用到过去偏差的累加值，容易产生较大的累积计算误差；而在增量型 PID 算法中由于消去了积分项，从而可消除调节器的积分饱和，在精度不足时，计算误差对控制量的影响较小，容易取得较好的控制效果。因此，帕尔贴温度控制系统采用增量型 PID 算法，程序流程参见 7.3.3 节 PID 算法中单片机实现的相关内容。

针对这种由于加热装置的大滞后特性，为了能使温度响应快，又不能使超调过大，可以将整个控制过程分为两个阶段：基于经验的快速响应阶段和参数自整定的控制过程阶段。

为了让 Peltier 的温度快速地上升到设定值，而又不会发生太大的超调，可以根据 Peltier 温控装置的加热性能，在温度与设定值偏差较大时，控制工作电压为额定电压，让 Peltier 全功率运行，快速达到升温的目的。

当温度上升到与设定值相差不大时，可以停止对 Peltier 的供电，停止加热。这时，通过加热装置储存的热量，温度会继续上升。一直到第 K 次采样比第 K-1 次采样温度小时，说明温度开始下降了，此时将程序切换到 PID 控制。为了避免温度测量的误差而带来的误动作，可以让程序连续判断多次。如果温度控制是一个降温过程，那么可以采用相反的控制方法。

8.5　系统测试与分析

温度测控平台的测试是整个设计中的一个重要阶段，验证测控平台是否完成了设计的需求，同时还应找出系统程序是否存在某些错误，主要包含正确性、可靠性和安全性测试。

测试方法选用带有温度测量功能的数字万用表进行温度测量，将测量的温度值作为理论值参照。实验中，将测量到的实际温度值与理论值相比较，分析温度测量的准确性；再对温度控制部分进行数据测量，根据目标温度值与当前温度值的差值，对差值进行 PID 算法的运算，得出 PWM 控制脉冲的占空比，来控制 Peltier 温控装置的导通时间，实现对温度进行升温或降温操作，最终达到控制温度的目的。

测试步骤分为温度采集和温度控制两个部分。具体测试步骤为：选择程序的测温功能，测量当前温度传感器采集到的温度数据，通过液晶显示当前温度；设置目标温度值，根据温控要求用 PID 算法改变 PWM 波形的占空比来控制 Peltier 温控装置的平均输出功率，用以控制温度升降。通过对比实际测试数据与理论数据的差值，分析温度测量和控制功能的指标参数。

8.5.1　测温性能测试

测试准备：用数字万用表的温度探头和选定的温度传感器（AD590）一同插入 Peltier 温控腔体的导热硅脂中，然后在不同的温度点下做测试，对数字万用表的温度数据理论值和 ADC 采样装置采集到的数据记录进行分析。

将 Peltier 温控装置正向接通电源，使其工作在加热模式。观察数字万用表，每隔 1℃记录一次 ADC 采样得到的数据 DATA，参照 3.3.1 节相关内容，可以通过最小二乘法计算出的线性相关方程

$$T = 0.026538 \times \text{DATA} + 0.070432$$

将采样点温度值 T_0、ADC 采样数值 DATA 和由上式计算得到的实测温度 T 记录在表 8-5 中。

表 8-5　测试数据

温度 T_0/℃	ADC 采样数值	实测温度 T/℃	温度 T_0/℃	ADC 采样数值	实测温度 T/℃	温度 T_0/℃	ADC 采样数值	实测温度 T/℃
20	745	19.8	34	1272	33.8	48	1807	48.0
21	788	21.0	35	1309	34.8	49	1841	48.9
22	831	22.1	36	1346	35.8	50	1878	49.9
23	876	23.3	37	1380	36.7	51	1918	51.0
24	913	24.3	38	1424	37.9	52	1954	51.9
25	949	25.3	39	1458	38.8	53	1993	53.0
26	984	26.2	40	1499	39.9	54	2032	54.0
27	1001	26.6	41	1538	40.9	55	2068	55.0
28	1039	27.6	42	1576	41.9	56	2108	56.0
29	1077	28.7	43	1611	42.8	57	2143	56.9
30	1115	29.7	44	1649	43.8	58	2183	58.0
31	1157	30.8	45	1688	44.9	59	2220	59.0
32	1196	31.8	46	1726	45.9	60	2261	60.1
33	1234	32.8	47	1767	47.0			

分析表 8-5 中的数据，可以得到温度测量的误差，其分析如图 8-12 所示。

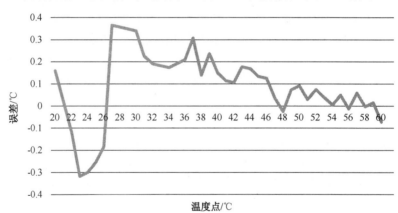

图 8-12　测温误差分析

从图中可以看出，在整个测温范围内（20℃～60℃），最大测量误差不超过 ±0.4℃，满足温度测量的精度要求。

8.5.2　温控功能测试

1. 单点温度设定

在常温下（20℃）进行实验。设定目标温度为 30℃，由 Peltier 温控装置迅速升温并保持 2 分钟的稳定，其升温控制曲线如图 8-13 所示，最大误差小于 0.8℃，满足系统要求。

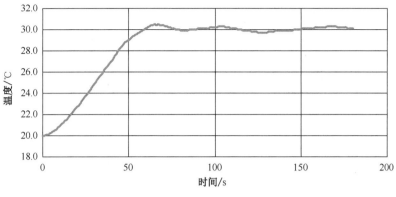

图 8-13　升温控制曲线

在升温控制的基础上，由现有温度 30℃，设定目标温度为 25℃，控制 Peltier 温控装置迅速降温并保持 2 分钟的稳定，其降温控制曲线如图 8-14 所示，最大误差小于 0.5℃，满足系统要求。

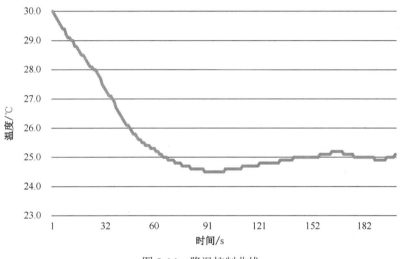

图 8-14　降温控制曲线

2. 区间温度控制

在常温下（20℃）进行实验。先设定目标温度为 70℃，由 Peltier 温控装置迅速升温并保持 15 分钟的稳定，然后启动降温，并降温至 30℃。区间温度控制曲线如图 8-15 所示。

从图 8-15 中可以看出，升温过程中系统到达最高温度 71.5℃的响应时间是 14 分钟，此时的超调量为 2.14%。系统工作 20 分钟后，温度能保持在 70℃±1.14%，施加风扇干扰源，温度也能在轻微波动后恢复稳定。降温过程是时间在 29 分钟时开始的，通过键盘设置降温的目标温度值，即 30℃，程序将自动控制 Peltier 温控装置进行降温。降温过程中的温度最低值为 29.0℃，此时时间为 49 分钟。50 分钟后，温度能保持在 30℃±1%。

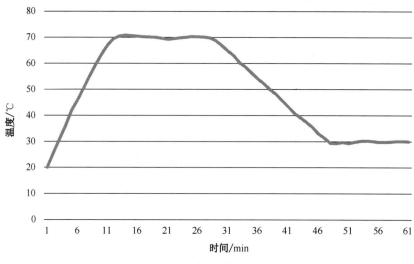

图 8-15　区间温度控制曲线

　　由以上的数据分析可知，测温的误差不超过 1.5℃，温度控制的精度能够在 2℃以下，满足温度测控的需求。

第 9 章

风力摆控制系统的设计

9.1 项目任务

项目来源于 2015 年全国大学生电子设计竞赛 B 题风力摆控制系统，一个长为 60～70cm 的细管上端用万向节固定在支架上，下方悬挂一组（2～4 只）直流风机，构成一个风力摆。风力摆结构如图 9-1 所示。风力摆上安装一支向下的激光笔，静止时，激光笔的下端距地面不超过 20cm。设计一个测控系统，控制驱动各风机使风力摆按照一定规律运动，激光笔在地面上画出要求的轨迹。

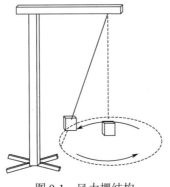

图 9-1 风力摆结构

系统需要满足如下要求。

（1）从静止开始，15s 内风力摆完成幅度可控的摆动，激光笔在地面上画出长度在一定范围内可设置的直线段，其线性度偏差不大于±2.5cm，并且具有较好的重复性。

（2）可设置摆动方向，风力摆从静止开始，15s 内按照设置的方向（角度）摆动，画出不短于 20cm 的直线段。

（3）将风力摆拉起一定角度（30°～45°）放开，5s 内使风力摆制动达到静止状态。

（4）以风力摆静止时激光笔的光点为圆心，驱动风力摆用激光笔在地面上画圆，30s 内需重复 3 次；圆半径可在一定范围内设置，激光笔画出的轨迹应落在指定半径为±2.5cm 的圆环内。

9.2　系统分析

　　根据任务要求，需要制作一个风力摆装置，该装置机械结构部分主要由激光笔、直流风机、摆杆、万向节和支架组成。使用若干个直流风机组成风机组来驱动摆杆做不同形式的运动，在一定时间内使激光笔在地面上画出相应的轨迹。在运动过程中，风力摆的空间姿态角检测由三维角度传感器或不同的倾角传感器组成的测量模块完成。将检测到的姿态角反馈回主控制器，经过控制算法的数据处理之后输出 PWM 信号到驱动模块，进而驱动风力摆运动。

　　此外，风力摆的运动模式由人机交互模块进行选择，显示模块则用来显示当前运动模式及风力摆的姿态角。风力摆控制系统的整体框图如图 9-2 所示。

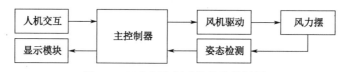

图 9-2　风力摆控制系统的整体框图

　　整个风力摆控制系统的设计需要解决以下几个核心问题。

　　（1）需要考虑的是直流风机的推重比及驱动功率问题。由于上述任务中对风力摆的摆动幅度有一定的要求，而直流风机作为系统的唯一动力来源，要求其能够产生足够的动力来推动风力摆的运动，达到要求的摆动幅度。若风机自身质量较大，则驱动功率较大，虽然能够产生较大的推力，但是其推力与重力的比值偏小，依然无法推动风力摆达到指定的幅度。因此，需要选取重量合适、驱动功率和推力较大的风机。

　　（2）风力摆摆动方向与各风机风力分配比问题。当摆动幅度一定时，要求风力摆沿着某一方向摆动，且需要相互垂直的 X 轴和 Y 轴上的风机相互配合才能够完成。分别使 X 轴和 Y 轴方向上的风机按照简谐运动方程来动作，二者的角频率和初相相同，最终所合成的运动即为沿着某一方向的简谐运动，摆动方向取决于两个垂直方向的简谐运动方程的幅值比。

　　（3）姿态传感器的信号读取及处理问题。由于风力摆是在三维空间内运动的，因此需要采用能够检测三维角度变化的传感器。目前，广泛采用的是加速度计和角速度计同时对运动载体进行倾角检测，二者都带有模/数转换器，通过 I^2C 总线或 SPI 总线可分别输出相应的 AD 值，即为传感器采集到的角度信息的原始数据。进一步来说，根据加速度计和角速度计自身检测角度的特性，可以采用姿态融合算法对原始数据进行处理，最终得到准确的姿态角。

　　（4）支架高度与系统建模问题。任务要求激光笔在地面上所画线段长度 L 和圆周的半径 R 大小可控，假设风力摆与支架连接点距离地面高度为 H，摆杆的倾角 θ，在理想条件下分别有

$$\tan\theta = \frac{L/2}{H}$$

$$\tan\theta = \frac{R}{H}$$

　　由于任务对风力摆的摆动幅度要求是一定的，因此适当提高风力摆与支架连接点距离地面的高度，有利于推重比一定的风机实现题目要求的摆动幅度，且能够使风力摆在万向节的有效灵活转动区域内运动。

（5）定点悬停问题。风力摆的定点悬停控制可以作为项目的发挥部分，既可以采用键盘设置悬停角度，也可以采用摄像头按照手势指引位置悬停；控制算法需要考虑风力摆的快速响应，在最短时间内完成稳定的悬停动作。

9.3　技术方案比较

9.3.1　直流风机选型

1．小型轴流风机

4 个额定电压为 12V 的轴流风机呈十字形分布，每个轴流风机扇叶只能朝一个方向旋转，所以每个风机产生推力的方向是不变的。风机的扇叶在旋转时转速可达到 12000rpm，比较危险，外围的保护壳则大大提高了安全性，可避免人身事故的发生。风机在工作时最大静压可达 54.1mmH$_2$O，保证其在旋转时有足够的推力推动摆杆，并且抗干扰能力强；但是存在着启动、制动时间较长、响应较慢和质量较大等缺点。

2．涵道风机

涵道风机的工作电流大，转速较高，产生的推力也较大；但是其自身重量大，约为小型轴流风机的数倍，故其推重比较低，且加速时间长，动态特性差，不利于控制。

3．无刷直流电机加浆叶

采用 4 个无刷直流电机加浆叶组成风机组。无刷直流电机体积小，质量轻，启动、制动迅速，响应极快，调速简单，可靠性高，并且当带动浆叶旋转时，产生的风力很大。此种风机各方面性能较为优良，推重比大，可以实现悬停；但是电机外围没有保护框，浆叶在超高速旋转时很危险，存在着较高的安全隐患。

4．小型空心杯电机加浆叶

空心杯电机结构简单、质量较轻，且具有灵敏方便的控制特性和稳定的运行特性。启动、制动迅速，响应极快，推重比较大，但推力小，带载能力低，而且由于电机外围没有保护框，存在着较高的安全隐患。

基于以上各种风机的优缺点分析，考虑到实验环境下安全运行及风机性能等因素，可采用小型轴流风机作为风力摆的动力来源。

9.3.2　风机驱动选型

参照 5.2 节相关介绍，选择风机驱动方案。

1．L298N 驱动模块

L298N 是 ST 公司生产的一种高电压、大电流电机驱动芯片，该芯片采用 15 脚封装；工作电压高，最高工作电压可达 46V；输出电流大，瞬间峰值电流可达 3A，持续工作电流为 2A，采用标准逻辑电平信号控制。此方案可以通过 PWM 信号控制输出电压，但是持续工作电流无法满足大电流风机的需求。

2. 四轴飞行器电调

如果选用四轴飞行器上的直流风机，那么需要使用相应的电子调速器，通过输入 PWM 控制信号调整输出功率，电调功率高，最大电流可达 30A。

3. BTS7960 驱动模块

BTS7960 芯片是应用于电机驱动的大电流半桥芯片，驱动电流最高为 43A。集成的驱动 IC 具有逻辑电平输入、电流诊断、斜率调节和过温、过压、欠压、过流及短路保护的功能。此方案优点是驱动模块工作频率高，响应时间短，能够在较短时间内快速调节风机转速。

基于以上分析，所以采用 BTS7960 驱动模块来驱动风机组。

9.3.3　姿态检测传感器选型

参照 2.3.5～2.3.7 节相关传感器的介绍，选择风力摆姿态检测方案。

1. UZZ9001 和 KMZ41

利用磁场传感器 KMZ41 及相应的信号调理芯片 UZZ9001 组成角度测量模块，能够检测 180° 范围内的角度信号，并以 SPI 的方式输出角度值；但是二者组合而成的角度测量模块的电路较为复杂，且调试烦琐。

2. LSM303D

LSM303D 是一款集成了三维数字罗盘和三维加速度计的芯片，具有较宽的加速度检测范围，采用 I^2C 总线接口及 SPI 标志接口，工作温度的范围较宽，其倾斜补偿和位置检测的功能应用广泛；但是由于 LSM303D 对振动的检测较为敏感，因此受系统振动的影响较大。

3. L3GD20

三维角速度传感器 L3GD20，量程宽，供电电压低，工作温度范围宽。

4. MPU6050 模块

MPU6050 相关知识参照 2.3.7 节，MPU6050 模块以串口模式向 MCU 输出测量数据，经过姿态融合之后可以得到较为精确的角度值。除此之外，MPU6050 还带有一个数字运动处理器 DMP，可直接输出四元数据，大大降低了 MCU 的运算压力。测量精度达到 0.01°，稳定性极高。可准确追踪快速和慢速动作，能在动态环境下准确输出当前的姿态角。

5. 摄像头检测位置

利用摄像头采集图像，并对目标物进行识别，进而实现对目标物的跟随。参照 2.3.9 节论述，图像处理所涉及的数据运算量较大且算法较为复杂，对于单处理器的控制系统来说，其实现难度较大。

考虑到风力摆的动作快速，需要精度和稳定性较高的倾角传感器，故采用 MPU6050 姿态传感器来测量风力摆的姿态角。

9.3.4　悬挂结构选型

1．悬臂梁

采用 Γ 形的悬臂梁结构，即将风力摆的摆杆与水平位置的悬臂末端相连，此结构较为简单，但是风力摆在运动过程中，悬臂容易发生摇晃，故此结构稳定性较差。

2．单横梁

在悬臂梁的另一侧增加一根垂直支架形成倒 U 形的单横梁结构，此结构较悬臂梁稳定性有所增加，但是所占空间较大，且不便于移动和拆卸组装。

3．三脚架

在实际的测试过程中，选择摄影领域专业的重型三脚架，将风力摆的摆杆通过万向节与三脚架的顶端相连，当风力摆做不同形式的运动时，三脚架都能表现出非常好的稳定性，且具有易于收纳和移动的优点。因为题目对摆幅是限定的，支点高对推重比、万向节有效灵活区域是有利的，而三脚架结构可以方便地调节支点高度，能够使风力摆在万向节的有效灵活转动区域内运动。故而采用三脚架作为风力摆的外围支架。

9.4　电路与程序设计

9.4.1　风力摆控制系统总体设计

在本设计中，摆杆通过万向节与支架相连，4 个轴流风机在摆杆的下方呈十字形分布，使得风向分别朝向前后左右，形成摆动力。由姿态传感器 MPU6050 实时地检测风力摆的摆角，并将姿态角原始数据反馈回 TM4C1294 微控制器，通过姿态解算后得到风力摆实际的俯仰角和横滚角，进而经过 PID 控制算法输出一定占空比的 PWM 信号。使用 BTS7960 芯片来驱动风机组的运动，最终使风力摆在一定的时间内完成不同形式的运动。风力摆控制系统结构框图如图 9-3 所示。

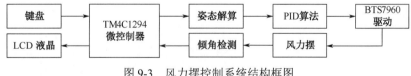

图 9-3　风力摆控制系统结构框图

9.4.2　风力摆的机械结构设计

风力摆控制系统的机械结构如图 9-4 所示。该控制系统的机械结构组成主要包括以下几部分。

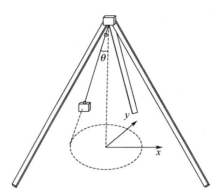

图 9-4   风力摆控制系统的机械结构

（1）支架部分：选用稳定性较好的重型三脚架作为整体的外围支架，用以撑起摆杆和风机组。

（2）摆杆部分：为了系统的稳定性，摆杆的质量和长度要适中，强度要大且不易弯曲，也不能影响万向节的运动，因此采用强度大、刚性好的碳素纤维管为摆杆。摆杆与三脚架之间用万向节连接，以保证摆杆的灵活运动。此外，单独设计制作了一个小平板固定件放置在摆杆上，用以放置检测摆杆倾角的 MPU6050 传感器。

（3）风机底座：根据系统要求，4 个轴流风机要固定在底座上，由于风机组的动力有限，底座和风机的总质量不能太大，且底座要有一定的强度，这样才能保证风力摆在运动时传感器读取到的姿态角数据的准确性和稳定性。因此，采用自身质量轻、硬度较好且易于加工的亚克力板（或有机玻璃板）作为放置风机组的底座。摆杆与底座之间采用螺栓与螺母的固定方式，此种连接方式较为稳定，在系统工作时摆杆与底座之间始终能够保持相对静止。

（4）风机组：在保证安全性的前提下，采用 4 个轴流风扇作为整个控制系统的唯一动力来源。

综上所述，风力摆控制系统实物如图 9-5 所示。

图 9-5   风力摆控制系统实物

9.4.3　风力摆的硬件电路设计

电源方面，采用两台大功率的最大输出电流超过 3A 的稳压电源给整个风机组供电，以保证风机组的正常工作。

主控制器采用德州仪器公司推出的 EK-TM4C1294XL 评估板，板载的 TM4C1294NCPDT 是一款基于 ARM Cortex-M4 内核的微控制器，主频为 120MHz，具有浮点运算、1MB 闪存、256KB SRAM、6KB EEPROM、8 个 32 位计时器、两个 12 位 2MSPS ADC、运动控制 PWM 模块及大量其他串行通信接口。

人机交互模块包括 12864 液晶显示屏和 4×4 的小键盘。显示屏用来显示风力摆控制系统工作时的功能菜单，通过键盘可以选择不同的选项，进而风力摆会完成不同运动模式相应的功能，且显示屏能够实时地显示各个运动模式下风力摆的倾角。

风机驱动模块 BTS7960 是应用于电机驱动的大电流半桥高集成芯片，它带有一个 P 沟道的高边 MOSFET、一个 N 沟道的低边 MOSFET 和一个驱动 IC。BTS7960 通态电阻典型值为 16mΩ，驱动电流可达 43A。由于采用的轴流风机的扇叶只能朝一个方向旋转，因此只需要 BTS7960 芯片中的低边 N 沟道 MOSFET。其中，当 INH 引脚为低电平时，芯片处于睡眠模式；当 INH 引脚为高电平、IN 引脚为低电平时，低边 MOSFET 被激活；当 INH 引脚为高电平、IN 引脚为高电平时，高边 MOSFET 被激活。所以，将低边 MOSFET 的输出端与轴流风机的负极相连，而轴流风机的正极与+12V 电源相连。设置 IN 引脚始终为低电平，将 INH 引脚与主控制器的 PWM 输出端连接，即可控制低边 MOSFET 的通断，BTS7960 驱动电路如图 9-6 所示。芯片的 SR 引脚对应的功能是电压转换速率控制，将 SR 引脚与电容相连可使 BTS7960 的通断速度更快。

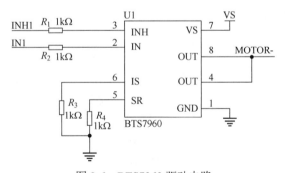

图 9-6　BTS7960 驱动电路

风力摆控制系统采用了 MPU6050 六轴传感器模块来检测摆杆的姿态角，其外围电路原理如图 9-7 所示，模块采用 3.3V 超低压差稳压芯片，给 MPU6050 芯片供电。通过串接 120Ω 的电阻，使得该模块可接受 5V 或 3.3V 逻辑电平。作为 I^2C 通信的 SDA 和 SCL 引脚都分别与 4.7kΩ 上拉电阻相连，则外部无须连接上拉电阻。作为指示 MPU6050 设备地址的 AD0 引脚与 10kΩ 的下拉电阻相连，使用时可通过改变 AD0 的电平来改变 MPU6050 进行 I^2C 通信时的从机设备地址。

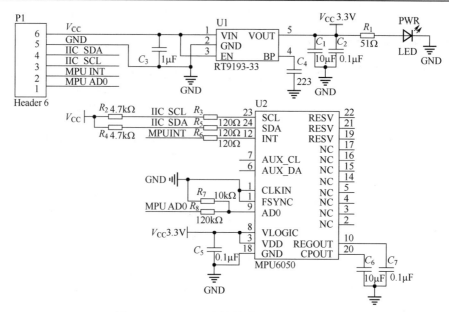

图 9-7　MPU6050 六轴传感器外围电路原理

9.4.4　风力摆运动控制方案的理论分析

风力摆由摆杆下端点处的轴流风机驱动,当摆杆转动时,摆杆可绕万向节在垂直于底座的空间内转动。风力摆在运动过程中可以做类似自由摆或圆锥摆运动。

摆杆在非理想情况下运作,虽然在机械结构上做了许多减小各种摩擦的设计,但是在摆动过程中依然会有摩擦阻力和空气阻力等,这些阻力会使摆杆的摆动幅度逐渐减小,甚至由于阻力导致摆杆在摆动过程中的摆动轨迹也发生变化。为解决这些问题,系统通过角度检测模块检测摆杆当前 x 轴方向和 y 轴方向的角度,根据其与目标角度的偏差,用 PID 控制算法,计算出各个电机的输出量,并进行实时调整,形成一个具有位置反馈的闭环控制系统。

关于摆杆的运动控制方案,可以采用李萨茹图形的合成方式。李萨茹图形是两个正弦振动沿着互相垂直方向合成的轨迹,如图 9-8 所示。李萨茹图形的每个点都可用以下公式进行表示。

$$x = A_1 \cos(\omega_1 t + \varphi_1)$$
$$y = A_2 \cos(\omega_2 t + \varphi_2)$$

当这两个正弦运动的频率成简单整数比时,可以合成一个稳定、封闭的曲线图形。根据这样一个原理,加上万向节的 x 和 y 方向上的两个自由度,通过两个方向风机的周期、振幅及相位差的组合,就可以使激光笔在地面上画出期望的图形。

当 $\omega_1 = \omega_2$ 且 $\varphi_1 = \varphi_2$ 时,所合成的轨迹方程为 $y = \dfrac{A_2}{A_1} x$,为一条过原点的线段,直线的斜率为 $\dfrac{A_2}{A_1}$,线段的长度为 $2\sqrt{A_1^2 + A_2^2}$,关于中心点对称。

当 $\omega_1 = \omega_2$ 且 $A_1 = A_2$ 时，且 $\varphi_1 - \varphi_2 = \dfrac{\pi}{2} + 2k\pi$，$k=1,2,3,\cdots$。所合成的轨迹是以 A_1 为半径、以原点为圆心的圆，如图 9-9 所示，轨迹方程为 $x^2 + y^2 = A_1^2$。

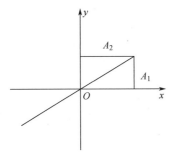

图 9-8　李萨茹图形合成的直线

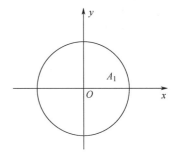

图 9-9　李萨茹图形合成的圆周

9.4.5　风力摆运动控制方案

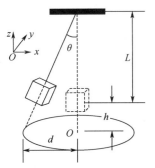

图 9-10　风力摆的牛顿力学数学模型

将风力摆建立如图 9-10 所示的牛顿力学数学模型，设摆杆的旋转支点到重物（执行机构）重心的长度为 L，重物重心到底板的高度为 h。以摆杆自然下垂时，激光笔照射在底板上的点为原点 O，以底板所在平面的正右方为 x 轴正方向，以底板所在平面的正上方为 y 轴正方向，则单摆的周期为

$$T = 2\pi\sqrt{\dfrac{L}{g}}$$

当摆杆沿某一方向摆起角度 θ 时，激光笔在底板上的照射点到原点距离为

$$d = (L+h)\tan\theta$$

若要控制激光笔照射在点 $(x,0)$ 时，则需控制摆杆在 x 轴方向的目标角度为

$$\theta_x = \arctan(\dfrac{|x|}{L+h})$$

若要控制激光笔照射在点 $(0,y)$ 时，则需要控制摆杆在 y 轴方向的目标角度为

$$\theta_y = \arctan(\dfrac{|y|}{L+h})$$

当同时控制摆杆在 x 轴和 y 轴方向角度分别为 θ_x，θ_y 时，激光笔照射的点的坐标为 (x,y)。

在理想情况下，摆杆在摆动过程中的角度与时间具有较强的耦合关系，且某一时刻摆杆角度在 x 轴方向与 y 轴方向的分量与时间 t 的关系分别为

$$\begin{cases} \theta_x = \alpha\sin(\dfrac{2\pi}{T}t + \varphi_x) \\[2mm] \theta_y = \beta\sin(\dfrac{2\pi}{T}t + \varphi_y) \end{cases}$$

其中，T 为摆杆自由摆动时的周期；α 和 β 分别为 x 轴方向和 y 轴方向摆动的最大角度；φ_x 和 φ_y 为摆杆刚开始摆动时 x 轴方向和 y 轴方向的初相位。

1. 沿 x 轴方向幅度可设的直线运动

当激光照射点的轨迹长度设定为 $2d$ 时，计算 x 轴方向最大摆角 α。为方便控制及计算，将初相 φ_x 设为 0，将 y 轴方向的目标角度 φ_y 设为 0，系统时间 t 由微控制器的定时器模块产生，则可计算出每一时刻 x 轴方向的目标角度 θ_x。此时，摆杆目标角度在 x 轴及 y 轴方向上的分量与时间 t 的关系分别为

$$\begin{cases} \theta_x = \arctan(\dfrac{d}{L+h})\sin(\dfrac{2\pi}{T}t) \\ \theta_y = 0 \end{cases}$$

2. 角度可设的直线运动

当轨迹长度设定为 $2d$、摆动方向设定为 γ 时，即激光笔在地面所画直线与 x 轴正方向夹角为 γ 时，则摆起最大角度 θ、x 轴方向最大角度 α、y 轴方向最大角度 β 应满足方程

$$\begin{cases} \theta = \arctan(\dfrac{d}{L+h}) \\ \tan\beta = \tan\alpha\tan\gamma \\ \tan^2\theta = \tan^2\alpha + \tan^2\beta \end{cases}$$

将 x 轴和 y 轴的初相均设为 0，则摆杆目标角度在 x 轴及 y 轴方向上的分量与时间 t 的关系分别为

$$\begin{cases} \theta_x = \arctan(\dfrac{d}{(L+h)\sqrt{1+\tan^2\gamma}})\sin(\dfrac{2\pi}{T}t) \\ \theta_y = \arctan(\dfrac{d\tan\gamma}{(L+h)\sqrt{1+\tan^2\gamma}})\sin(\dfrac{2\pi}{T}t) \end{cases}$$

3. 快速制动

当风力摆在倾斜一定角度后，采用 x 轴及 y 轴两个方向独立控制。摆杆目标角度在 x 轴及 y 轴方向上的分量与时间 t 的关系分别为

$$\begin{cases} \theta_x = 0 \\ \theta_y = 0 \end{cases}$$

4. 半径可设的圆周运动

当摆杆做圆锥摆运动时，x 轴及 y 轴方向的最大摆角 α 和 β 相同，但初相位 φ_x 和 φ_y 相差 $\dfrac{\pi}{2}$；当圆形轨迹半径设定为 d 时，将 x 轴方向初相位 φ_x 设为 0，则摆杆目标角度在 x 轴及 y 轴方向上的分量与时间 t 的关系分别为

$$\begin{cases} \theta_x = \arctan(\dfrac{d}{(L+h)})\sin(\dfrac{2\pi}{T}t) \\[3mm] \theta_y = \arctan(\dfrac{d}{(L+h)})\sin(\dfrac{2\pi}{T}t + \dfrac{\pi}{2}) \end{cases}$$

9.4.6 软件设计总体方案

本设计通过 MPU6050 传感器采集风力摆的姿态角,传感器分别输出 X、Y、Z 三轴的加速度 AD 值和角速度 AD 值。主控制器将传感器采集到的数据进行滤波处理,继而进行姿态融合解算得到实际的欧拉角,PID 控制算法以实际的欧拉角为输入,计算处理后输出控制量(PWM 信号的占空比)到电机驱动模块,最后控制风机组的运动。其中,根据 12864 液晶上显示的功能菜单,可以通过键盘选择相应的选项来演示风力摆不同的运动模式,同时风力摆的姿态角可以实时地在液晶上显示。整体软件设计流程如图 9-11 所示。

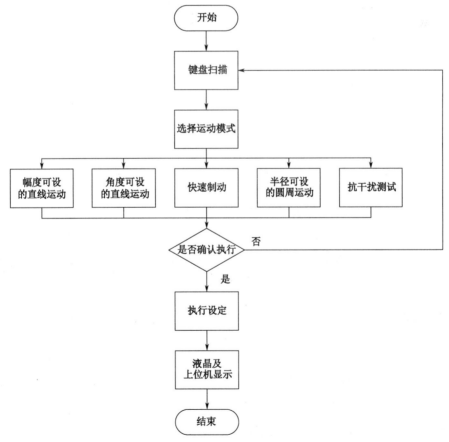

图 9-11 整体软件设计流程

9.4.7 PID 控制算法

参照 7.3 节相关论述,PID 控制算法简单易行,能很好地适用于基于单片机的控制系统中,本设计采用 PID 控制算法对姿态解算后的俯仰角和横滚角的数据进行处理，进而输出控制量到风机驱动模块。采用位置型 PID 算法为

$$e(k) = r(k) - y(k)$$

$$u(k) = K_{\mathrm{P}}e(k) + K_{\mathrm{I}}\sum_{i=1}^{k}e(i) + K_{\mathrm{D}}\left[e(k) - e(k-1)\right]$$

式中，$e(k)$ 为本次角度误差；$e(k-1)$ 为上一次角度误差；$r(k)$ 为本次角度设定值；$y(k)$ 为本次角度采样值；K_{P}、K_{I}、K_{D} 分别为数字 PID 的比例、积分和微分项系数；$u(k)$ 为本次输出值，即微控制器生成 PWM 波占空比的设定值。

PID 控制算法软件流程如图 9-12 所示。

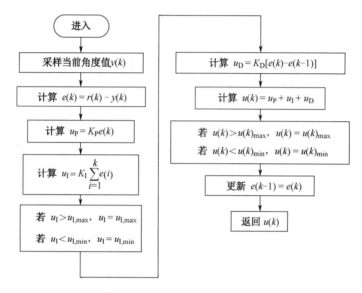

图 9-12　PID 控制算法软件流程

图中，$u_{\mathrm{I,max}}$ 和 $u_{\mathrm{I,min}}$ 分别为积分上限值和积分下限值，这样做是为了防止积分饱和。由于实际的执行机构只能在一定的输入范围内有效，因此 PID 控制器输出 $u(k)$ 的幅度也需要进行限制，$u(k)_{\mathrm{max}}$ 和 $u(k)_{\mathrm{min}}$ 分别为 PID 输出的上限值和下限值。

9.4.8　风力摆的姿态解算算法分析

1．风力摆的姿态检测

MEMS 加速度计是测量由物体重力加速度引起的加速度量。物体在静止或运动过程中，受重力作用，会产生物体相对于 3 个坐标轴方向上的重力分量，通过对重力分量进行量化，运用三角函数可计算出物体相对于 3 个坐标轴倾角，从而获知载体姿态角。但是风机组在高速运转时会给整个系统带来较大的机械振动噪声，并且在运动过程中会产生不同角度的加速运动，这两个因素会造成加速度计测量值不准确。

MEMS 陀螺仪是用来测量一段时间内角度变化速率的。对两次测量时间差值进行积分可得到角度增量值，然后与测量前初始角度求和可计算出当前角度。由于陀螺仪本身存在着误差，

且误差随着时间的增加不断累积，这就造成了陀螺仪的数据只在短时间内具有参考价值的后果，因此需要提高其采样频率。

由此可以看出，加速度计测量的数据不受时间影响，陀螺仪测量时受机械振动和加速运动的影响较小。因此，在姿态检测的过程中要对加速度计和陀螺仪的数据进行综合处理。

2. 风力摆的姿态解算

将加速度计和陀螺仪的数据通过某种算法融合在一起，从而得出风力摆在空中准确的姿态角，这一过程称为姿态解算，也称为姿态融合。

正确配置和初始化 MPU6050 传感器之后，从 I^2C 总线上读取到的加速度计和陀螺仪在 3 个坐标轴上输出的数字量分别为 a_x、a_y、a_z 和 g_x、g_y、g_z，通常称为原始数据。这 6 个 AD 值通过姿态解算算法得到载体当前的姿态信息（用四元数表示），然后将四元数转换为欧拉角（俯仰角、横滚角）的过程称为软件姿态解算，其过程如图 9-13 所示。常见的软件姿态解算算法有非线性互补滤波算法、卡尔曼滤波算法和 Mahony 互补滤波算法。

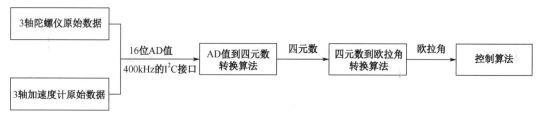

图 9-13 软件姿态解算过程

这些姿态解算算法都是通过某种方式用加速度计的数据去修正由陀螺仪数据快速解算得到准确的姿态角数据的。在融合过程中对加速度数据进行滤波采用滑动窗口数组求平均值的方法，在角速度的计算中尽量减小积分周期。

除此之外，MPU6050 自带了数字运动处理器，即 DMP，并且官方提供了一个 MPU6050 的嵌入式运动驱动库，结合 MPU6050 的 DMP 可以将原始数据（上述的 6 个 AD 值）在芯片内部进行滤波和融合处理，可直接通过 I^2C 接口向主控制器输出姿态解算后的四元数数据，继而可以很方便地计算出欧拉角。这一过程称为硬件姿态解算，其过程如图 9-14 所示。

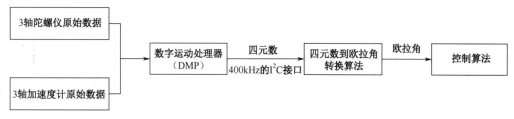

图 9-14 硬件姿态解算过程

使用内置的 DMP 进行硬件姿态解算，可以大大简化整个系统的代码设计，且 MCU 不用进行复杂的软件姿态解算过程，降低了 MCU 的负担，从而有更多的时间去处理其他事件，提高系统实时性，非常适用于对姿态控制实时要求较高的领域。所以，在设计的风力摆控制系统中，采用 MPU6050 内嵌的 DMP 数字运动处理器的硬件姿态解算方法对传感器采集到的数据进行处理。

9.5　系统测试与分析

在完成软硬件设计之后，对设计的风力摆进行实物调试，测试风力摆的基本功能，测试的环境描述如下。

（1）系统电源：SPD3303C 稳压电源。

（2）硬件平台：基于 TM4C1294 控制器设计的电子电气实验平台。

（3）测试环境：室内三脚架范围内完成幅度和角度可设的直线运动和圆周运动等动作。

9.5.1　姿态解算结果分析

在姿态解算中，以互补滤波算法为例，融合加速度和角速度传感器采集到的原始数据得到姿态角，同时采用上位机辅助调试软件实时显示风力摆的姿态角。幅度可设的直线运动横滚角变化曲线如图 9-15 所示，曲线 1 为设定的角度变化曲线，曲线 2 为风力摆实际运动时的横滚角变化曲线。

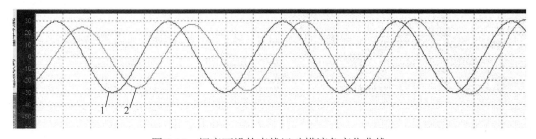

图 9-15　幅度可设的直线运动横滚角变化曲线

从图 9-15 中可以看出，以设定角度 30°为幅值的正弦函数曲线作为目标值，将互补滤波后的角度与其作差，作为 PID 控制器的输入，通过控制算法来实时跟随目标值的变化，该互补滤波算法较好地完成了姿态解算的任务。

9.5.2　不同运动模式的测试结果

1. 幅度可设的直线运动

驱动风力摆工作，设置激光笔在地面画线的长度，记录其从静止到实现设定自由摆的时间与最大偏差距离。

幅度可设的直线运动实际测试结果如表 9-1 所示，激光笔可以在 15s 内画出所设长度的直线，且偏差范围均在 1cm 以内。

表 9-1　幅度可设的直线运动实际测试结果

长度/cm	30	40	50	60
时间/s	10.5	11.3	12.6	13.4
长度偏差/cm	0.5	0.7	0.8	1.0

2．角度可设的直线运动

驱动风力摆工作，将风力摆的摆动幅度设置为定值，设置激光笔在地面画线的角度，记录其从静止到实现设定自由摆的时间与最大偏差距离。

角度可设的直线运动实际测试结果如表 9-2 所示，激光笔能够在 15s 内在地面沿着不同的角度画出不短于 20cm 的直线段。

表 9-2　角度可设的直线运动实际测试结果

角度/°	30	60	90	120	150	180
时间/s	10.0	11.2	10.8	11.1	12.3	10.4
角度偏差/°	0.4	0.5	0.3	0.4	0.7	0.7

3．快速制动

将风力摆拉起一定角度（30°～45°）放开，测试风力摆达到静止状态的时间。快速制动实际测试结果如表 9-3 所示，风力摆可在 5s 内达到静止状态。

表 9-3　快速制动实际测试结果

拉起角度/°	30	35	40	45
时间/s	2.7	3.1	3.8	4.4
角度偏差/°	0.3	0.5	0.4	0.5

4．圆周运动

以静止时激光笔的光点为圆心，设置风力摆画圆的半径，驱动风机组运动，分别记录 3 次数据，取其平均值，圆周运动实际测试结果如表 9-4 所示。改变设置的半径值，再次测试。

表 9-4　圆周运动实际测试结果

圆半径/cm	15	20	25	30	35
时间/s	22.0	23.6	24.4	25.2	25.9

经过测试、调整，最终的测试结果表明本装置能够达到设计目标，且具有较高的稳定性。

第 10 章

滚球控制系统的设计

10.1　项目任务

项目来源于 2017 年全国大学生电子设计竞赛 B 题滚球控制系统，在光滑的正方形平板上均匀分布 9 个圆形区域，其编号分别为 1～9 号，滚球位置及平板尺寸如图 10-1 所示。设计一个控制系统，通过控制平板的倾斜，使小球能够按照指定的要求在平板上完成各种动作，并从动作开始计时显示，单位为秒。

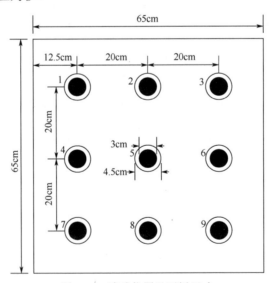

图 10-1　滚球位置及平板尺寸

系统需要满足如下要求：
（1）能控制平板使小球停留在指定区域。
（2）能控制平板使小球从一个区域运动到另一个区域并停留在此区域。
（3）能控制平板使小球从一个区域出发，经过数个指定区域，停止在另一个指定区域。
（4）能控制平板使小球从某一个指定区域出发，然后围绕 5 号区域做圆周运动。

（5）能控制平板让小球在平板上做一些轨迹非平滑过渡图形的运动，运动的起止点区域可以设置，运动中无停顿。

（6）可以扩展其他任务要求，如远离控制平台向平板抛出小球，系统能检测小球进入平板并控制平板实现小球稳定于目标区域等。

10.2　系统分析

滚球控制系统作为双输入双输出非线性系统，由于其具有强耦合性、无约束欠驱动性、视觉滞后等特性，使得实际平台数学模型相当复杂，难以建立。该平台的实现涉及平台机械设计、非线性动力学建模、自动控制算法应用、运动轨迹规划、视觉伺服控制应用等诸多领域，需要应用非线性系统分析与控制的相关理论知识。滚球控制系统结构框图如图 10-2 所示。

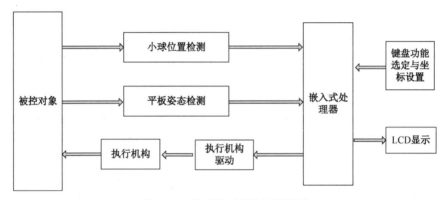

图 10-2　滚球控制系统结构框图

首先，该设计目标主要是实现小球的运动控制的，因此需要设计位置与平板倾斜角度的双闭环结构。在系统信息量测量方案上，可供选择的小球位置检测方案有摄像头图像检测、光电传感器位置检测及触摸屏位置检测 3 种方案，平板倾斜角度测量方案有磁敏角度传感器、电容式角位移传感器、基于 MPU6050 的倾角传感器 GY-25 等。

其次，控制器在获取小球位置与平板倾角后，结合控制目标，通过一定控制算法，如 PID、模糊控制算法、模糊 PID 控制算法等计算控制量。控制量若要作用到滚球控制系统中，则需要设计执行机构，在系统倾角控制机构的选择上，常用方案主要有直流电机、步进电机及舵机 3 种驱动方案。通过将控制量转化为驱动信号，经由驱动器驱动执行器动作，从而改变平板倾角，实现小球运动控制。

最后，由于设计要求能够任意指定运动轨迹，因此需要在系统中设计人机交互结构，控制菜单与系统信息可以由数码管、LCD 等形式显示，考虑到数码管不足以实现菜单显示，这里选用 12864 液晶显示屏实现控制系统交互信息的显示，控制要求的输入则由矩阵键盘完成。

综上所述，滚球控制系统主要关注小球位置检测、平板角度检测、执行机构与驱动，以及滚球系统本体设计等部分，在系统的设计研究过程中，需解决以下问题。

（1）系统机械结构设计与小球在平板上位置检测方法设计。

（2）平板单一方向及任意方向倾斜驱动控制的实现。

（3）平板最大倾斜角度及倾斜速度驱动控制。

（4）小球在平板上点位的辨识与目标点坐标的标定。

（5）板球系统建模。

（6）平板的相关控制算法设计，如 PID、模糊控制、模糊 PID 控制。

10.3 技术方案比较

10.3.1 小球位置检测方案

1. 触摸屏位置检测

触摸屏的本质是一种传感器，它由触摸检测部件和触摸屏控制器组成，主要用于检测对象触摸位置，接收后送触摸屏控制器。从技术原理角度来讲，触摸屏大体有 3 个特征：其一，一般情况下需要通过材料技术来解决透明问题，但在滚球控制系统中透明性并不是必需的，因此该特性可以忽略；其二，它是绝对坐标，手指摸哪就是哪，是一套绝对定位系统；其三，能检测手指的触摸动作并且判断手指位置，各类触摸屏技术就是围绕"检测手指触摸"而展开的。目前，根据传感器的类型，触摸屏大致分为红外线式、电阻式、表面声波式和电容式触摸屏4 种，各种触摸屏的优缺点如表 10-1 所示。对比各类触摸屏的特点，在滚球控制系统中为了能实现任意材质小球的定位，只能选用电阻式触摸屏进行设计。

表 10-1 各种触摸屏的优缺点

性能　　　　　名称	电 阻 式	表面声波式	红 外 线 式	电 容 式
价格	中	中	高	较高
防爆性	一般	好	好	好
稳定性	高	较高	一般	一般
安装形式	内置或外挂	内置或外挂	外挂	内置
触摸物	任何物体	手指、软胶	截面	手指
输出分辨率	4096×4096	4096×4096	977×737	4096×4096
抗强光干扰性	好	好	差	差
响应速度	<15ms	<10ms	<20ms	<15ms
跟踪速度	好	一般	好	好
传感器损伤影响	较小	很大	较小	较小
污物影响	没有	较大	较大	较大
漂移	没有	较小	较大	较大
防电磁干扰	好	一般	一般	好
适用范围	室内或室外	室内或室外	室内	室内或室外

2. 光电传感器位置检测

光电传感器是通过红外线或不可见光发射光源，芯片接收信号并做出相应动作，检测出一定距离范围内物体有无的开关。光电传感器一般情况下由 3 个部分构成：发送器、接收器和检测电路，可分为对射型、回归反射型、漫反射型、限定反射型、距离设定型五大类。其中，对射型光电传感器由相互分离且相对安装的投光器和受光器组成，当被测物体位于投光器和受光器之间时，光线被阻断，受光器接收不到光线信号而产生动作信号。在滚球控制系统中，在平板上的 *x-y* 坐标两个方向设置两组对射式光电传感器装置，定位精度取决于传感器密度，当小球经过传感器安装点时反馈信号给主控芯片，从而可以获取小球位置的实时信息。

3. 摄像头图像传感器检测

图像传感器是利用光电器件的光电转换功能，参照 2.3.9 节相关内容，图像传感器有 CMOS 和 CCD 两种。CMOS 传感器的最大优势是它具有高度系统整合的条件。在滚球控制系统中，可选用性能较好的 CMOS 图像传感器模块架于平板上方，获取图像实时信息并通过图像处理算法获取小球的实时位置反馈给控制器，其检测视野大，获得的信息更全面，结构简单。

在 CMOS 传感器的选择上，应当着重考虑传感器的像素、镜头视角、接口类型等参数，其中传感器像素关系到小球位置测量的精度；镜头视角则关系到图像传感器的架设高度，视角过小将导致摄像头架设高度过高，从而增大摄像头晃动对系统稳定性与测量精度的影响；接口参数则关系到传感器模块与控制模块的数据通信，应当根据所选控制器预留的接口类型进行图像传感器选型。

综合比较上述 3 种方案，若采用触摸屏，则成本较高；若采用光电传感器，为了提高小球坐标检测精度，需要安装数量较多的光电传感器，则提高了系统结构的复杂度且易受环境影响；若采用图像传感器，则可以很好地克服上述缺点，检测视野大，经过一定的像素处理分析可以实时监测小球的位置，获得更全面的信息。

10.3.2　平板倾斜角度检测方案

参照 2.3.5～2.3.7 节相关传感器的介绍，选择平板倾斜角度检测方案。

1. 磁敏感角度传感器

磁敏感角度传感器如图 10-3 所示，是一种采用高性能集成磁敏感元件，利用磁信号感应非接触的特点，配合微处理器进行智能化信号处理制成的新一代角度传感器，其特点在于无触点、高灵敏度、接近无限转动寿命、无噪声、高重复性、高频响应特性好。该传感器根据磁敏原理，转动端放置磁路发生装置，当转轴转动时，磁场方向发生转动，进而对固定在线路板上的敏感元件产生影响，这一影响是微小的，但是经过集成电

图 10-3　磁敏感角度传感器

路的处理，变成了能被电子仪器识别的电压信号或电流信号，可输出给处理器系统。

2. MPU6050 倾斜度模块

MPU6050 芯片可参照 2.3.7 节相关内容，GY-25 是一板载 MPU6050 的低成本倾斜度模块，如图 10-4 所示，工作电压为 3～5V，功耗小，体积小，精度与稳定性高。其工作原理是通过陀螺仪与加速度传感器经过数据融合算法最后得到直接的角度数据。GY-25 以串口 TTL 电平

全双工方式与上位机进行通信，能够在任意位置得到准确的角度，输出的波特率有 9600bit/s 与 115200bit/s，有连续输出与询问输出两种方式，可适应不同的工作环境。

　　综合比较上述两种角度检测方案，在滚球控制系统中若要使用磁敏感角度传感器，则需要在平板转轴处架设固定支撑点，使系统机械结构更为复杂；若采用 GY-25 倾角传感器，则只需将其固定于平板下方，使用方便简单，因此这里采用 GY-25 实现平板角度检测。

图 10-4　GY-25 倾斜度模块

10.3.3　滚球系统机械结构方案

1. 悬挂式结构

　　悬挂式滚球控制系统平板中心用柱子支撑，通过球关节连接，其可绕中心点 360°旋转，柱子与底座固定连接。平板两旋转轴处需架设较高的执行机构固定点，用两个执行机构经由绳子连接平板，通过改变绳子长度升降平板一侧控制平板转动，并于连接点对侧增加配重。该结构控制输出和端点高度基本上是线性关系且移动范围比较大，悬挂式滚球系统结构如图 10-5 所示。

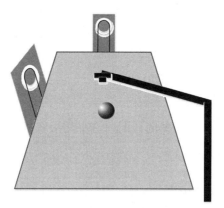

图 10-5　悬挂式滚球系统结构

2. 支撑式结构

　　支撑式滚球控制系统中心固定与前述结构相同，平板中心用柱子支撑，通过球关节连接，其可绕中心点 360°旋转，柱子与底座固定连接。在平板角度控制结构上则采用特定执行机构支撑平板相邻两边，连接处使用球关节相连，通过控制执行机构的高低从而改变平板倾角，整体结构较为简单稳定，支撑式滚球系统结构如图 10-6 所示。

　　考虑到悬挂式结构需要额外增加支撑点，结构更为复杂且不稳定，容易使平板晃动，不利于精确控制，而支撑式结构较简单稳定，但对参数尺寸匹配要求较高，这里选用支撑式滚球控制系统结构。

　　在摄像头的固定方案上，有相对地面静止与相对平板静止两种方案。

　　悬挂式结构安装示意如图 10-5 和图 10-7 所示，通过外部架杆固定在平板上方，当平板倾斜时相对于平板运动，平板各区域相对于摄像头的 z 轴高度会发生变化，因此需要在图像处理中进行相应的坐标变换来获取小球在平板上的实时坐标。同时，当滚球控制系统装置移动时，也需要对摄像头进行重新标定。

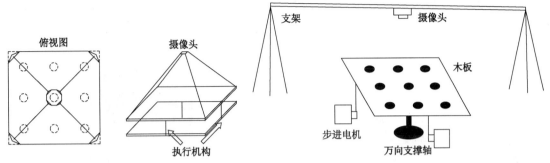

图 10-6　支撑式滚球系统结构　　　　　图 10-7　摄像头相对地面静止安装示意

支撑式结构通过支撑杆固定于平板上方，如图 10-6 所示，相对于平板静止，因此平板各区域相对于摄像头的 z 轴高度保持不变，省去了图像处理中的复杂坐标变换，提高了小球坐标获取的速度。当系统运动时，摄像头与系统一体，无须重新进行摄像头标定。同时，在实测中，采用四根碳素杆及固定件进行摄像头固定，摄像头相对于平板基本上没有晃动，运动时的振动对摄像头检测精度的影响基本可以忽略。

综上所述，这里选择如图 10-6 所示的机械结构。

10.3.4　系统执行机构选择

1．直流推杆电机

电动推杆又称为直线驱动器，主要是由电机推杆和控制装置等机构组成的一种新型直线执行机构，可以认为是旋转电机在结构方面的一种延伸，如图 10-8 所示。电动推杆由驱动电机、减速齿轮、螺杆、螺母、导套、推杆、滑座、弹簧、外壳及涡轮、微动控制开关等组成，可以实现远距离控制、集中控制。电动推杆在一定范围行程内做往返运动，

图 10-8　直流推杆电机

一般电动推杆标准行程有 100mm、150mm、200mm、250mm、300mm、350mm、400mm 等。

直流推杆电机运动速度较快，可以很好地满足滚球控制系统的控制速度需求，但直流推杆无法定位水平位置，需要与角度传感器配合使用。在实际调试中会发现，当要求平板达到某设定角度时，由于角度传感器数据传输处理及控制器输出停止信号到推杆实际停止工作之间的延时性问题，加上推杆速度较快等因素，平板总是无法精确到达指定角度，特别是在水平复位时总是超调，无法满足精确控制需求。

2．步进推杆电机

步进推杆电机的运动速度和行程取决于控制器输出脉冲的个数和频率，因此能够很好地

弥补直流推杆电机无法精确控制的缺陷，同时在不失步的前提下步进电机能够精确地记忆水平位置，配合角度传感器的辅助校正能够很好地满足该控制系统的控制需求。步进推杆电机如图 10-9 所示。

步进电机驱动选用 TB6600 驱动器，如图 10-10 所示，最大 4.0A 的 8 种输出电流可选；最大 32 细分的 6 种细分模式可选；具备输入信号高速光电隔离、内置温度保护和过流保护等功能。

图 10-9　步进推杆电机

图 10-10　TB6600 驱动器

3. 舵机

舵机是一种位置（角度）伺服的驱动器，适用于那些需要角度不断变化并可以保持的控制系统，如图 10-11 所示。参照 5.2.3 节相关内容，其工作原理是根据控制脉冲信号，经由电路板上的 IC 驱动无核心马达开始转动，通过减速齿轮将动力传至摆臂，同时由位置检测器送回信号，判断是否已经到达指定角度。

舵机的伺服系统由可变宽度的脉冲来进行控制。一般而言，舵机的基准信号周期为 20ms，宽度为 1.5ms。脉宽的大小决定舵机转动多大角度。例如，1.5ms 脉冲会转动到中间位置（对于 180°舵机来说，就是 90°位置）。当控制系统发出指令，让舵机移动到某一位置，并保持这个角度，这时外力的影响不会让它的角度产生变化，但这是有上限的，上限就是它的最大扭力。

在滚球控制系统中，若要使用舵机作为执行机构，则需要设计额外的传动结构将舵机的旋转转变为竖直方向的升降，从而控制平板的倾斜角度舵机结构设计如图 10-12 所示。

图 10-11　舵机

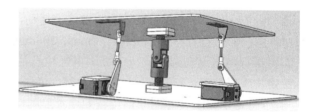

图 10-12　舵机结构设计

综上所述，比较 3 种方案的利弊，这里选用结构简单，无须附加传动结构，控制精度也较高的步进推杆电机作为滚球控制系统的执行机构。滚球控制系统整体结构如图 10-13 所示。

步进推杆行程有 10mm、50mm、100mm、200mm、250mm、300mm、350mm、400mm、

450mm、500mm 等，推力与速度有"500N，7mm/s""250N，12mm/s""70N，50mm/s"等可选，这些参数关系到平板最大倾斜角度及角度变化速度。在步进推杆电机参数的选型上，由于选用 50cm×50cm 铝板作为运动平台，为了能使平板倾角有较大的调节范围，推杆行程越大越好。但是行程越大，推杆电机的基础高度会越长，整个运动平台的对地高度也就越高，重心也越高，整个滚球控制系统的稳定性越差，因此需要在诸多行程参数中选一个折中的合适参数。考虑到推杆需要靠上升下降来改变平板倾角，因此一般将推杆运动起始点设在行程中心点，平板倾角可控范围取决于推杆行程的一半。滚球控制系统正常控制过程中所需角度较小，一般 10° 以内就可以满足需求，而使用 50mm 行程最大可控角度就在 9° 左右。但由于实际中心支撑选材问题，不一定能刚好使初始位置位于推杆正中心，因此可控角度会更小。为了实现抗干扰功能，当小球速度较快时，需要以较大角度进行控制，综合考虑选 100mm 行程，平台对地距离 20 多厘米，倾角可控范围为 18°。

图 10-13 滚球控制系统整体结构

在推力与速度的选择上，由于系统控制速度需求较高，若采用 12mm/s 的步进推杆电机，计算可得一秒只能改变 4° 左右，不足以满足反应速度较快的控制需求，因此选用"70N，50mm/s"的同步带步进推杆电机。

10.3.5 控制系统控制算法选择

滚球控制系统作为一个二维机械系统，其控制对象是具有两个相互垂直的旋转轴的平板，目的是让一个自由滚动的小球能够平衡在板上特定的位置，或者沿一定的轨迹滚动。平板绕 x 轴和 y 轴的旋转由两个电机驱动，图像传感器得到小球在板上的位置后反馈给控制系统，控制系统采用一定的控制策略控制平板在 x 轴和 y 轴方向的转角，达到对小球平衡位置和运动轨迹的控制，可等效为一个双闭环结构，如图 10-14 所示。

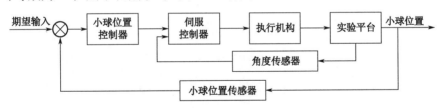

图 10-14 滚球控制系统双闭环结构

1. PID 算法

PID 调节器是一种负反馈闭环控制，通常与被控对象串联连接，设置在负反馈闭环控制的前向通道上。PID 调节器根据给定值 $r(t)$ 与实际输出值 $c(t)$ 构成的偏差 $e(t)=r(t)-c(t)$，将偏差分别进行比例（P）、积分（I）、微分（D）运算，再通过线性组合作为控制量信号输出，对控制对象进行控制。

在滚球控制系统中，根据图像传感器反馈的小球坐标与系统给定目标点坐标即可计算出 x-y 两轴的位置偏差量，乘以比例系数 K_P 即可得到比例控制量。然后通过将本次偏差量与上次偏差量做差，即可得到偏差量的变化量，该量可以反映小球运动的速度变化，乘以微分系数 K_D 即可得到微分控制量。通过将各控制量求和得到控制器输出控制量，并将其转换为步进推杆电机行程变化量，即可实现小球运动的控制。

2．模糊控制算法

模糊控制是以模糊集合理论、模糊语言变量和模糊逻辑推理为基础的一种数字控制方法，由模糊化接口、知识库、推理机、解模糊接口 4 个基本部分组成，适用于不易获得精确数学模型的被控过程或结构参数不清楚的场合。针对该滚球控制系统，模糊控制器输入量选用小球位置偏差量与偏差量变化率，由于在离散系统中，求取球的速度是以位置的差分来得到的，因此偏差量变化率也反映了小球的运动速度。通过图像传感器反馈的小球坐标与目标坐标求取坐标偏差量与偏差量变化率，经过模糊接口转换为模糊量，再由模糊规则得到系统本次模糊计算的输出并经过解模糊接口转换为实际步进推杆电机的行程变化量，从而实现推杆电机控制与小球运动控制。

本设计采用 PID 算法进行控制，读者也可加入模糊控制，实现模糊自整定 PID 控制等，并比较各种控制算法控制效果的区别，对比不同控制算法的控制性能也是滚球控制系统诞生的一个初衷。

10.4　电路与程序设计

10.4.1　滚球控制系统总体方案

滚球控制系统包含处理器模块、人机交互（键盘及液晶）、图像处理模块、角度传感器模块、步进电机推杆及驱动、滚球机械装置等部分。滚球控制系统硬件结构框图如图 10-15 所示。

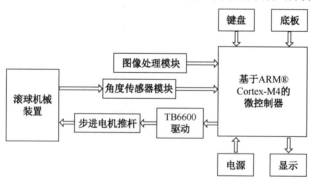

图 10-15　滚球控制系统硬件结构框图

首先考虑到若用主控制器同时实现平板角度控制与图像处理，图像处理将会占用较多时间，不利于系统控制的实时性，因此这里采用双控制器架构。图像处理模块选用 PIXY 图像处理模块，通过该模块的图像识别功能获取小球坐标并通过串口通信传送给主控制器 TM4C1294。主控制器结合小球坐标与坐标变化量，并根据角度传感器获取平板实时角度，通过 PID 算法计算目标平板倾角并输出相应脉冲控制步进推杆电机，实现系统中小球运动的控制。

10.4.2　滚球控制系统数学模型构建

首先构建滚球系统模型，在保证系统特性基本不变的条件下，假设具有以下约束条件。

（1）仅考虑滚动摩擦力的影响。

（2）认为球与板之间只有滚动而没有滑动。

（3）任何情况下球、板都接触。

（4）球绕 z 轴及其平行轴的旋转忽略不计。

（5）假定平板质量分布对称，且两个轴机械条件相同。

滚球控制系统按方向分解为 x 轴与 y 轴两个子系统后，每个子系统类似于球杆对象。以 x 轴子系统为例，其自由坐标有 3 个：球在板上 x 方向的直角坐标 x，球沿 x 方向的滚转角 φ 和平板对应方向的转角 α。这样整个系统就有 6 个自由度。但是由约束条件（2）可知，任何时刻小球线速度 $v = \omega \times r$（ω 为小球滚动角速度，r 为小球半径），这就成为两个约束条件。这样，板球系统的广义坐标，即自由度就变为 4 个。两个是球的运动方向，两个是平板的倾斜转角方向，小球位置的广义坐标为 x 和 y，原点取在板的中心位置，平板倾斜角度为 α 和 β。

首先计算广义坐标 x 对应广义力 Q_x 和 y 对应的广义力 Q_y，小球受力分析如图 10-16 所示。

$$Q_1 = \frac{\delta W_x}{\delta x} = -mg\sin(\alpha) + f_x$$

$$Q_2 = \frac{\delta W_y}{\delta y} = -mg\sin(\beta) + f_y$$

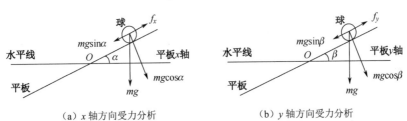

（a）x 轴方向受力分析　　　　　（b）y 轴方向受力分析

图 10-16　小球受力分析

式中，δx 和 δy 分别是球在 x 方向上的虚位移和球在 y 方向上的虚位移；δW_x 和 δW_y 是相应的虚功，f_x 与 f_y 分别是小球在 x 与 y 方向上受到的摩擦力。在这里假设球和平板之间仅存在滚动摩擦，不存在滑动摩擦。

计算广义坐标 α 对应广义力矩 Q_α 和广义坐标 β 对应广义力矩 Q_β，平板倾斜力矩分析如图 10-17 所示。

$$Q_3 = \frac{\delta W_\alpha}{\delta \alpha} = \tau_x - mgx\cos\alpha$$

$$Q_4 = \frac{\delta W_\beta}{\delta \beta} = \tau_y - mgy\cos\beta$$

式中，$\delta\alpha$ 和 $\delta\beta$ 对应 α 和 β 的角度增量；δW_α 和 δW_β 是相应的虚功；τ_x 和 τ_y 分别为拖动平板绕 y 轴和 x 轴旋转的输入力矩。

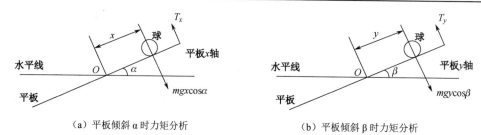

（a）平板倾斜 α 时力矩分析　　　　　　　　　（b）平板倾斜 β 时力矩分析

图 10-17　平板倾斜力矩分析

球的动能 T_b 包括 3 个部分，分别为球的平移动能 T_{b1}、球绕其质心转动的动能 T_{b2} 及球相对惯性系的转动动能 T_{b3}。令小球质量为 m，转动惯量为 I_b，则

$$T_{b1} = \frac{1}{2} m \left(\dot{x}^2 + \dot{y}^2 \right)$$

$$T_{b2} = \frac{I_b}{2r^2} \left(\dot{x}^2 + \dot{y}^2 \right)$$

转动的平板坐标系是非惯性系的，由刚体平行轴定理，对惯性系小球的转动惯量为 $I_B = I_b + m s_p^2$，且

$$s^2 = x^2 + y^2$$

$$\dot{s}^2 = \dot{x}^2 + \dot{y}^2$$

$$s_p = s \cos \left(\arctan \frac{y}{x} - \arctan \frac{\dot{\alpha}}{\dot{\beta}} \right)$$

即球相对惯性系的转动动能为

$$T_{b3} = \frac{1}{2} \left(I_b + m s_p^2 \right) \left(\dot{\alpha}^2 + \dot{\beta}^2 \right)$$

由三角变换

$$\cos \left(\arctan \frac{y}{x} - \arctan \frac{\dot{\alpha}}{\dot{\beta}} \right) = \frac{\left(x\dot{\alpha} + y\dot{\beta} \right)^2}{s^2 \dot{\alpha}^2 + s^2 \dot{\beta}^2}$$

即

$$T_{b3} = \frac{1}{2} \left(I_b + m s_p^2 \right) \left(\dot{\alpha}^2 + \dot{\beta}^2 \right) = \frac{1}{2} \left[I_b \left(\dot{\alpha}^2 + \dot{\beta}^2 \right) + m \left(x\dot{\alpha} + y\dot{\beta} \right)^2 \right]$$

$$T_b = T_{b1} + T_{b2} + T_{b3} = \frac{1}{2} \times \left[\left(m + \frac{I_b}{r^2} \right) \left(\dot{x}^2 + \dot{y}^2 \right) + I_b \left(\dot{\alpha}^2 + \dot{\beta}^2 \right) + m \left(x\dot{\alpha} + y\dot{\beta} \right)^2 \right]$$

假定平板转动惯量为 I_p，其绕 x 轴和 y 轴旋转的转动动能 T_p 为

$$T_p = \frac{1}{2} I_p \left(\dot{\alpha}^2 + \dot{\beta}^2 \right)$$

板球质点系的动能 T 包括球的动能和平板的动能，即

$$T = T_b + T_p = \frac{1}{2} \times \left[\left(m + \frac{I_b}{r^2} \right) \left(\dot{x}^2 + \dot{y}^2 \right) + \left(I_b + I_p \right) \left(\dot{\alpha}^2 + \dot{\beta}^2 \right) + m \left(x\dot{\alpha} + y\dot{\beta} \right)^2 \right]$$

由拉格朗日动力学方程，对不同变量求偏导数并计算可得滚球控制系统的数学模型：

$$\left(m+\frac{I_{\mathrm{b}}}{r^2}\right)\ddot{x}-m\dot{\alpha}\left(x\dot{\alpha}+y\dot{\beta}\right)+mg\sin\alpha-f_x=0$$

$$\left(m+\frac{I_{\mathrm{b}}}{r^2}\right)\ddot{y}-m\dot{\beta}\left(x\dot{\alpha}+y\dot{\beta}\right)+mg\sin\beta-f_y=0$$

$$\left(I_{\mathrm{p}}+I_{\mathrm{b}}+mx^2\right)\ddot{\alpha}+2mx\dot{x}\dot{\alpha}+(m\dot{x}y+mx\dot{y})\dot{\beta}+mxy\ddot{\beta}=\tau_x-mgx\cos\alpha$$

$$\left(I_{\mathrm{p}}+I_{\mathrm{b}}+my^2\right)\ddot{\beta}+2my\dot{y}\dot{\beta}+(m\dot{x}y+mx\dot{y})\dot{\alpha}+mxy\ddot{\alpha}=\tau_y-mgy\cos\beta$$

前两个非线性方程描述了小球在平板上的运动，具体阐述了小球运动的加速度与平板倾角和角速度之间的关系。后两个方程说明了平板的外部驱动力及小球位置和速度的快慢对平板倾斜的影响。

观察可以发现该滚球系统模型为非线性、欠驱动系统，存在 8 个状态变量：小球在 x 方向上的位移及其速度、旋转平板在 x 方向上的角位移及其角速度、小球在 y 方向上的位移及其速度、旋转平板在 y 方向上的角位移及其角速度等。输入控制量为步进电机转矩，输出量为小球位置坐标。取 8 个物理量为状态变量，即 $x=[x_1,x_2,x_3,x_4,x_5,x_6,x_7,x_8]^{\mathrm{T}}=\left[x,\dot{x},\alpha,\dot{\alpha},y,\dot{y},\beta,\dot{\beta}\right]^{\mathrm{T}}$，若以两轴步进电机的转矩为输入量，将导致模型复杂，不利于控制器设计，因此取 $u_x=\ddot{\alpha},u_y=\ddot{\beta}$，可以得到系统状态方程为

$$\dot{x}=\begin{bmatrix}\dot{x}_1\\\dot{x}_2\\\dot{x}_3\\\dot{x}_4\\\dot{x}_5\\\dot{x}_6\\\dot{x}_7\\\dot{x}_8\end{bmatrix}=\begin{bmatrix}x_2\\k\left(x_1x_4^2+x_4x_5x_8-g\sin x_3+\dfrac{f_x}{m}\right)\\x_4\\0\\x_6\\k\left(x_5x_8^2+x_1x_4x_8-g\sin x_7+\dfrac{f_y}{m}\right)\\x_8\\0\end{bmatrix}+\begin{bmatrix}0&0\\0&0\\0&0\\1&0\\0&0\\0&0\\0&0\\0&1\end{bmatrix}\begin{bmatrix}u_x\\u_y\end{bmatrix}$$

$$y=[x_1,x_5]^{\mathrm{T}}$$

其中，参数 k 为与小球半径、质量等相关的常数，$k=\dfrac{mr^2}{mr^2+I_{\mathrm{b}}}$。

由于该模型中存在 x 轴与 y 轴的耦合项 $x_4x_5x_8$ 与 $x_1x_4x_8$，使得滚球控制系统的 x 轴与 y 轴控制器无法独立设计，两轴的耦合将极大地增加控制器设计难度及模型能控性与能观性分析的难度。而稳定状态下平板在水平位置，考虑到前述假设为了使球与平板始终接触且没有滑动，因此平板倾斜角度不能过大，基本在 ±0.1rad 之间，可以对模型进行简化，用自变量代替正弦函数，忽略较小的耦合项。在不考虑摩擦力的条件下可以将上述状态方程线性化，即

$$\begin{cases}\dot{x}=Ax+B\\y=Cx\end{cases}$$

其中

$$
A = \begin{bmatrix} 0 & 1 & 0 & 0 & 0 & 0 & 0 & 0 \\ 0 & 0 & kg & 0 & 0 & 0 & 0 & 0 \\ 0 & 0 & 0 & 1 & 0 & 0 & 0 & 0 \\ 0 & 0 & 0 & 0 & 0 & 0 & 0 & 0 \\ 0 & 0 & 0 & 0 & 0 & 1 & 0 & 0 \\ 0 & 0 & 0 & 0 & 0 & 0 & kg & 0 \\ 0 & 0 & 0 & 0 & 0 & 0 & 0 & 1 \\ 0 & 0 & 0 & 0 & 0 & 0 & 0 & 0 \end{bmatrix},\ B = \begin{bmatrix} 0 & 0 \\ 0 & 0 \\ 0 & 0 \\ 1 & 0 \\ 0 & 0 \\ 0 & 0 \\ 0 & 0 \\ 0 & 1 \end{bmatrix},\ C = \begin{bmatrix} 1 & 0 \\ 0 & 0 \\ 0 & 0 \\ 0 & 0 \\ 0 & 1 \\ 0 & 0 \\ 0 & 0 \\ 0 & 0 \end{bmatrix}^{\mathrm{T}}
$$

根据能控性秩判据 $Q_c = \begin{bmatrix} B & AB \cdots A^7 B \end{bmatrix}$，能观性秩判据 $Q_v = \begin{bmatrix} C & CA \cdots CA^7 \end{bmatrix}$，代入 A、B、C 矩阵可得

$$
Q_c = \begin{bmatrix} 0 & 0 & 0 & 0 & 0 & 0 & k \cdot g & 0 & 0 & 0 & 0 & 0 & 0 & 0 & 0 & 0 \\ 0 & 0 & 0 & 0 & k \cdot g & 0 & 0 & 0 & 0 & 0 & 0 & 0 & 0 & 0 & 0 & 0 \\ 0 & 0 & 1 & 0 & 0 & 0 & 0 & 0 & 0 & 0 & 0 & 0 & 0 & 0 & 0 & 0 \\ 1 & 0 & 0 & 0 & 0 & 0 & 0 & 0 & 0 & 0 & 0 & 0 & 0 & 0 & 0 & 0 \\ 0 & 0 & 0 & 0 & 0 & 0 & 0 & k \cdot g & 0 & 0 & 0 & 0 & 0 & 0 & 0 & 0 \\ 0 & 0 & 0 & 0 & 0 & k \cdot g & 0 & 0 & 0 & 0 & 0 & 0 & 0 & 0 & 0 & 0 \\ 0 & 0 & 0 & 1 & 0 & 0 & 0 & 0 & 0 & 0 & 0 & 0 & 0 & 0 & 0 & 0 \\ 0 & 1 & 0 & 0 & 0 & 0 & 0 & 0 & 0 & 0 & 0 & 0 & 0 & 0 & 0 & 0 \end{bmatrix}
$$

$$
Q_v = \begin{bmatrix} 1 & 0 & 0 & 0 & 0 & 0 & 0 & 0 & 0 & 0 & 0 & 0 & 0 & 0 & 0 & 0 \\ 0 & 0 & 0 & 0 & 1 & 0 & 0 & 0 & 0 & 0 & 0 & 0 & 0 & 0 & 0 & 0 \\ 0 & 1 & 0 & 0 & 0 & 0 & 0 & 0 & 0 & 0 & 0 & 0 & 0 & 0 & 0 & 0 \\ 0 & 0 & 0 & 0 & 0 & 1 & 0 & 0 & 0 & 0 & 0 & 0 & 0 & 0 & 0 & 0 \\ 0 & 0 & k \cdot g & 0 & 0 & 0 & 0 & 0 & 0 & 0 & 0 & 0 & 0 & 0 & 0 & 0 \\ 0 & 0 & 0 & 0 & 0 & 0 & k \cdot g & 0 & 0 & 0 & 0 & 0 & 0 & 0 & 0 & 0 \\ 0 & 0 & 0 & k \cdot g & 0 & 0 & 0 & 0 & 0 & 0 & 0 & 0 & 0 & 0 & 0 & 0 \\ 0 & 0 & 0 & 0 & 0 & 0 & 0 & k \cdot g & 0 & 0 & 0 & 0 & 0 & 0 & 0 & 0 \end{bmatrix}^{\mathrm{T}}
$$

可以得到 $\operatorname{rank}(Q_c) = \operatorname{rank}(Q_v) = 8$，$Q_c$ 与 Q_v 是满秩矩阵，即滚球控制系统的状态是完全可控、可观测的。该滚球控制系统的数学模型可以用于实际控制器的设计。

10.4.3　滚球控制系统软件需求分析

滚球控制系统要求能够通过液晶显示屏菜单显示和矩阵键盘实现人机交互；利用图像采集处理提取平板上小球坐标，并通过无线通信传送到底层控制器；底层控制器要能接收显示图像处理模块、角度传感器传来的数据，能手动控制 PWM 脉冲输出，实现步进直线推杆电机与平板倾角的任意控制；能利用 PID 控制算法实现滚球的运动控制，并实时上传相关控制参数与状态参数。

10.4.4　软件设计总体方案

结合上述软件部分需求分析，在整个滚球控制系统中，对软件的设计可以按照模块化进行设计，分别从主模块、人工调试子模块、平板控制子模块、自动控制子模块等进行设计。软件部分各模块关系如图 10-18 所示。

控制软件总体流程如图 10-19 所示，上电先完成各个模块的初始化并显示控制系统主菜单，用户可

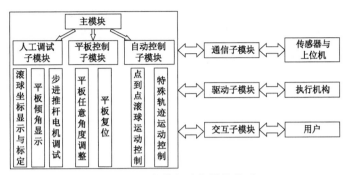

图 10-18　软件部分各模块关系

以通过键盘选择所需的功能，包括人工调试、平板倾角控制及自动控制等，以满足用户从部分调试到整体功能测试的需求。

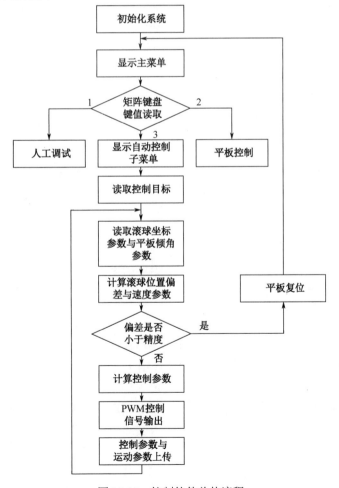

图 10-19　控制软件总体流程

10.4.5　滚球控制系统人工调试模块设计

人工调试功能主要满足控制系统的前期调试需求，主要包括图像采集处理模块、角度传感器、步进直线推杆电机的人工调试、状态数据显示、标定等功能。人工调试模块流程如图10-20 所示。

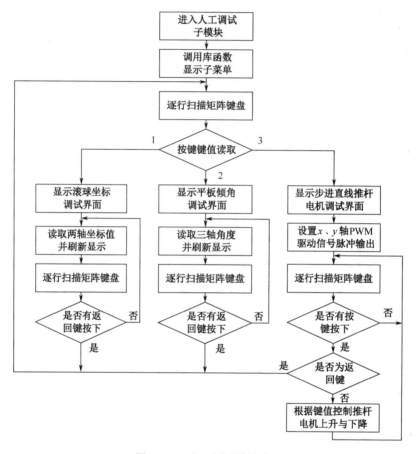

图 10-20　人工调试模块流程

10.4.6　平板控制模块设计

平板控制功能主要满足实际控制过程中对平板角度的人工控制，主要包括平板角度水平复位、任意角度控制等。进入该控制子模块，先调用 12864 液晶显示库函数，显示该子模块的功能内容，并循环扫描矩阵键盘直到获取输入键值以进入相应的控制程序。其中，平板角度水平复位主要计算平板还原到水平状态所需的控制量，实现平板复位；针对任意角度控制，用户可以通过矩阵键盘输入所需倾角，控制软件读取当前倾角并计算相应控制量，使平板达到单一方向及任意方向所需的倾斜角度。平板控制模块程序流程如图 10-21 所示。

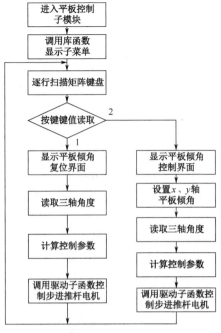

图 10-21　平板控制模块程序流程

10.4.7　滚球坐标与倾角数据获取模块设计

滚球坐标与倾角数据主要通过串口通信方式进行传输，为了保证通信数据的实时性，这里采用定时器中断方式不断进行数据的读取与更新。滚球坐标与倾角数据获取模块程序流程如图 10-22 所示。

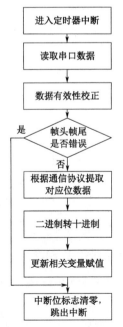

图 10-22　滚球坐标与倾角数据获取模块程序流程

10.4.8　控制参数计算模块设计

在获取平板上滚球的两轴坐标及平板倾角数据后，首先计算滚球坐标与目标位置的两轴坐标偏差，再将本次偏差与上一次的坐标偏差相减，获取位置偏差变化量作为滚球运动速度参数，采用 PID 算法，将两轴坐标偏差乘以比例系数加上偏差变化量乘以微分系数，再加上历史偏差之和乘以积分系数作为本次控制参数的输出。在控制思路上，当需要滚球朝某一侧滚动时，则对侧应当抬高，滚球中目标点较远时，控制参数的计算侧重于位置偏差，而当滚球接近于目标点时应当侧重于滚球速度控制，逐渐抬高目标点所在侧从而降低滚球运动速度，实现所要求的运动控制。PID 每 100ms 计算一次，直到两轴坐标偏差达到控制要求再将平板复位并返回上级菜单。控制系统 PID 模块程序流程如图 10-23 所示。

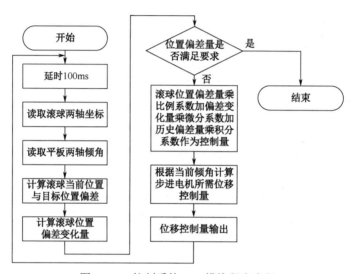

图 10-23　控制系统 PID 模块程序流程

10.5　系统测试与分析

10.5.1　平板目标区域标定

为了完成控制系统由图像反馈到小球控制的过程，必须将平板目标区域与摄像头图像坐标进行一一对应，因此需要先完成摄像头坐标的标定。首先将摄像头经由四根等长的碳素杆架于平板中心正上方，然后给系统上电，进行平板的水平复位，选择人工调试功能进行图像处理模块的调试，并在 LCD 显示屏上显示当前小球在图像中的实时坐标。最后将绘制有 9 个点的坐标纸放置于平板上，小球依次放在目标区域 1～9，并从 LCD 显示屏上读取、记录小球的坐标位置。图像处理模块目标区域标定数据如表 10-2 所示。

表 10-2　图像处理模块目标区域标定数据

1 号区域	103，30	2 号区域	169，31	3 号区域	236，36
4 号区域	98，97	5 号区域	166，100	6 号区域	235，103
7 号区域	98，163	8 号区域	165，167	9 号区域	230，169

　　由表 10-2 可知，由于相邻点与点之间的距离为 20cm，像素点差值为 65～69，因此每厘米有 3.25～3.45 个像素点，能够满足控制需求。

10.5.2　点到点运动控制

　　完成图像处理模块的标定后，即可根据标定结果进行控制程序参数的修订，并开始进行点到点运动控制功能的测试，记录控制时间与小球的实时坐标参数以便于后续的控制性能分析。

　　首先控制小球从区域 1 进入区域 5，在区域 5 停留不少于 2s，通过上位机记录实验数据可得表 10-3 与表 10-4，第 3 次测试小球运动轨迹如图 10-24 所示。

表 10-3　区域 1 进入区域 5 控制完成时间

测试次数	1	2	3	4	5	6
区域 1→5 时间/s	6.8	7.2	6.5	6.9	7.1	6.8

表 10-4　区域 1 进入区域 5 第 3 次测试部分坐标数据(x,y)

记录编号	1	2	3	4	5	6	7	8	9
坐　　标	103，30	113，45	125，61	133，79	146，90	159，100	170，107	166，104	165，99

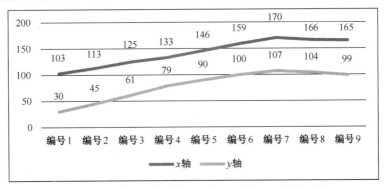

图 10-24　区域 1 进入区域 5 第 3 次测试小球运动轨迹

　　由表 10-2 可知，该控制系统就同一个控制目标进行控制，其完成时间也不尽相同，但基本上都为 6.5～7.5s，说明该控制系统的控制效果比较稳定，但是也会受一系列不稳定因素的影响，如球放置的初始位置，每次控制参数计算结果的区别等。表 10-3 所示是从上位机中获取的坐标串口数据，串口每 100ms 发送一次坐标参数，因此坐标数据会比较多，表中只是从中截取的部分坐标数据，用以表明小球的运动趋势，从数据中可以看出该控制是存在一定超调的，当小球达到目标之后依旧朝原方向运动了一定距离，再回调，因此在 PID 控制参数上依然有调整的空间。

　　其次控制小球从区域 1 进入区域 4，在区域 4 停留不少于 2s；然后进入区域 5，小球在区域 5 停留不少于 2s，实现小球点到点的连续控制，并同样记录测试数据可得表 10-5 和表 10-6，第 3 次测试小球的运动轨迹如图 10-25 所示，分析表中数据可以发现由于区域 1 到区域 4 之间的距离比区域 1 到区域 5 之间的距离短，因此控制完成时间也相应缩短，从坐标数据上看，依然存在些许控制超调，但基本能够满足控制需求。

表 10-5　点到点连续控制完成时间

测试次数	1	2	3	4	5
区域 1→4 时间/s	6	6	5	5	6
区域 4→5 时间/s	6	5	5	6	7
总时间/s	12	11	10	11	13

表 10-6　点到点连续控制第 3 次测试部分坐标数据(x,y)

记录编号	1	2	3	4	5	6	7	8	9
坐　　标	103，30	103，47	102，60	102，76	100，87	98，95	96，99	97，100	98，97
记录编号	10	11	12	13	14	15	16	17	18
坐　　标	109，97	120，98	133，99	146，99	154，100	160，102	168，103	170，102	167，101

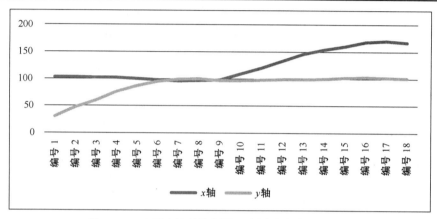

图 10-25　点到点连续控制第 3 次测试小球运动轨迹

　　最后测试控制小球从区域 1 出发，先后进入区域 2、区域 6，停止于区域 9，实现不停留的运动轨迹控制，并记录实验数据可得表 10-7 和表 10-8，数据表明该滚球控制系统能实现小球运动的轨迹控制。

表 10-7　运动轨迹控制完成时间

测　试　次　数	1	2	3	4	5	6
区域 1→2→6→9 时间/s	24	20	25	18	21	19

表 10-8　运动轨迹控制第 4 次部分坐标数据（x,y）

记录编号	1	2	3	4	5	6	7	8	9
坐　　标	103，30	115，30	124，29	133，29	140，30	151，30	160，30	170，30	169，30
记录编号	10	11	12	13	14	15	16	17	18
坐　　标	178，41	189，53	200，66	211，78	223，88	233，97	236，105	235，103	234，101
记录编号	19	20	21	22	23	24	25	26	27
坐　　标	234，112	233，121	233，133	232，143	230，154	229，162	229，171	230，169	230，168

10.5.3　绕圆轨迹运动控制

　　滚球控制系统的圆轨迹运动控制一直以来都是检测系统控制性能的典型测试案例，首先将小球放置于 5 号区域，让其以 20cm 为半径做圆周运动，并通过上位机获取小球运动实时坐标并记录表格，绘制运动轨迹图。该测试坐标数据过多，此处不列出相应的坐标数据表，小球圆周运动轨迹如图 10-26 所示，该图是依据上位机所接收的坐标，将 5 号区域平移至坐标（0,0），并将图像坐标转换为实际长度坐标获得的。

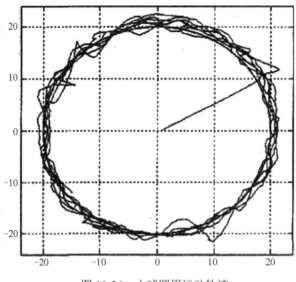

图 10-26　小球圆周运动轨迹

由图 10-26 可以看出，该滚球控制系统可以通过插值实现小球的圆轨迹控制，小球从圆心位置出发，能够很快到达圆周上，在出现一定的超调后能跟随圆周运动，可以看出 PID 控制算法在控制效果上具有一定的偏差，可能是因为 PID 参数还未调节到理想值。当然，为了更好地实现圆轨迹控制，读者也可以尝试加入模糊控制、滑模控制等算法以提高控制精度。

第 11 章

水位控制系统的设计

11.1　项目任务

项目来源于 2018 年 TI 杯模拟电子系统专题邀请赛 B 题水位控制系统，设计制作一套简易水箱装置，该装置由水位控制系统（包括水泵、水位高度显示）、上水箱、储水箱和一个扰动水源组成。其中，上水箱是可观察及标识水位高度的容器，容积约 2L，高度不小于 200mm。储水箱容积大于 4L，扰动水源水箱是容积为 0.5L 的塑料瓶，扰动水源通过瓶盖钻孔流入上水箱。上水箱的进水口连接水泵，由水泵控制进水量；上水箱的出水口设置在瓶口，并通过在瓶盖钻不同直径流出孔的方式实现输出水流量的改变，流出的水注入储水箱。水位控制系统使用 TI 公司的 FDC2214 电容传感器评估板采集上水箱的水位信息，与 MSP430/432 配合组成一个电子控制系统，实现对上水箱的水位动态控制。简易水箱装置如图 11-1 所示（若水泵类型为潜水泵，则需要将水泵淹没在储水箱水面之下）。

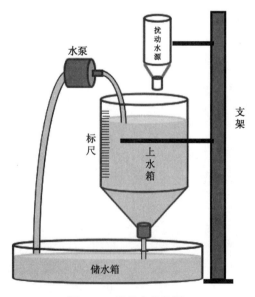

图 11-1　简易水箱装置

系统需要满足如下要求。

（1）设计并制作水泵驱动电路及水位检测电路，实现可控注水，检测并显示上水箱水位，检测误差不大于 2mm。

（2）上水箱预装自来水，水位高度约为 50mm。上水箱放水口直径为 4mm，并堵住上水箱放水口。然后启动水泵向上水箱注水，要求在 10s 内使上水箱水位上升到 90mm，误差不大于 2mm。

（3）开启上水箱流出孔向储水箱放水，同时水泵向上水箱注水，10s 内控制上水箱中水位高度为 90mm，并保持 10s 以上，水位误差不大于 2mm。

（4）30s 内控制上水箱水位高度由 90mm 改变到 110mm，并保持 10s 以上，水位误差不大于 2mm。在此基础上，扰动水源水箱装入 200mL 的自来水，其水箱流出孔为 3mm，并开始向上水箱注水，直至扰动水源水箱中的水排空，在此过程中控制上水箱水位稳定保持在 110mm，水位误差不大于 2mm。

11.2　系统分析

本项目是一个基于流量控制的闭环控制系统，输入为潜水泵的泵水量，该泵水量可控；输出为不同口径的出水口，该出水口已经确定，不可控；反馈参数为水位读数；外部扰动源为固定扰动源，不可控。基于 FDC2214 的水位测量模块、执行电机和水箱装置由比赛组委会提供，完成本项目有 3 个关键问题分别是水泵出水量控制、水位测量精度和控制算法。其中，水泵出水量控制就是对所供水泵电机的控制，水位测量精度涉及对所供 FDC2214 模块的使用和测量数据的处理。水位控制系统构成框图如图 11-2 所示，包含水位测量、水泵流量控制、人机交互（设置、显示）电路、处理器和水箱液位等。

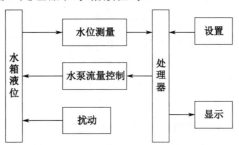

图 11-2　水位控制系统构成框图

11.3　技术方案比较

11.3.1　水泵电机驱动方案

考虑到控制目标为题目规定的水泵 DC30A-1230，如图 11-3 所示，现对该小型直流水泵进行分析。

图 11-3　小型直流水泵

电压 DC 为 12V（6V 即可工作），扬程为 300cm，流量为 240L/h；功率为 4.8W，口径为 8mm。这里唯一可变的参数是电机的工作电压，表明它是一个电压控制的直流潜水泵。通常水泵的扬程、流量都是指在它的额定工作点（功率）上的工作能力，而这个额定工作点一般也是在指定的最高额定电压（12V）时的功率点。假设这个水泵的效率为 75%。那么这个水泵的额定输入功率为 4.8W/0.75=6.4W，水泵的输入额定电流为 6.4W/12V=0.53A。水泵工作在某个输出功率下，它的扬程和流量与出水管差有关，出水管差就是水泵出水口和管道出水口之间的高度差。当出水管口径指定，出水管差越小时，流量就越容易受到输出功率控制。因为水泵的效率基本恒定，输出功率和输入功率成正比关系；而输入功率与输入电压成正比关系，所以控制工作电压即可达到控制流量的目的。水泵的驱动可选择以下几种方案。

1．TB6612 直流电机驱动器件

TB6612 是东芝半导体公司生产的一款直流电机驱动器件，它具有大电流 MOSFET-H 桥结构，双通道电路输出，可同时驱动两个电机。

TB6612 每通道输出最高 1.2A 的连续驱动电流，启动峰值电流达 2A/3.2A(连续脉冲/单脉冲)；4 种电机控制模式：正转/反转/制动/停止；PWM 支持频率高达 100kHz；待机状态；片内低压检测电路与热停机保护电路；工作温度为-20℃～85℃。

2．LM317 可调稳压源

LM317 是应用最为广泛的电源集成电路之一，它不仅具有固定式三端稳压电路的最简单形式，还具备输出电压可调的特点。此外，还具有调压范围宽、稳压性能好、噪声低、纹波抑制比高等优点，具有过流、过热保护。在输出电压范围为 1.2～37V 时能够提供超过 1.5A 的电流，具体特性参见 6.2.4 节。

3．DC-DC 升压芯片 TPS61085

TPS61085 是一片开关频率恒定的升压芯片，输入电压范围为 2.3～6V，输出电压可调。其输出电流的能力也满足要求，TPS61085 不同输入电压情况下输出电流能力如图 11-4 所示。当输入电压越大，输出电流也越大时，如果要达到水泵的额定工作点，设计时可选输入电压为 5V。

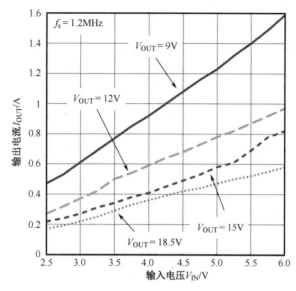

图 11-4 TPS61085 不同输入电压情况下输出电流能力

其输出电压的调节是通过调节其内部 PWM 占空比来达到的，PWM 波加到 TPS61085 的使能端（EN），调节 PWM 波的占空比，就可以调节输出电压的大小。电路精准稳定，控制方式较为简单，但是电路实现较为复杂，对于器件的精准度要求较高。

综上所述，考虑方案二电路实现简单，通过控制 LM317 的调整引脚设计一个输出电压为 5～12V 连续可调的电压源，输出电流可达 600mA，输出功率足够，因此选择方案二。

11.3.2 水位控制算法方案

水位系统采用的是根据当前水位数据，控制水泵工作电压的方式来控制电机速度、控制流量，以此达到调节水位的目的，控制系统框图如图 11-5 所示。常用的控制方法有 PID 控制算法和模糊控制算法两种。

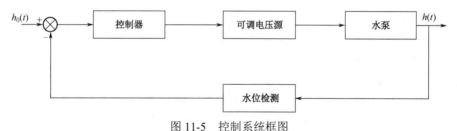

图 11-5 控制系统框图

1．PID 控制算法

PID 调节器是一种负反馈闭环控制，通常与被控对象串联连接，设置在负反馈闭环控制的前向通道上。PID 调节器根据给定值 $r(t)$ 与实际输出值 $c(t)$ 构成的偏差 $e(t)=r(t)-c(t)$，将偏差分别进行比例（P）、积分（I）、微分（D）运算，再通过线性组合作为控制量信号输出，对控制对象进行控制。

2. 模糊控制算法

本项目提供了 12V 直流潜水泵,不需要通过 PWM 进行控制,所以只要通过单片机的 DAC 输出特定电压,控制 LM317 稳压芯片的输出电压,即可对水泵进行流量控制,来达到指定水位控制的目的。PID 控制要求其被控对象有精确的数学模型,否则很难进行参数的整定;而模糊控制是使用自然的语言控制被控对象,不需要被控对象的精确数学模型。PID 控制对非线性系统的控制较差,一旦系统的参数发生改变,由于其自适应能力较差,甚至会影响系统的稳定性;而模糊控制能够适应较大范围的参数变化。由于水泵的精准建模较为困难,因此采用模糊控制算法。

11.4 电路和软件设计

11.4.1 水位控制系统总体方案

水位控制装置由 MSP430F5529 处理器系统、人机交互(按键及 LCD)、DAC、可调电压源、水泵、FDC2214 传感器模块和简易水箱装置等组成,采用 MSP430F5529 单片机作为主控处理器,通过 DAC 控制可调电压源的输出电压,调整水泵的流量控制水位,利用 FDC2214 传感器采集数据经处理后得到当前的水位状态,形成闭环控制,系统整体硬件结构框图如图 11-6 所示。

图 11-6 系统整体硬件结构框图

11.4.2 水位检测

FDC2214 是 TI 公司推出的一款电容感测集成电路。电容式传感是一种低功耗、低成本且高分辨率的非接触式感测技术,该产品可不被来自无线电、电源、光照和电机等环境噪声影响,从而可实现基于低成本电容方式的人体和物体感测,适用于汽车、消费类和工业应用中,如接近检测、手势识别、远程液位感测领域等,相关传感器知识参照 2.3.5 节相关内容。

FDC2214 是 4 通道电容测量芯片,采用 L-C 谐振器作为传感器,FDC2214 水位测量结构框图如图 11-7 所示,其测量 L-C 谐振器的振荡频率,通过 I^2C 总线输出与频率成比例的数字值转换为等效电容值。

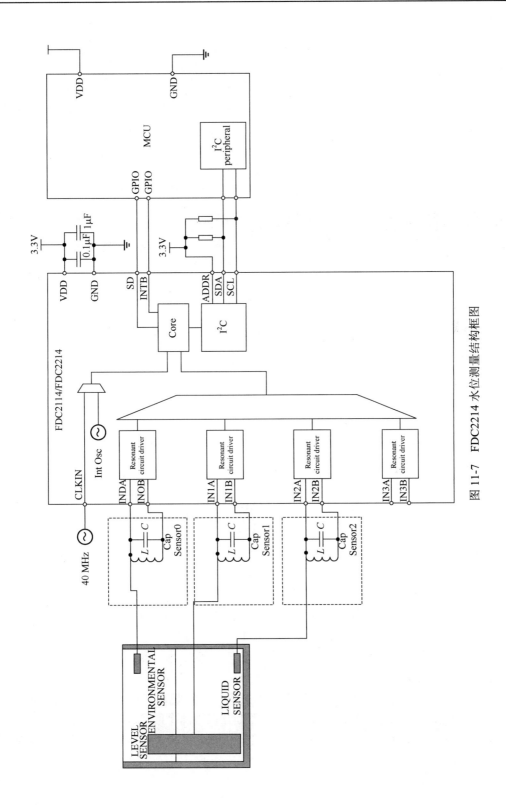

图 11-7　FDC2214 水位测量结构框图

由图 11-7 可知,FDC2214 在水位测量应用中有 3 个电极,即参考环境电极、参考液体电极和水位传感电极,参考液体电极考虑液体介电常数及其变化,而参考环境电极用于补偿非液体本身造成的任何其他环境变化。参考液体和参考环境传感电极的电容具有稳定的值,而水位传感电极和大地当作电容的两个极板,容器内的导电液体作为电介质,水位的变化即为导电介质的变化,也就是电容值的变化,电容值随着液体的高度线性增加,这个电容和板载的电感组成振荡电路,通过在这个电路上加载一定频率的信号来测量电容值的微小变化。

因此,本项目使用的电容传感极板上设计了 3 个通道的电容极板,两短一长,如图 11-8 所示,长极板是用来测量水位的极板,短极板一高一低,当容器上水时,低位的短极板在水位之下,高位的短极板在水位之上,分别为参考环境和参考液体的极板。

图 11-8　电容传感极板

FDC2214 电路原理如图 11-9 所示。CLKIN 引脚接 40MHz 系统主时钟晶振,每个测量通道由待测电容、外接的 18μH 电感 L 和 33pF 电容 C,以及芯片内部的振荡驱动器组成一个振荡电路。待测电容不同,则振荡频率 f_{sensor_x} 不同。

实际上 FDC2214 每个通道的 A/D 转换后的数值量化结果 DATA_x 体现的是这个通道参考频率 f_{REF_x} 和振荡频率 f_{sensor_x} 的关系,即

$$f_{\text{sensor}_x} = \frac{\text{CH}_{\text{FIN}_{\text{SEL}}} f_{\text{REF}_x} \text{DATA}_x}{2^{28}}$$

当 f_{sensor_x} 值确定后,通过电路设计上已知的电感值 L 和电容值 C,就可以得到待测电容 C_{sensor} 的值。

$$C_{\text{sensor}} = \frac{1}{L(2\pi f_{\text{sensor}_x})^2} - C$$

待测电容值 C_{sensor} 由两部分组成,一部分是偏置电容,另一部分为极板电容。偏置电容是指连接电容极板到 FDC2214 引脚的引线与大地形成的电容,它会随引线的长短、位置而变化。极板电容是指细长条形被测电容极板和大地形成的电容,这个电容的值取决于极板的面积、极板与大地之间的介质、极板摆放的方式。当极板位置被固定后,电容值只取决于介质。水的介电常数远大于空气的介电常数,电容极板很贴近水时,它的电容值随水位明显变化。当然,用手等物体去接近电容极板时,电容值也会明显变化,因为人体也是介电常数很大的介质。

如图 11-10 所示,亚克力板覆盖的电路板是 FDC2214 水位测量模块,固定在水瓶外面的柔性电路板即为测量水位电容极板,极板附近的尺子用来标定水位。

观测水位变化和电容值(待测电容值)的关系,发现 FDC2214 的响应速度非常快,测量速度满足项目需求,但是 FDC2214 测量水位还存在以下两个问题。

第一,水位不变化,拉动电容极板到电路之间的引线或人体接近电容极板,都会导致电容发生变化。

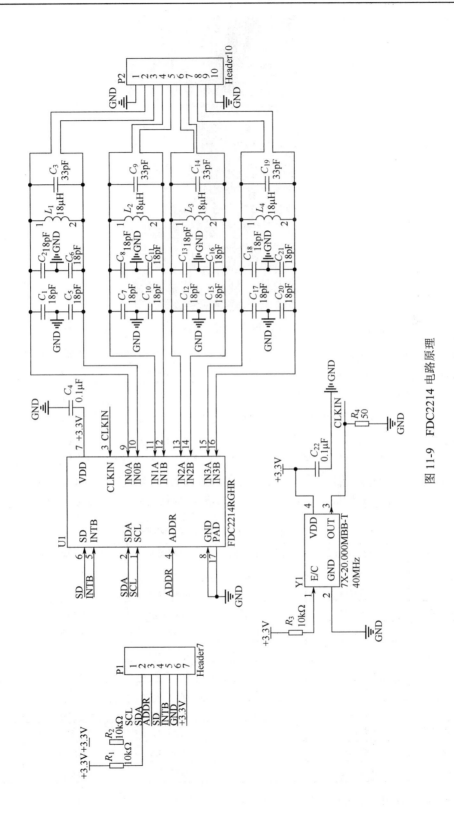

图 11-9 FDC2214 电路原理

图 11-10　水位测量模块

　　第二，当环境固定后（引线固定，人体或其他导体没有接近），圆桶形的塑料容器固定后会被挤压变形，导致相应位置上介质的厚度不一致，测量水位和电容并不是直接的线性关系，使用单片机读取 FDC2214 芯片返回的电容值需要对液面高度进行标定。通常需要每隔 5mm 标定一次，总共读取 20 多组数据，才能完成对水位高度的标定。标定时必须平视读数，仰视或俯视读数都会对读数带来误差。因为 FDC2214 芯片非常灵敏，观测者靠近它读数都会对它返回的电容值造成影响，所以应保持 FDC2214 周围物体、人员的相对固定，读完数之后，尽量不要用手接触整个装置。然后利用 Excel 对曲线进行拟合，FDC2214 拟合数据如表 11-1 所示。拟合时，减去瓶内没有液体时读取到的偏置电容值 21.5pF，FDC2214 拟合结果如图 11-11 所示。

表 11-1　FDC2214 拟合数据

电容实际值 /pF	减去电容偏置后 x/pF	液面实际高度 y/mm	电容实际值 /pF	减去电容偏置后 x/pF	液面实际高度 y/mm
22.029213	0.529213	0	23.876782	2.376782	50
22.167134	0.667134	5	24.384483	2.884483	65
22.278202	0.778202	10	24.577379	3.077379	70
22.460528	0.960528	15	24.882014	3.382014	80
22.658718	1.158718	20	25.160093	3.660093	90
22.837955	1.337955	25	25.400333	3.900333	100
23.046573	1.546573	30	25.552352	4.052352	110
23.254659	1.754659	35	25.61569	4.11569	115
23.478623	1.978623	40	25.693029	4.193029	120
23.690258	2.190258	45	25.787189	4.287189	125

　　参照 3.3.1 节相关内容，可以通过最小二乘法计算出线性相关方程为

$$y = 0.575x^5 - 6.5692x^4 + 29.891x^3 - 65.566x^2 + 92.617x - 34.741$$

其中，x 为减去偏置电容后与水位相关的电容值；y 为液位高度。

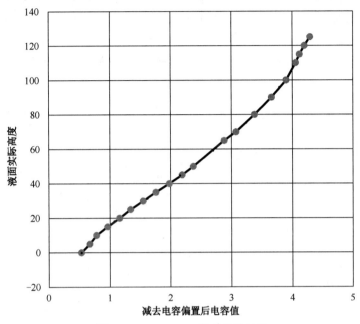

图 11-11　FDC2214 拟合曲线结果

经实测，拟合结果能够正确反映水位高度。

11.4.3　电机驱动电路设计

水泵电机采用连续可调的电压源来控制，利用 LM317 设计一个输出电压为 5～12V 可调、输出电流可达 600mA 的电压源，可以通过控制调整端的电位从而控制输出电压大小。LM317 可编程电压输出电路如图 11-12 所示。

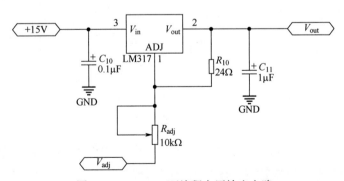

图 11-12　LM317 可编程电压输出电路

其输出特性为

$$V_{\text{out}} = 1.25 \times \left(1 + \frac{R_{\text{adj}}}{R_1}\right) + V_{\text{adj}}$$

其中，V_{adj}可以通过DAC产生的电压来控制，选择单通道16位DAC8411来产生V_{adj}，DAC8411原理框图如图11-13所示，DAC8411是低功耗、单通道，电压输出DAC，由DAC寄存器、电阻串型DAC和输出缓冲放大器串联而成，具有出色的线性度，采用通用的3线串行接口，时钟速率最高可达50 MHz，采用标准SPI接口与MSP430F5529处理器通信。

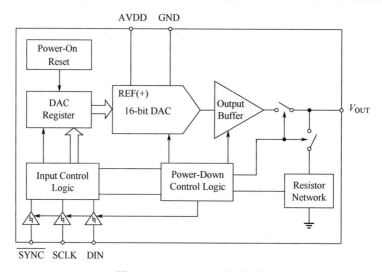

图11-13　DAC8411原理框图

考虑到DAC8411输出范围为0～3.3V，利用仪表放大器INA128将DAC8411的输出电压放大倍数设定为3倍，V_{adj}变化范围为0～9.9V，从而控制LM317输出电压在2.1～12V之间变化，DAC8411及放大电路如图11-14所示。

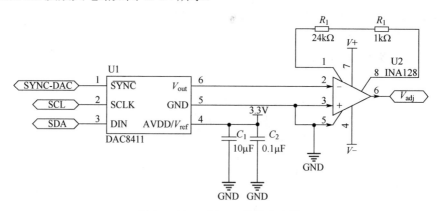

图11-14　DAC8411及放大电路

11.4.4　水位控制系统软件设计总体方案

本系统软件部分需实现传感器数据读取与处理、水位模糊控制算法、人机交互等。根据题目要求，分为3种工作模式：模式1为10s内上水箱水位上升到90mm并保持；模式2为上水箱放水并保持 10s 水位 90mm 不变；模式 3 为 30s 内上水箱水位上升到 110mm 并保持 10s，施加扰动后依然保持水位在 110mm 并保持至扰动结束。通过读取单片机键盘按键键值切换工作模式。单片机读取 I²C 总线数据获得 FDC2214 的电容数据，计算水箱水位；根据工作模式的不同和水箱水位与目标水位的差值，分别控制 DAC 模块输出不同的电压值，从而控制电压源输出，最终实现对水箱水位的闭环控制。

系统软件工作流程如图 11-15 所示。

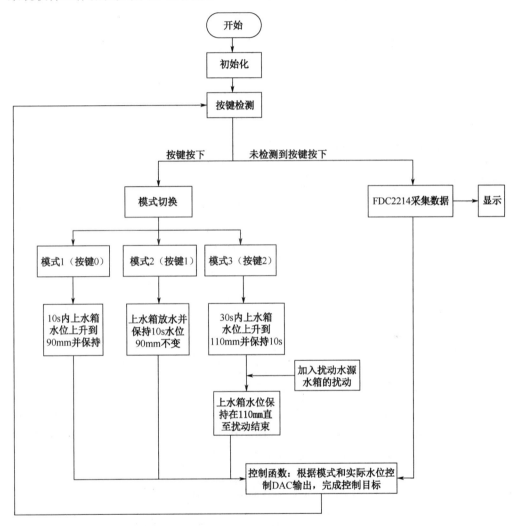

图 11-15　系统软件工作流程

11.4.5　模糊控制算法的实现

根据 11.3.2 节控制算法分析，水位控制系统采用模糊控制算法，算法相关原理参照第 7 章相关内容。根据 7.4.2 节描述，模糊控制算法离线推导过程如下。

处理器通过采样获取被控量的精确值，然后将此量与给定值比较得到误差信号 E，把误差信号的精确量模糊化，得到了误差 E 的模糊语言集合的一个子集 e。再由 e 模糊控制规则

R（模糊关系），根据推理合成规则进行决策，得到模糊控制量为 $u=e\circ R$，为了对被控对象施加精确的控制，还需将模糊量 u 转换为精确的数字量，经 D/A 转换，送给执行机构，从而对被控对象实施控制。在本项目中，排水速度不可控。经测量，排水速度基本上只与当前的水位有关。对于一个给定的控制高度，可以假定排水速度是不变的，所以可以得到本题的基本控制规则："若水位高于 O 点，则减小注水速度"；"若水位低于 O 点，则增加注水速度"；"若水位位于 O 点，则保持注水速度与排水速度一致"。根据上述经验，按下列步骤设计模糊控制器。

1．确定观测量和控制量

定义设定水位高度为 h_0，实际测得的水位高度为 h，则水位偏差 e 为

$$e=\Delta h=h_0-h$$

将偏差 e 作为观测量。

2．输入量和输出量的模糊化

将偏差 e 分为 5 个模糊集：负大（NB）、负小（NS）、零（ZO）、正小（PS）、正大（PB）。根据偏差 e 的变化范围分为 7 个等级：-3、-2、-1、0、+1、+2、+3，得到水位变化模糊表，如表 11-2 所示。

表 11-2　水位变化模糊表

隶　属　度		量 化 等 级						
		-3	-2	-1	0	+1	+2	+3
模糊集	PB	0	0	0	0	0	0.5	1
	PS	0	0	0	0	1	0.5	0
	ZO	0	0	0.5	1	0.5	0	0
	NS	0	0.5	1	0	0	0	0
	NB	1	0.5	0	0	0	0	0

控制量 u 为调节水泵电机的电压值，将其分为 5 个模糊集：更小（SMALLER）、小（SMALL）、相等（EQU）、大（BIG）、更大（BIGGER）。并将 u 的变化范围分为 9 个等级：0、1、2、3、4、5、6、7、8，得到控制量模糊划分表，如表 11-3 所示。

表 11-3　控制量模糊划分表

隶　属　度		量 化 等 级								
		0	1	2	3	4	5	6	7	8
模糊集	BIGGER	0	0	0	0	0	0	0	0.5	1
	BIG	0	0	0	0	0	0.5	1	0.5	0
	EQU	0	0	0	0.5	1	0.5	0	0	0
	SMALL	0	0.5	1	0.5	0	0	0	0	0
	SMALLER	1	0.5	0	0	0	0	0	0	0

3．模糊规则的描述

根据日常的经验，设计以下模糊规则。

（1）若 *e* 负大，则 *u* 更小。

（2）若 *e* 负小，则 *u* 小。

（3）若 *e* 为零，则 *u* 相等。

（4）若 *e* 正小，则 *u* 大。

（5）若 *e* 正大，则 *u* 更大。

注意：*u*（更）小，表示注水速度小于排水速度；*u*（更）大，表示注水速度大于排水速度。

上述规则采用"if a then B"形式来描述。

（1）if *e*=NB then *u*=SMALLER。

（2）if *e*=NS then *u*=SMALL。

（3）if *e*=ZO then *u*=EQU。

（4）if *e*=PS then *u*=BIG。

（5）if *e*=PB then *u*=BIGGER。

根据上述经验规则，可得模糊控制规则，如表 11-4 所示。

表 11-4　模糊控制规则表

若（if *e*）	NB	NS	ZO	PS	PB
则（then *u*）	SMALLER	SMALL	EQU	BIG	BIGGER

4. 使用 MATLAB 求解模糊关系并进行反模糊化

使用 MATLAB 的模糊控制工具箱对本系统进行推理，使用加权平均法对控制量进行反模糊化，得到对应的输出量与输入量之间的关系，具体代码如下。

```
a = newfis('fuzzy tank');
%建立输入量模糊表
a = addvar(a,'input','e',[-3,3]);
a = addmf(a,'input',1,'NB','zmf',[-3,-1]);
a =addmf(a,'input',1,'NS','trimf',[-3,-1,1]);
a =addmf(a,'input',1,'ZO','trimf',[-2,0,2]);
a =addmf(a,'input',1,'PS','trimf',[-1,1,3]);
a = addmf(a,'input',1,'PB','smf',[1,3]);
%建立输出量模糊表
a = addvar(a,'output','u',[0,8]);
a = addmf(a,'output',1,'SMALLER','zmf',[0,2]);
a =addmf(a,'output',1,'SMALL','trimf',[0,2,4]);
a =addmf(a,'output',1,'EQU','trimf',[2,4,6]);
a =addmf(a,'output',1,'BIG','trimf',[4,6,8]);
a = addmf(a,'output',1,'BIGGER','smf',[6,8]);
%建立模糊规则
rulelist=[1 1 1 1;
          2 2 1 1;
          3 3 1 1;
          4 4 1 1;
          5 5 1 1];
```

```
a = addrule(a,rulelist);
%设置反模糊化算法,使用加权平均算法
a1 = setfis(a,'DefuzzMethod','centroid');
writefis(a1,'tank');
a2 = readfis('tank');
```

得到输入量的隶属度函数如图 11-16（a）所示，输出量的隶属度函数如图 11-16（b）所示。

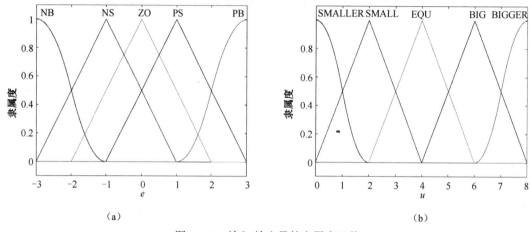

（a）　　　　　　　　　　　　　　　　　（b）

图 11-16　输入/输出量的隶属度函数

根据设置的模糊关系和反模糊化规则，MATLAB 给出了具体的控制关系，即对应一个输入量应有怎样的输出，具体控制关系如图 11-17 所示。

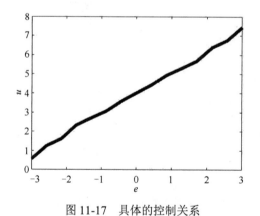

图 11-17　具体的控制关系

使用 MATLAB 自带的 cftool 曲线拟合工具，对模糊控制的输入、输出量进行量化，根据上面这条曲线拟合一个模糊控制函数，如图 11-18 所示。

使用一次函数进行拟合，拟合结果为

$$u = 1.143e + 4$$

然后对反模糊化的结果进行量化，即根据 FDC2214 测量精度、单片机 DAC 精度、电机参数、环境影响等因素，反复测试，微调系数，将反模糊化的结果应用到实际的系统中。

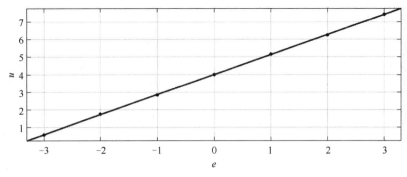

图 11-18 模糊控制函数

11.5 系统测试与分析

功能 1：上水箱预装自来水，水位高度约为 50mm。上水箱放水口直径为 4mm，并堵住上水箱放水口。然后启动水泵向上水箱注水，要求在 10s 时间内使上水箱水位上升到 90mm，误差不大于 2mm。

功能测试结果如表 11-5 所示。

表 11-5 功能 1 测试结果

	测 试 1	测 试 2	测 试 3	测 试 4	测 试 5
功能 1 时间	8.0s	7.5s	8.6s	7.8s	7.3s
功能 1 误差	<1.0mm	<1.1mm	<1.1mm	<1.2mm	<1.0mm

功能 2：开启上水箱流出孔向储水箱放水，同时水泵向上水箱注水，10s 内控制上水箱中水位高度为 90mm，并保持 10s 以上，水位误差不大于 2mm。

功能 2 测试结果如表 11-6 所示。

表 11-6 功能 2 测试结果

	测 试 1	测 试 2	测 试 3	测 试 4	测 试 5
功能 2 误差	<0.8mm	<1.1mm	<1mm	<1mm	<1mm

功能 3：30s 内控制上水箱水位高度由 90mm 改变到 110mm 并保持 10s 以上，水位误差不大于 2mm。

功能 3 测试结果如表 11-7 所示。

表 11-7 功能 3 测试结果

	测 试 1	测 试 2	测 试 3	测 试 4	测 试 5
功能 3 时间	17.0s	16.5s	17.0s	16.0s	17.0s
功能 3 误差	<1mm	<1.5mm	<0.8mm	<1.2mm	<1.2mm

功能 4：在此基础上，扰动水源水箱装入 200mL 的自来水，其水箱流出孔为 3mm，并开始向上水箱注水，直至扰动水源水箱中的水排空，在此过程中控制上水箱水位稳定保持在 110mm，水位误差不大于 2mm。

功能 4 测试结果如表 11-8 所示。

表 11-8　功能 4 测试结果

	测 试 1	测 试 2	测 试 3	测 试 4	测 试 5
功能 4 误差	<1.4mm	<1.7mm	<1.5mm	<1.5mm	<1.6mm

由测试结果可知，系统较好地实现了目标要求，对于误差控制在较为准确的范围内，在加入扰动水源水箱的干扰之后，误差有一定的增加，但是依然在要求范围内。